横断山区泥石流灾害风险分析与实践

胡凯衡 等 著

科学出版社

北　京

内 容 简 介

泥石流灾害风险分析是防灾减灾的基础和依据，可为规划区域发展、制定防灾策略、规划布置防灾减灾措施提供科学参考。本书选取我国泥石流灾害严重的横断山区，系统阐述了著者在区域及局地尺度的泥石流灾害风险分析的理论、方法及实践成果。系统论述了横断山区泥石流分布及成灾特征、泥石流风险动态评价方法、小流域村镇泥石流风险辨识及风险动态评价技术、村镇建筑物及人员风险定量评估方法、泥石流风险管理与对策。本书构建了一套完整的从区域到单沟的泥石流风险评估理论框架和技术体系，兼具理论性、资料性和实践性。

本书可供防灾减灾、国土资源、水利水电、交通、地质、地理等相关领域的科研、工程技术人员和高等院校相关专业师生参考。

图书在版编目(CIP)数据

横断山区泥石流灾害风险分析与实践 / 胡凯衡等著. —北京：科学出版社，2024.5
ISBN 978-7-03-071750-4

Ⅰ.①横… Ⅱ.①胡… Ⅲ.①横断山脉–山区–泥石流–风险分析–中国 Ⅳ.①P642.23

中国版本图书馆 CIP 数据核字（2022）第 037289 号

责任编辑：武雯雯 / 责任校对：彭　映
责任印制：罗　科 / 封面设计：义和文创

科学出版社 出版
北京东黄城根北街16号
邮政编码：100717
http://www.sciencep.com

成都锦瑞印刷有限责任公司 印刷
科学出版社发行　各地新华书店经销

*

2024 年 5 月第 一 版　　开本：787×1092 1/16
2024 年 5 月第一次印刷　　印张：15 1/4
字数：362 000

定价：159.00 元
（如有印装质量问题，我社负责调换）

国家自然科学基金重大研究计划项目，No.41790434，大规模灾害风险评估及综合调控原理和模式，2018/01-2022/12.

国家重点基础研究发展计划项目，No.2015CB452704，横断山地水土作用失衡机制与灾害风险评价，2014/09-2019/08.

第二次青藏高原综合科学考察研究专题项目，No. 2019QZKK0902，重大泥石流灾害及风险，2019/11-2024/10.

前　言

泥石流是一种常发生于山区沟谷的特殊地表过程，具有暴发突然、历时短暂、来势凶猛、破坏力大等特点。我国山丘区面积约占陆地国土面积的 2/3，自然条件复杂，广大山区山高沟深，河谷纵横，地势起伏大，谷坡稳定性差，降雨充沛，暴雨集中，泥石流灾害发生频繁，是世界上泥石流灾害最严重的国家之一。泥石流灾害不仅对我国山区的基础设施造成毁灭性破坏，而且对人民生命财产安全构成极大的损害和威胁。2005～2015 年，我国共发生泥石流灾害 10927 起，仅占地质灾害总人数的 3.92%，但因泥石流灾害造成的死亡(失踪)人数为 3000 人，占因地质灾害造成死亡(失踪)总数的 36.14%。近年来，在极端天气、地震和人类强烈活动等多因子耦合作用下，脆弱生态环境的范围和程度加剧，泥石流灾害风险不断增加，已成为我国山区人民生命财产安全的重大威胁，也是制约村镇建设规划和经济发展的重要因素。

横断山区位于青藏高原和云贵高原、川西高原的过渡地，是我国乃至世界上地理环境、地质构造最复杂的区域，也是我国泥石流最频发、灾害最严重的区域。例如，位于该区域的云南省昆明市东川区小江(右岸)蒋家沟是名闻中外的大型暴雨泥石流沟，近代活动已有 300 多年的历史，每年暴发十几次至几十次，历史上曾七次堵断小江，酿成巨灾。

泥石流灾害风险评估是重要的非工程措施之一，已成为泥石流减灾的主要工作之一。本书以横断山区为研究区域，详细分析了区域泥石流分布及成灾特征，建立了考虑地震和降雨影响的灾害动态风险评估方法和模型，提出了小流域泥石流风险精确辨识及定量化的村镇泥石流风险评估方法，构建了一套完整的从区域到单沟的泥石流风险评估理论框架和技术体系。同时，以风险分析及评估结果为基础，提出了泥石流风险管理及防控对策。本书的研究成果可为国土、水利等灾害管理部门泥石流风险管理提供理论依据，也可为精细化的小流域及村镇泥石流风险调控提供科学支撑。

参与本书撰写的人员有：中国科学院、水利部成都山地灾害与环境研究所——胡凯衡、魏丽、李彦稷，三峡大学——胡旭东，上海勘测设计研究院有限公司——沈已桐。

目　　录

第1章 绪 论

1.1 泥石流风险分析作用

为了减轻横断山区泥石流灾害，需开展泥石流风险分析与评估。泥石流风险分析与评估是减轻泥石流灾害危害的有效方法和重要手段之一，在灾害预警、工程评估、应急处置、避灾预案、灾情评估和土地利用等方面得到大量的应用。灾害的风险评估是在考虑灾害发生的可能性、灾害发生后的规模强度、承灾体对灾害的抵抗能力等基础上定性评估或定量计算灾害可能造成人员死亡的概率或财产损失(邹杨娟，2016)。一般来说，灾害风险评估可以分为易发性、危险性和风险性三个不同层次。其中，灾害易发性评估主要是评价或者计算某个地理空间上地质灾害发生的可能性或大小程度，有时也称为区域风险评估。泥石流风险区划是基于区域泥石流风险评估结果进行风险宏观分区，是泥石流风险管理的首要步骤，有助于清晰把握泥石流灾害的空间格局与分布规律，可为区域泥石流防治规划、建设用地适宜性评估等提供科学依据。另外，局地的定量的风险评估可以直接为村镇或单沟泥石流防灾减灾措施的实施提供决策支持。

1.2 风险评估研究现状

灾害风险为灾害可能造成的生命或财产的损失的预期值，与灾害本身的危险性与承灾体的易损性密切相关(Cannont and Rowell, 1993; Schneiderbauer and Ehrlich, 2004)。灾害风险有两个要件：灾害体概念相对的承灾体及灾害不确定性的度量(胡凯衡和丁明涛，2013)。

根据评估尺度的大小，泥石流灾害风险评估分为灾点评估与区域评估。灾点评估一般依据灾害动力学过程、灾害体与承灾体动力响应过程进行风险分析。区域评估主要依据区域泥石流灾害易发性影响因素分析、承灾体类别及数量统计，利用多指标综合评价法定性评估灾害风险(崔鹏和邹强，2016)。根据风险评估结果的表达形式，泥石流灾害风险评估分为定性评估与定量评估，定性评估一般是基于理论分析、数学统计得出的风险评估结果，多以不同风险等级、表格、文字等形式进行具体描述；定量评估是基于灾害发生概率、灾害强度规模计算、承灾体易损性的具体分析统计进行风险的定量化计算(IUGS et al., 1997)。定性的灾害风险评估一般采用多指标综合评价法，计算简便，选择的指标较为宏观，具有一定的主观性，可以为区域防灾规划、土地利用、工程建设布局等提供参考；定量的灾害风险评估精度较高，对数据要求较高，具有较大的工作量，计算过程也较为复杂，可以直接为村镇或单沟泥石流防灾减灾措施的实施提供决策支持。根据灾害风险的定义，泥石流危险性评估及承灾体易损性评估是泥石流风险评估的核心内容。

1.2.1　泥石流危险性评估

泥石流危险性评估是泥石流风险评估的前提，包括历史风险分析和潜在危害评估。泥石流危险性是指灾害发生的可能性及其规模和强度，定量表达为危险度。泥石流危险性评估的主要目的是识别区域(流域)范围内泥石流灾害及估算灾害的强度和频率(Fuchs et al.，2007)。刘希林等(2003a)提出泥石流灾害危险性是频率与规模的乘积。Rickenmann等(2006)提出泥石流危险性分析主要包括两个步骤：首先在流域内确定泥石流事件发生的概率，即灾害发生的重现期或历史泥石流灾害发生的频率，然后定量化计算泥石流灾害规模、冲出距离、淹没范围等参数。

早在20世纪60～70年代，美国、日本、苏联等国家就开展了区域山地灾害危险性评估研究(Hollingsworth and Kovacs, 1981)。日本学者足立胜治等(1977)年首先开展了泥石流危险度的判定研究。Hungr等(1987)通过实地勘测，结合经验来确定泥石流灾害的危险范围。van Dijke和van Westen等(1990)利用地理信息系统(Geographic Information System，GIS)建立了一套完整的泥石流数据库和危险性分析评价模型。Gupta和Anbalagan(1997)引入滑坡危险性系数，对拉姆根加河流域进行滑坡灾害危险性分区与制图。我国泥石流灾害危险性评价研究最早起源于20世纪80年代。王礼先(1982)首次提出了泥石流荒溪的分类，这是泥石流危险性评价的雏形，他归纳了泥石流荒溪和普通荒溪的区别，从工程设计角度分析了泥石流强度和危害性，并把泥石流按强度和危险性分为四个等级。谭炳炎(1986)提出了泥石流沟严重程度的数量化综合评判方法。刘希林(1988)引入灰色关联度分析理论选出评判泥石流危险性的次要因子并计算出各自的权重，最终计算出泥石流的危险度。张业成等(1995)根据泥石流、崩塌滑坡等地质灾害形成条件，以县为单元，选择历史灾害强度与潜在灾害强度计算了我国地质灾害危险性指数，并根据计算结果开展了地质灾害灾变区划。闫满存等(2001)选取泥石流影响因子，如坡度、土地利用、降雨等，采用GIS技术分别对云南省及澜沧江下游区泥石流危险性进行了评估。侯兰功和崔鹏(2004)考虑降雨因子的影响采用指标评估法建立了单沟泥石流危险度计算方法。胡凯衡(2014)、Ding和Hu(2014)选择坡度、相对高差、地表径流深和地震烈度四个主控因素采用聚类分析和最大似然法开展了汶川震区泥石流滑坡的易发性评估。随着GIS技术及各种计算方法的飞速发展，涌现了如逻辑斯谛(Logistic)回归、频率比率法、证据权法、人工神经网络、层次分析法、模糊数学、支持向量机、信息量法、贝叶斯概率、熵权法等泥石流危险性评估模型(Pourghasemi et al., 2018)。由于泥石流的某些致灾因子(如物源量、暴雨次数、土地利用等)是一个动态变化过程(胡凯衡等，2018)，泥石流危险性动态评估也是未来研究的一个重要方向。胡凯衡等(2018)探讨了地震的烈度和衰减效应、大雨事件对泥石流灾害的影响，首次建立了考虑地震和降雨影响的灾害易发性动态评估模型。

早期的泥石流危险性评估多是在区域尺度上基于泥石流成因因子统计的定性或半定量方法(Guzzetti et al.,1999; Aleotti and Chowdhury, 1999; Ohlmacher and Davis, 2003; Chau et al., 2004; van Westen et al., 2006)。在具体的指标选择上，一般考虑流域地形地貌、泥石流激发因子(如降水、地震等)、坡度、岩性、土地利用、距离断裂带及河流距离、地震烈度等。评估的精度受指标选择、数据精度等的限制，无法提供单沟泥石流的具体危险范围及危险度分级。

泥石流主要成灾范围在堆积扇，单沟泥石流堆积扇的危险度定量评价研究得到越来越多研究者的关注。奥地利是较早开展泥石流堆积扇危险区划的国家，根据泥石流危险度的高低将其划分为红区(危险区)、黄区(潜在危险区)和绿区(无危险区)(唐川和刘洪江，1997)。随着计算流体力学、数值计算方法、计算机技术和泥石流理论研究的进展，越来越多的研究者通过数值模拟的方法来获取泥石流的动力强度参数(胡凯衡等，2012c)。基于泥石流动力强度进行的危险性评估及危险区划分成为单沟泥石流危险性评估的主要方法。Hürlimann 等(2006)结合安道尔的地貌地质背景，对不同情境泥石流的冲出范围进行了数值模拟，最终根据泥石流泥深、流速及暴发频率进行了泥石流危险性定量分区(表 1-1)。这种基于灾害发生频率与强度矩阵的泥石流危险区划分方法在许多国家得到了广泛应用(Hungr, 1997; Raetzo et al., 2002; García et al., 2003; Vallance et al., 2003; Jakob and Hungr, 2005)。

表 1-1　泥石流危险性判断矩阵(Hürlimann et al., 2006)

影响程度			发生概率(重现期，年)		
			<40	400~500	>500
			高	中等	低
强度	直接影响	$h>1m$ 且 $v>1m/s$	高	高	高	中等
		$h<1m$ 或 $v<1m/s$	中等	中等	中等	低
	非直接影响(后续来流)		低	低	低	很低
	未被影响区域		很低	很低	很低

我国许多学者在泥石流堆积区危险区划分方面也开展了大量的研究，提出了基于流速、泥深或动量的泥石流堆积区危险区划分方法(唐川等，1993；韦方强等，2003；胡凯衡和韦方强，2005；韦方强等，2007)，建立了以距扇顶距离、与扇主轴夹角和泥石流危害频率为变量的定量扇形地危险性分布模型(李彦稷和胡凯衡，2017)。

进入 20 世纪 90 年代以来，随着理论研究的不断成熟及科学技术的发展(如 3S 技术、无人机、红外、远红外等新科技手段的引入)，泥石流危险性定量研究有了质的飞跃。目前，泥石流危险范围划分主要包括区域性划分和单沟划分两方面，其方法主要包含三类：一是统计学的方法；二是从机理出发构建物理模型的方法；三是前两者结合 3S 技术的方法。区域性划分主要研究对象为一个流域或一定区域范围内的泥石流灾害，导致其评价区域广袤、致灾因子多变、承灾体类型不一及不确定因素众多，因此目前泥石流危险性评估模型以多因子综合评价模型为主，如胡凯衡等(2018)、Liu 等(2013)、刘江川(2011)、铁永波(2009)、李泳等(2007)、刘希林(2000)、刘希林等(2005)、Petarscheck 和 Kienholz(2003)、罗元华等(1998)。由于区域泥石流灾害涉及范围较大，同时以上文献中选取的指标各不相同，没有统一的量化标准，导致针对区域泥石流灾害分区结果不能较好地定量化，且至今少见基于泥石流汇流过程方面的危险分区研究。

单沟泥石流危险划分是指对单个泥石流沟或相邻近、同一流域内的几条泥石流沟或沟群进行不同危险程度的分区(李阔和唐川，2007)。早期单沟泥石流危险划分主要依据观测数据、历史资料、发生频率、降水强度等因子，从定性的角度做出判定。例如，谭炳炎(1986)通过实地调查和统计方法，收集整理了国内近一千条泥石流沟的基础数据，提出泥石流沟严重程度的综合评判方法，并将该方法应用到国内 86 条泥石流沟并做出综合性评判，结果与专家现场评议结果一致。随着技术的不断进步，单沟泥石流危险划分方法将 3S 技术、高性能计算机及遥感解译与物理模型相结合，使其逐渐从定性向定量化发展。目前，在这方面已经取得了良好的进展并进行实际应用，如 Wang 等(2018)、Hu 等(2016)、Luna 等(2013)、侯兰功和崔鹏(2004)、韦方强等(2003)、刘希林和唐川(1995)的研究。以上文献的基本特点是对单沟泥石流建立相应的数学模型进行危险分区，而研究的范围以沟口处堆积扇为主，是因为山区居民的居住或活动范围集中于沟口处。

随着近年我国人口数量不断上升，山区居民以聚落的方式往沟道内迁移，同时，沟道内还存在许多工厂、变电站、观测站等，而涉及沟道内的灾害评估模型少见。在沟道泥石流灾害分析中，峰值流量的估算是关键因素，常用的手段有形态调查法、配方法、综合分析法及数学统计方法(康志成，1985；沈寿长等，1993；Rickenmann，1999；Chen et al.，2007)，其中配方法使用最为频繁，但对于震区泥石流峰值流量的估算往往需根据专家经验对堵塞系数进行赋值和矫正，人为干预过多且无理论基础支撑，而其他方法需进行大量的实地考察和统计数据。此外，Hu 等(2016)根据相似理论将流域面积等同于贡献面积，并对其均匀赋值来估算泥石流各断面的峰值流量。对泥石流而言，不同区域对泥石流补给量不同，如林地产生径流时仅提供清水，不产生径流时泥石流固体物源补给量为零，崩滑体堆积物提供的固体物源远多于林地或草地等。因此，为了全面评估泥石流的危险性，不仅需要对泥石流沟沟口进行危险分区，还需要对泥石流沟道内的危险区进行相应的划分。而泥石流的汇流过程是一个系统性过程，考虑物源空间分布对泥石流汇流过程的影响，有机结合不同区域的侵蚀类型，科学地建立能够描述泥石流汇流过程的泥石流汇流模型，可以准确获取泥石流汇流过程的特征值，对全面评估泥石流的危险性具有十分重要的作用。

1.2.2 承灾体易损性评估

易损性是承灾体承受一定灾害强度作用的综合能力的度量，易损性是放大灾害风险的重要因素，也是目前防灾减灾研究的关键问题。易损性具有多维特征，指标选择可能随时间、地点、评估尺度而变化(Vogel and O'Brien，2004)，易损性的评估也是目前灾害风险评估中难度最大的工作。20 世纪 70 年代以前，对于灾害风险评估的研究一般仅限于灾害本身形成特点等，随着对灾害风险研究的深入，在 20 世纪 70 年代，易损性的概念被提出(White，1974; UNDRO，1979)，定义其为承灾体对灾害的抵抗能力。20 世纪 80 年代易损性的概念被进一步延伸，主要强调人类社会经济系统在受到灾害影响时的抵抗、应对和恢复能力。随着对易损性研究的深入，易损性概念的内涵更加丰富，从单纯针对自然系统的固有易损性逐渐演化为包括自然和社会系统的综合概念，对易损性的关注由仅考虑自然环境导致的易损性评价发展到注重人类自身在易损性形成及降低易损性的作用；由仅仅消极或被动地面对和评价自然或者社会所受到的损害，变为把人的主动适应性作为易损性评价的核心问题（Birkmann，2006）。广义的易损性构成要素主要包括暴露度、敏感性、应对能力、恢复力，狭义的易损性定义将暴露度排除在外。Balica 和 Wright（2010）提出"易损性=暴露度+敏感性-恢复力"。Susman 等（2019）将人类对灾害的应对能力引入人员易损性概念中，认为不同人群应对承受灾害能力及灾后恢复能力是不同的。Deleon（2006）与 Birkmann（2006）提出"易损性=（暴露度×敏感性）/灾害应对能力"。人员、经济、环境、建筑、工程设施等是泥石流灾害的主要承灾体，目前对于泥石流承灾体易损性的研究主要集中于建筑物及人员两方面。

　　建筑物易损性评估是泥石流风险评估研究的热点。多维度指标评估法及易损性曲线法是目前常用的两种方法（Papathoma-Köhle et al.，2017）。多维度指标评估法是对建筑物损坏的影响因素（如建筑物的材质、朝向、周围环境等多重指标）进行不同权重赋值（图1-1），采用相关的数学方法直接计算出建筑物可能遭受损失的概率（Papathoma-Köhle et al.，2017）。易损性曲线法基于泥石流泥深、冲击力、淤积高度等强度参数与建筑物损失的相关关系绘制易损度曲线，定量计算建筑物损失。多维度指标评估法与易损性曲线法在适用条件、应用范围等方面的主要优缺点见表1-2。易损性曲线法需获取泥石流动力强度及建筑物损失的详细参数，基于历史灾情统计是较为常用的方法。Fuchs 等（2007）基于 1997年奥地利东阿尔卑斯山脉附近暴发的泥石流灾害损失情况，提出建筑物易损性计算方法。Kang 和 Kim（2016）对2011年7月和8月韩国发生的11次泥石流事件中25座建筑物的损坏情况进行了详细调查，研究了非砖混房屋与钢筋混凝土房屋易损性与泥石流强度的关系，提出建筑物易损性计算方法。基于历史灾情建立的易损性曲线法实用可靠，但由于泥石流历史灾情数据获取困难，其并不适用于资料缺乏的地区。

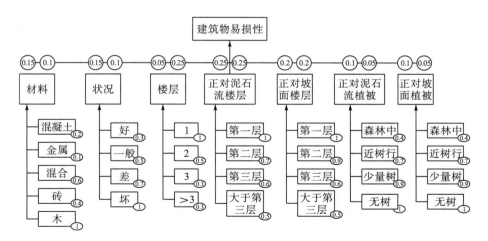

图 1-1　建筑物易损性指标示例（Papathoma-Köhle，2016）

表 1-2　易损性曲线法、多维度指标评估法优缺点比较(Papathoma-Köhle et al., 2017)

方法	优点	缺点
易损性曲线法	定量方法,损失结果可以直接货币化,较为直观,有利于灾情预测	泥石流流速、持续时间、流向等强度参数及建筑物材质、楼层等细节未考虑,需要详细的灾后损失调查数据
多维度指标评估法	考虑了较详细的建筑物特征参数,结果利用于防灾减灾规划	未考虑建筑物对泥石流的动力响应,需要详细的调查资料,结果不能直接进行货币化

基于某地区历史灾害建立的建筑物易损性曲线由于忽略了建筑物对泥石流的动力响应,在别的区域的适用性仍有待验证。因此,发展基于建筑物受力特征及动力响应的易损性计算模型是提高建筑物易损性计算方法科学性及适用性的重要途径(曾超等,2012)。Hu 等(2012)根据舟曲泥石流建筑物破坏调查分析讨论了泥石流冲击压强与砖混结构及钢筋混凝土结构建筑物破坏特征的关系。曾超等(2014)通过 2013 年七盘沟泥石流灾害分析了建筑物破坏的主要特征及破坏原因,以静力学极限平衡理论为基础提出了建筑物主体和墙体破坏临界条件计算公式。雷雨等(2016)通过对汶川震区泥石流破坏的建筑物分析,基于非线性弹塑性分析方法,提出了框架结构建筑物易损性曲线。除了基于历史建筑物破坏的理论分析方法,越来越多的学者通过数值模拟或模型实验开展建筑物破坏力学分析。张宇等(2005)通过现场破坏模型实验对砖混建筑物在泥石流冲击作用下的受力形式、破坏形态、动力响应特征进行了分析。Zhang 等(2015)建立砖混结构原型墙来模拟泥石流冲击破坏,基于模糊数学和砖混建筑物失效判据,建立了以最大冲击弯矩为参数的易损性定量计算方法。Milanesi 等(2018)在极限平衡分析框架下,考虑了建筑物不同的几何比例和结构,模拟了山洪泥石流对建筑墙体的破坏,最终提出了以深度为函数的建筑物稳定阈值。

除泥石流动力强度外,建筑物的自身物理特性也是影响建筑物易损性的重要因素。Du 等(2015)、Sturm 等(2018)通过缩尺模型实验分别探讨了建筑群对山洪泥石流的动力响应机制、破坏机理及影响因素,通过研究发现建筑群的隐蔽效应、朝向等建筑物自身物理特性也是影响建筑物被破坏的重要因素。丁明涛等(2020)运用 GIS 和元胞自动机模拟了七盘沟建筑物易损性,指出七盘沟建筑物对泥石流特征评价因子的敏感度低于建筑物自身特性评价因子。因此,考虑灾害动力强度及建筑物抵抗力特性的易损性计算方法是未来研究的趋势(Kaynia et al., 2008; Silva and Pereira, 2014; Papathoma-Köhle et al., 2019)。

人员易损性是灾害导致人员伤亡的可能性与(或)人群从灾害负面影响中恢复的能力(Wisner, 2002)。人员易损性评估是灾害风险评估的难点之一。目前对于自然灾害的人员易损性研究以区域评估为主,评估方法多为指标评估法(表 1-3)。不同空间尺度的人员易损性指标应通过相关性分析或专家咨询等方法谨慎地选择最有效的指标。Schneiderbauer 和 Ehrlich(2004)认为不同社会尺度的易损性评估指标应该有所区别,如以家庭、社区、地区、国家为评估单元的人员易损性指标选择应具有显著的差异,评估尺度越小,选择的指标越详细具体。Balica 和 Wright(2010)基于数学分析及问卷调查的方法从最初的 71 个指标因子中筛选出最有效的 20 个、22 个、27 个作为流域、子流域、城镇尺度的易损性评估指标。

表 1-3　人员易损性指标统计

序号	灾害	指标
1	洪水	患病、单亲父母、年老、失业、人员密集区居住家庭、无车人群、无房人群
2	洪水	单位面积人口数、一个或两个成员的家庭数、农村人口数、小户型数、30~50 岁人口数、大于 65 岁人口数、失业率、平均居住面积、仅小学文化程度人口数
3	洪水	洪灾威胁区域人口、儿童死亡率、历史灾难经验、防灾意识及应对、预警系统、逃生道路、农村人口、残疾人比例、信息传达率、历史建筑物数量、人口增长率、庇护场所比例
4	洪水	每户居民数(不包括儿童与老人)、10 岁以下儿童数、65 岁以上老人数、人口密集区(如幼儿园、医院等)
5	滑坡	建筑材质、公共建筑、临时建筑、人口密度、小于 12 岁人口总数、大于 65 岁人口总数、女性人口总数、本地居民数、残疾人数、文盲率、经济收入、从事经济活动人口数、道路数量与质量、可获得健康服务人数
6	滑坡	人口年龄结构、居民对滑坡灾害风险的防范意识、政府对滑坡灾害的重视程度、滑坡灾害预警预报体系
7	地震	总人口数、人口密度、农业人口比例、女性人口比例、儿童比例、老年人比例、文盲人口比例、大学本科以上比例、人均国内生产总值、农民人均纯收入、地方财政收入
8	泥石流	总人口数、人口密度、农村从业人口比值、老幼人口比值、人均国内生产总值、医院床位数、人均财政支出、城市化率、高中教育普及率、泥石流危险性、降雨量及降雨系数、降雨日数、坡地面积比、沟谷密度、坡耕地面积比
9	泥石流	人均国内生产总值、自然村与住户密度为集中分散指数
10	泥石流	总人口数、65 岁以上老人比例、独居老人比例、残疾人比例、救援人员比例、避难场所数、灾难演习次数、历史灾害经验数、低收入家庭数、自我恢复比例
11	泥石流	65 岁以上及小于 15 岁人口比例、15~65 岁人口比例

在局地尺度上，地质灾害造成的人员死亡多由建筑物受破坏引起。许多研究者根据灾害特点及建筑物易损性确定人员易损度。例如，Finlay(1996)根据户外人群、车辆中人群、室内人群遭受滑坡灾害的不同情境及死亡概率提出滑坡灾害人员易损度。Glade(2003)提出了基于建筑物的易损性及人员伤亡情况的滑坡灾害人员易损性取值表。Kaynia 等(2008)引入人口密度、人均 GDP 及年龄修正系数计算室外、车辆内人员易损性，室内人员易损性取值为建筑物易损度的 3.2 次方。除了采取定性的人员易损性分析方法，基于经验统计人员伤亡定量计算方法在地震及洪水灾害研究中也得到广泛的应用。例如，基于地震灾害造成的建筑物倒塌率，考虑其他相关影响因素，如人口密度、发震时间等对死亡人数的影响，建立地震死亡人数的计算方法(尹之潜，1991；杨天青等，2006；Wu and Gu, 2009)。基于建筑物淹没高度、洪水水位上涨速率等确定洪水灾害死亡人数(DeKay and McClelland, 1993；Zhai 等，2010)。

由于人员易损性概念的抽象性与综合性，目前还没有通用的泥石流人员易损性评估指标与计算方法。人员易损性评估结果研究很难与现实进行对照验证，这也使人员易损性的模型改进面临较多困难，评估结果在实践指导中的可靠性也难以保证(李鹤和张平宇，2011)。

1.2.3　动态风险评估的概念

在气候、地震及人类活动等的强烈影响下，泥石流的致灾因子(如物源量、暴雨次数、土地利用等)是一个动态变化过程。随着致灾因子的变化，灾害易发性也发生变化。例如，地震之后较长时间内，泥石流灾害的活跃性增强，即数量增多、规模增大、频率增加、风险升高(Cui et al., 2008)。而现有的易发性评估多基于静态的环境背景因子(坡度、高差、岩性等)，是一种静态的结果，无法反映其动态变化。由于人们对灾害易发性动态变化认识不足，常将山区厂矿、居民点、旅游设施修建在易发性大幅度升高的区域，加重了灾害的损失。例如，2008 年汶川地震后，由于未认识到震前泥石流低发区易发性已发生变化，大量的安置房、厂矿企业和旅游设施修建在都江堰市龙溪河流域、汶川县的桃关沟和七盘沟流域等泥石流高易发区。2010 年和 2013 年的几次特大暴雨事件将这些重建设施毁于一旦，造成巨大的经济损失和人员伤亡。因此，需要研究地震和气候影响下区域灾害风险动态变化规律，科学评估灾害风险的变化，为预测和规避灾害高易发区提供依据。

区域灾害易发性可以看作是由静态因素和动态因素两类因子决定的。静态因素由基本的下垫面条件决定，如相对高差、坡度、岩性、断层密度等，在几百年尺度上的变化很小。由静态因素决定的那部分易发性可以认为是区域本底值。动态因素主要是指在年的尺度上影响水土供给和耦合的突出因素。从泥石流发生的物源、能量和水源条件来看，影响水土要素供给的因素主要有地震、降雨和强烈的人类活动(图 1-2)。

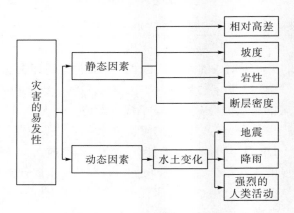

图 1-2　影响泥石流易发性的静态因素和动态因素

由于人类活动的影响更多涉及社会经济的因素，影响较为复杂。本书暂时只考虑地震和降雨的影响。实际上，地震和降雨的影响也是非常复杂的，不同的时间尺度下变化差异也较大。为简单起见，以年为时间单位，假设地震和降雨作用下每年的易发性与静态易发性成正比，即一个简化的线性模型。那么，地震和降雨综合影响下灾害的动态易发性可以表示为静态易发性与地震和降雨影响系数的乘积。通过分析地震的烈度和衰减效应、降雨事件对灾害的影响，可建立考虑地震和降雨影响的灾害易发性动态评估方法和模型。

1.3 我国泥石流风险管理现状

我国自 2000 年开始投入大量资金开展地质灾害防治,在 2008 年、2010 年又大幅度增加投资,实施了一系列泥石流灾害防治措施(韩笑等,2016;Li et al.,2019)。对受泥石流灾害威胁的村镇主要实施了灾害调查、搬迁避让、工程治理、群测群防等风险管理措施。村镇受威胁的建筑物及人员数量是初步确定村镇泥石流风险大小,进而规划泥石流防治措施的主要依据。对于不宜采用工程措施治理、受地质灾害威胁严重的居民点,实施主动避让、易地搬迁。

我国目前大范围识别村镇受泥石流威胁的建筑物是以人工调查为主,在实践中主要以建筑物与泥石流沟道的水平距离是否超过警戒值作为判断依据。建筑物危险水平距离警戒值由调查者主观确定,不同的调查者往往采取不同的危险距离阈值。这种人工调查识别的方法在大范围内开展时工作量大、效率低下;主观确定的建筑物危险水平距离随意性强,缺乏科学支撑,会给村镇泥石流风险识别造成较大的误差,也无法在实践中指导村镇房屋建设布局。

在泥石流防治工程措施选择及工程与非工程措施的配置方面,我国主要以泥石流危险性分析为依据,以主观经验为参考,缺乏对村镇建筑物及人员风险的定量分析。在村镇实施泥石流防治措施前,需要开展建筑物及人员风险定量评估,精确识别高风险建筑物及人员的空间位置。通过定量评估防治工程对于建筑物及人员的风险调控效果,科学合理地布置防治工程;通过对村镇人员在室率影响因素的分析及风险定量计算,合理制定群测群防的任务与目标,科学编制村镇泥石流灾害应急预案。

1.4 本书主要内容

本书以横断山区为研究区域,详细分析了区域泥石流分布及成灾特征,建立了考虑地震和降雨影响的灾害动态风险评估方法和模型,提出小流域泥石流风险精确辨识及定量化的村镇泥石流风险评估方法,构建了一套完整的从区域到单沟的泥石流风险评估理论框架和技术体系。

全书共分为六个部分,包括绪论、横断山区泥石流分布及成灾特征、横断山区泥石流风险动态评价、小流域泥石流风险分析及评估、村镇建筑物及人员风险定量评估、横断山区泥石流风险管理与对策。

第一部分,即绪论,主要介绍国内外泥石流风险评估研究现状、我国泥石流风险管理现状及本书主要内容。

第二部分,横断山区泥石流分布及成灾特征,即本书第 2 章,主要介绍本书研究区域横断山区地质、地貌、水文等地质环境背景,区域泥石流沟及泥石流分布规律,泥石流灾害成灾特征。

　　第三部分，横断山区泥石流风险动态评价，即本书第 3 章，主要介绍了在地震及降雨影响下横断山区泥石流易发性动态评估，同时介绍了乡镇尺度的泥石流风险评估。区域的泥石流风险评估可以为横断山区泥石流风险区域泥石流灾害防治提供客观的科学依据，为村镇泥石流风险辨识提供基础。

　　第四部分，小流域泥石流风险分析及评估，包括本书第 4 章～第 6 章，选取横断山区灾害频发的泥石流流域开展风险分析。第 4 章选择黑水河流域为研究区域，基于建筑物危险水平距离和高差警戒值，构建了泥石流威胁下村镇建筑物的危险等级识别矩阵。建立了基于高精度遥感影像及数字高程模型精确提取建筑物斑块及识别建筑物危险等级的流程与方法，最终实现了大范围高风险村镇的快速识别。第 5 章以小江流域为研究区域，分析了引起泥石流发生的静态因子条件与动态因子条件，将这两项数据归一化并利用灰色关联度法计算其权重值，开展了小江泥石流风险动态评估。另外，基于扇形地几何特征和遥感影像解译结果，建立了泥石流扇形地危险性评估模型，开展了小江流域高频泥石流沟扇地危险性评估。第 6 章提出单沟流域崩滑体稳定性分析方法，提出考虑侵蚀分区的泥石流汇流模型，在七盘沟及九寨沟下季节海子沟开展了泥石流流量精细化计算和泥石流危险分区。

　　第五部分，村镇建筑物及人员风险定量评估，即本书第 7 章。提出考虑泥石流动力强度及建筑物物理特性的计算方法，基于村镇人员活动特点提出了人员在室率的计算方法。改进了现有的泥石流风险定量计算方法，完善了人员风险计算流程，并在普格县洛莫村及宁南县大花地村进行了实证研究。

　　第六部分，横断山区泥石流风险管理与对策，即本书第 8 章。主要从乡镇、村镇两个层次提出了泥石流风险管理及防控对策，包括区域泥石流灾害防控措施、建筑物破坏主要原因及防灾建议、人员风险应对策略。

第2章　横断山区泥石流分布及成灾特征

2.1　横断山区地质环境条件

横断山区位于青藏高原和云贵高原、川西高原的过渡地带(图2-1)。本书所指的横断山区范围主要指 $97°8'\sim104°28'E$ 和 $24°31'\sim33°38'N$ 的区域，与文献(李炳元，1987)中的范围有一些细微的差别。本研究区内有岷山、沙鲁里山、哈巴雪山、玉龙山、大雪山、邛崃山、怒江、大渡河、金沙江、雅砻江、澜沧江等一系列山脉和河流，面积约45万 km^2。横断山区是我国乃至世界上地理环境、地质构造最复杂的区域，山高谷深，海拔由西北向东南递减，北部海拔可达5000m以上。该区域是我国泥石流最频发、灾害最严重的区域。

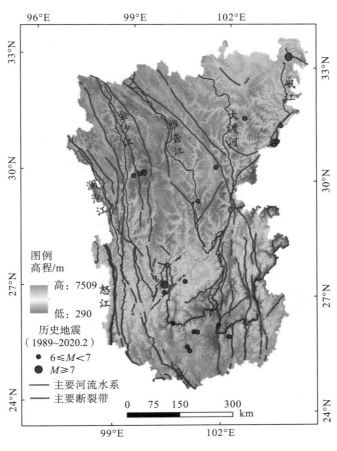

图2-1　横断山区地形地貌

2.1.1　地形地貌

　　横断山区是我国第一大台阶青藏高原跨入第二大台阶云贵高原的过渡带,山体平均海拔从川西藏东部 4000～5000m 降至云南南部 2000m 左右。其地形受大地构造的控制,高山或山原与峡谷相间,基本呈南北平行排列(张荣祖等,1997)。

　　根据地势起伏、新构造运动隆起幅度、山地海拔及外营力组合的差异,可将横断山区地貌划分为 2 个地貌大区及 12 个地貌地区(图 2-2)(李炳元,1989)。其中,三江中段高山峡谷地貌区、邛崃—岷山高山地貌区、滇中川西南高中山山原盆地地貌区、凉山高中山山地地貌区是泥石流灾害暴发频繁的区域。三江中段高山峡谷地貌区位于横断山区中部,包括金沙江、澜沧江、怒江河谷地带,高山峡谷相间,山川窄陡,河谷较为干旱。邛崃—岷山高山地貌区河流深切,区域高差最高达 3500m,地形起伏强烈,地貌作用垂直分异明显,泥石流灾害频发的汶川、茂县、马尔康、金川、小金均位于该区域。滇中川西南高中山山原盆地地貌区除金沙江和雅砻江沿岸为强烈切割的大起伏山地外,多为中小起伏山地,同时具有一系列受构造控制的大型盆地(丽江、大理等)。凉山高中山山地地貌区包括川西南一系列山地,如大凉山等,主要河流包括金沙江、大渡河及支流(李炳元,1989)。该区域山高谷深、地势陡峭,高差及坡度统计见图 2-3、图 2-4,海拔大于 2000m 面积占比高达

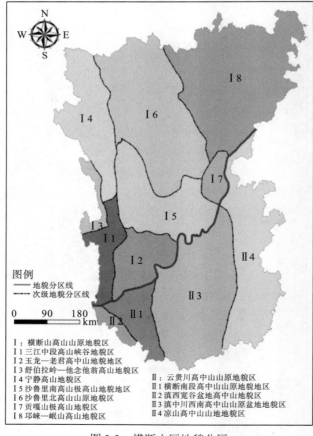

图 2-2　横断山区地貌分区

86%，其中 4000～5000m 海拔范围内面积占比最大，为 32.2%。坡度①分级统计显示，15°～25°、25°～35°面积占比较大，分别为 30.9%、27.8%。

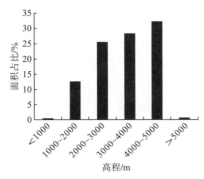

图 2-3　横断山区高差统计

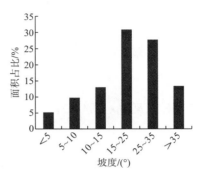

图 2-4　横断山区坡度统计

2.1.2　地质构造

横断山区在地质构造上处于南亚大陆与欧亚大陆镶嵌交接带的东翼，属于青藏高原的一部分，是我国东部环太平洋带和西部古地中海带之间的过渡地带（刘淑珍和柴宗新，1986；潘裕生，1989），地质构造分区见图 2-5（潘裕生，1989）。地质构造上东邻扬子地块，以昆仑—秦岭构造带为界，向南构造延伸，与印支、东南亚连接；地质构造方向在中部近南北向，西北和东南部为北西向到近东西向（潘裕生，1989）。该区域典型的断裂带有龙门山断裂带、鲜水河断裂带、小江断裂带、怒江断裂带等，均呈南北向分布。横断山区新构造运动强烈，地震灾害频发。根据《中国地震动参数区划图》（GB 18306—2015），地震烈度为Ⅷ度与Ⅶ度的区域面积占比分别为 23.38%、72.41%（图 2-6）。近 30 年来地震强度

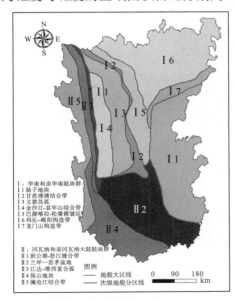

图 2-5　横断山区地质分区

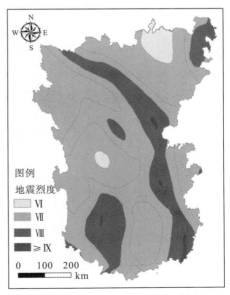

图 2-6　横断山区地震烈度区划

---

① 本书中坡度指坡面与水平面的夹角的度数。

大于等于 7 级以上的地震有 3 次，分别为 1996 年丽江地震、2008 年汶川地震、2017 年九寨沟地震（崔鹏等，2008a；张永庆等，2009；戴岚欣等，2017）。

　　横断山区地层岩性复杂，从古元古界至第四系均有出露，区域山脊多出露花岗岩类及变质岩类，峡谷地带大多有基性、超基性岩密集分布（陈炳蔚和艾长兴，1983）。整个区域第四系地层分布最广，全新统到下更新统均有出露，岩性以砂土及砂砾石层为主（边江豪等，2018）。

2.1.3　气象水文

　　横断山区特殊的地形地貌特征使得该区域具有显著的垂直气候变化特征，局地气候复杂多变，持续强降雨和短时强降雨在雨季频繁发生，气候区划如图 2-7 所示。横断山区气候主要受西太平洋的东亚季风、印度洋的南亚季风、青藏高原季风和西风带影响（徐飞等，2018）。在夏季，横断山区上空被西南季风带来的暖湿气流所控制，3000m 高度以下，该区域东侧为东南暖湿气流，西侧为西南暖湿气流；3000m 高度以上，东西两侧均为西南暖湿气流（文传甲，1989）。

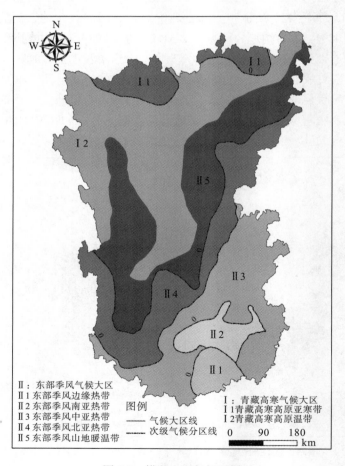

图 2-7　横断山区气候区划

　　该区域年降雨量为 500～2600mm，分布极不均匀，呈现东南和西南多而中间少，南部多而北部少的趋势(张荣祖等，1997)。降雨季节分配极不均匀(图 2-8)，具有明显的雨季与旱季，每年 5～10 月为夏季季风期，主要受东亚季风和南亚季风影响，水汽丰富，降雨充沛，降雨量占全年的 60%～90%；11 月至次年 4 月，受微弱西风环流南支控制，降雨较少(李吉均和苏珍，1996)。区内降雨还具有明显的垂直变化规律，在同一迎风坡上降雨随高度增加而递增，但到一定海拔后又随高度增加而递减。

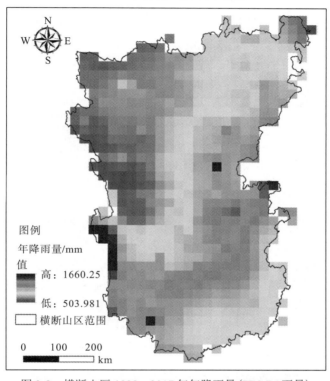

图 2-8　横断山区 1998～2017 年年降雨量(TRMM 雨量)

　　横断山区是我国主要河流的上游集结地区，河流众多，水网发育，主要有岷江、雅砻江、大渡河、金沙江、怒江、澜沧江等。此外，该区域还包括黄河上游河段，西南部还有龙川江、大盈江。除黄河、岷江、大渡河、雅砻江及一些小支流源于本区外，金沙江、澜沧江和怒江都发源于青藏高原腹地。横断山区水量丰富，河道较陡，落差集中，水能资源丰富(熊怡和李秀云，1989)。其中，金沙江流经横断山区主要为上游和中游的上段。上游段河流平均比降为 1.95‰，中游上段河流平均比降为 1.69‰，最大比降达 20‰。雅砻江是金沙江左岸最大的支流，其支流众多，如鲜水河、理塘河和安宁河。雅砻江上游河流平均比降约为 1.8‰，中游河流平均比降约为 2.97‰，切割强烈，峡谷深峻，下游河流平均比降约为 1.87‰，交错分布开敞平坦的河床和深切峡谷。怒江流经横断山区主要为中游段，河谷为 V 形深切峡谷，河床平均比降为 3‰，最大比降为 20‰。澜沧江在横断山区内宽度较窄，两岸支流短小；上游河流平均比降为 4‰～4.5‰，中游河段为极深切高山峡谷，河流平均比降为 2.4‰；下游河段河床平均比降为 1.5‰(张荣祖等，1997)。

本区河流补给形式有雨水、地下水和冰雪融水。大部分河流主要为雨水和地下水补给，冰雪融水仅在北部高原和局部高山区有一定补给作用。本区径流主要集中于夏秋两季，夏季径流最多，秋季次之，除滇中高原局部地区春季径流小于冬季径流外，其余地区均以冬季径流最少。与我国东部季风的河流相比，本区河流径流的年际变化较小，年径流变差系数一般为 0.10～0.25（熊怡和李秀云，1989）。

2.2 泥石流沟分布规律

横断山区复杂的活动地质构造、独特的地形地貌和丰富的降水，使得泥石流灾害频发，每年造成巨大的人员伤亡与财产损失。如 1997 年 6 月 5 日凌晨，凉山州美姑县乐约乡发生大型滑坡泥石流，泥石流流量约为 540m³/s，造成 4 个村 307 间房屋破坏，死亡、失踪人员数为 151 人（崔鹏等，1997）。2010 年 8 月 18 日凌晨怒江傈僳族自治州贡山独龙族怒族自治县普拉底乡东月谷沟暴发泥石流，将约 100m 宽的怒江干流短时堵塞，造成 39 人死亡，53 人失踪，直接经济损失达 1.4 亿元（苏鹏程等，2012）（图 2-9）。2013 年汶川县七盘沟暴发泥石流，一次性冲出固体物质 78.2 万 m³，造成 14 人死亡（或失踪），经济损失高达 4.15 亿元（图 2-10）。

本书通过历史资料收集、野外调查遥感解译、网络检索等方法建立了横断山区村镇泥石流灾害风险评估数据库（表 2-1）。数据库主要包括：①已经查明的 7181 条泥石流沟，属性字段包括流域经纬度、威胁人口、威胁财产。②1990～2017 年 941 件泥石流灾害事件，属性字段包括灾害年份、月份、死亡人数。③横断山区乡镇边界、聚居村镇居民点，乡镇级的人口普查数据，县级的社会经济统计数据。④横断山区与泥石流相关的地质环境背景数据，如降雨、崩塌滑坡密度、土地覆盖类型、地形湿度指数、地质、地貌、地震烈度等。数据库的建立为区域泥石流灾害风险评估及调控提供了基础数据支持。

图 2-9　东月谷沟泥石流灾后影像（谷歌影像）

图 2-10　七盘沟泥石流

图片来自新华网

表 2-1　本书主要使用的数据及来源

数据	格式	数据来源
泥石流沟	点（1∶5 万调查）	水工环地质信息服务平台、四川省人民政府网站、宁南县自然资源局、普格县自然资源局
崩塌、滑坡、不稳定斜坡	点（1∶5 万调查）	水工环地质信息服务平台
泥石流事件	点	四川省地质环境监测站、统计年鉴、新华网等
DEM	30m×30m 栅格	SRTM Data
流域边界	面	HydroSHEDS data
降雨	0.25°×0.25°栅格	TRMM Data
村镇居民点	点（1∶500）	中国科学院资源环境科学数据中心
乡镇边界	面（1∶500）	中国科学院资源环境科学数据中心
乡镇人口统计数据	表格数据	2010 年全国第六次人口普查乡镇数据
县级社会经济统计数据	文字数据	各县国民经济与社会发展统计公报
土地覆盖类型	1km×1km 栅格	中国科学院资源环境科学数据中心
土壤厚度	1km×1km 栅格	中山大学陆气相互作用研究团队
地震烈度	面	《中国地震动参数区划图》（GB 18306—2015）
地层岩性	面（1∶5 万）	本书
河流水系	线	本书
断裂	线（1∶5 万）	本书

其中，泥石流沟数据主要来源于中国地质调查局下属的水工环地质信息服务平台与 2017 年四川省人民政府公布的全省泥石流沟分布数据，并利用地方政府部门如宁南县自然资源局、普格县自然资源局提供的数据进行了补充。泥石流灾害事件主要来自四川省地质环境监测站（截至 2010 年），公开出版的期刊文献、硕博士论文、统计年鉴及主流媒体网页。村镇聚居点数据（2015 年）来源于资源环境科学数据中心。乡镇人口统计数据来源于 2010 年全国第六次人口普查数据。县级社会经济统计数据来源于各县国民经济与社会发展统计公报。降雨数据采用基于最新算法处理校正后的 0.25°×0.25°的 TRMM 3B42v7 日降雨产品（1998～2017 年）（Huffman et al., 2007）。流域边界来自 HydroSHEDS 免费提供的 12 级流域（HydroBASINS level-12）（Lehner and Grill, 2013），横断山区共划分为 3725 个小流域，流域平均面积为 120km^2。

　　"十二五"期间，我国主要依据《地质灾害排查规范》（DZ/T 0284—2015）及《滑坡崩塌泥石流灾害调查规范（1∶50000）》（DZ/T 0261—2014），完成了全国 1080 个县（市、区）的 1∶5 万泥石流灾害详查。其中，横断山区共分布 7181 条泥石流沟，威胁约 60 万人生命安全及约 200 亿元财产安全。本书基于横断山区已查明的所有泥石流沟及收集到的 1990～2017 年泥石流灾害事件，开展统计分析，旨在探明泥石流沟与地形地质环境等因素的关系及泥石流灾害的时空分布特征。

　　本书中的泥石流沟为点格式，一般位于流域主沟沟口堆积扇附近，难以精确确定每个泥石流沟对应的水文流域。因此，以 HydroBASINS 的 12 级流域为单元统计泥石流沟分布与地质地貌等要素的关系。ArcGIS 软件的空间分析模块、空间分析软件 CrimeStat（Levine，2004）与 Geoda（Anselin et al.，2006）用以探测泥石流沟及泥石流灾害的空间集聚特征及"热点"分布。空间分异性探测软件地理探测器（GeoDetector）（王劲峰和徐成东，2017）用以探测泥石流灾害空间格局影响因子。

2.2.1　空间分布规律

1. 泥石流沟集聚特征

　　横断山区泥石流沟分布见图 2-11，泥石流沟在区域内分布不均，本书根据地质、地貌、气候区划将横断山区分为 6 个分区域，分区统计了泥石流沟密度（表 2-2）。分区 1、分区 3 泥石流沟密度分别高达 246 条/万 km^2、286 条/万 km^2，分区 6 泥石流沟密度较小。泥石流沟密度大致与海拔标准差成正比，且气候类型为东部季风气候的分区密度均比青藏高寒气候区域大，说明气候、地形等对泥石流沟发育具有一定影响（胡凯衡等，2019）。

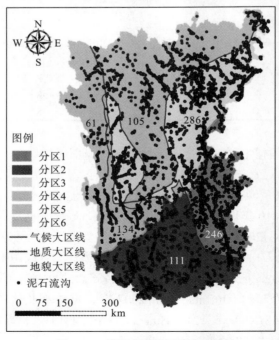

图 2-11　横断山区泥石流沟分布

表 2-2　分区地质地貌、气候类型、高差及泥石流沟密度

分区	最低海拔/m	最高海拔/m	海拔标准差/m	气候类型	地貌类型	地质类型	泥石流沟密度/(条/万 km²)
1	322	6998	654	东部季风	云贵川高中山山原	华南和亲华南陆块群	246
2	669	4362	502	东部季风	云贵川高中山山原	冈瓦纳和亲冈瓦纳大陆陆块群	111
3	773	7509	767	东部季风	横断高山山原	华南和亲华南陆块群	286
4	290	5846	725	东部季风	横断高山山原	冈瓦纳和亲冈瓦纳大陆陆块群	134
5	1479	6144	491	青藏高寒	横断高山山原	华南和亲华南陆块群	105
6	1954	6629	471	青藏高寒	横断高山山原	冈瓦纳和亲冈瓦纳大陆陆块群	61

利用 ArcGIS 统计得到的泥石流沟最邻近距离 ANN=0.3733<1，说明泥石流沟呈集聚分布。用 CrimeStat 软件分析得到 Ripley's K 函数曲线见图 2-12，$L(d)$ 值均大于 0，曲线均位于置信区间上限曲线上部，通过 99.5%的显著性检验，说明在不同的空间距离尺度，泥石流沟均呈显著的空间集聚性。$L(d)$ 的峰值出现在 150km，空间距离小于 150km 时，$L(d)$ 随距离不断增加，说明空间聚集程度不断增加，之后 $L(d)$ 值逐渐下降，说明空间聚集程度逐渐减弱。

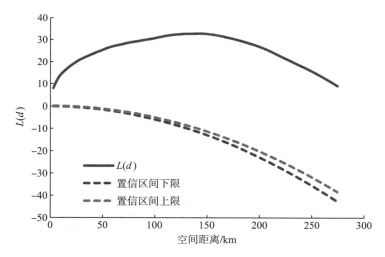

图 2-12　Ripley's K 函数曲线

2. 泥石流沟"热点"分析

根据全国水资源综合区划(沈永平，2019)横断山区各三级流域内泥石流沟占比见图 2-13。大渡河、雅砻江、金沙江(石鼓以下干流)流域内分布泥石流沟均超过 1000 条，占比总和达 62.08%，泥石流沟分布密度分别为 288 条/万 km²、134 条/万 km²、126 条/万 km²。青衣江和岷江干流、金沙江(直门达至石鼓)流域分布泥石流沟超过 500 条，占比分别为 11.78%、10.49%，泥石流沟分布密度分别为 294 条/万 km²、107 条/万 km²。

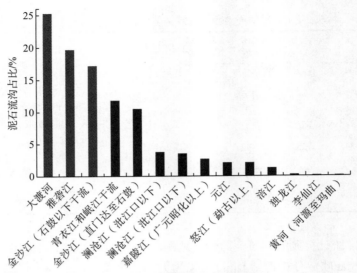

图 2-13　横断山区三级流域泥石流沟分布

利用 CrimeStat 软件的层次空间聚类功能进行泥石流沟"热点"分析，具体分析流程参考欧阳云等(2014)、朱丽霞等(2014)，分析半径设置为 10km，泥石流沟数量最小值设置为10，最终获得的聚类椭圆见图 2-14。从行政区划上，泥石流沟"热点"区域主要分布在四川省的汶川县、茂县、理县、黑水县、九寨沟县、金川县、马尔康市、丹巴县、炉霍县、新龙县、石棉县、泸定县、喜德县、德昌县、普格县、宁南县，云南省的维西傈僳族自治县(简称维西县)、洱源县、东川区等。选取空间分析软件 GeoDa，利用局域空间自相关指标(local indicators of spatial association，LISA)分析相邻的流域泥石流沟分布的相关程度，具体参数定义及分析步骤参考罗君和白永平(2010)、万鲁河等(2011)的研究，最终分析得到的 LISA 聚集图见图 2-15。红色代表高-高聚集，表明该流域与相邻流域内的泥石流沟数量都较多，深蓝色代表低-低聚集，表明该流域与相邻流域内的泥石流沟数量都较少。高-

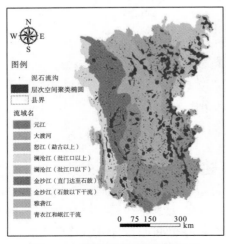

图 2-14　泥石流沟层次空间聚类

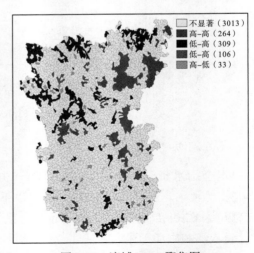

图 2-15　流域 LISA 聚集图
注：数字指流域个数。

高聚集流域主要分布在岷江上游、大渡河上游与下游、雅砻江下游、金沙江支流黑水河流域等。

2.2.2 空间分布与地形、地质、降雨等因子关系

泥石流受多种环境因子共同作用影响。地质、地貌等下垫面条件是泥石流形成的本底环境。降雨则是泥石流的重要激发因素，显著影响着泥石流的活动频率。理解泥石流与环境影响因子的关系是泥石流风险评估的重要基础之一。目前对于横断山区泥石流与环境因子的研究主要集中在地震震区或小流域尺度（唐川和梁京涛，2008；Tang et al., 2009；丁明涛等，2015）。本节首先选取地形高差、坡度、断裂带、崩塌与滑坡、河流水系、降雨、土地覆盖 7 个环境因子，探讨泥石流沟空间分布与多种环境因子的关系，可为该区域泥石流灾害的风险评估提供科学依据。

1）地形高差

泥石流沟数量与流域高差统计见图 2-16。不同的流域高差具有不同的气候特点与植被条件等，对于泥石流灾害的发育具有不同的影响。流域高差越大，上下游降雨、植被等条件差距越大，泥石流灾害机理越复杂。总体上，横断山区泥石流沟多分布在高差小于 3000m 的流域内。在高差各分级中，1000～1500m、1500～2000m 高差范围内泥石流沟最多。当流域高差小于 2000m 时，泥石流沟数量随不同高差分级而增加，之后随高差分级而减少，但仍有 5.38%的泥石流沟分布在高差超过 3500m 的流域内。

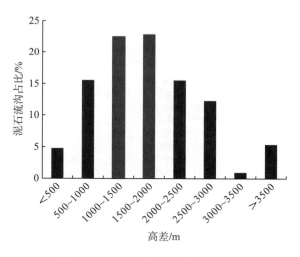

图 2-16 泥石流沟随流域高差分布

2）坡度

流域平均坡度与泥石流沟分布见图 2-17。泥石流沟多分布在平均坡度为 15°～35°的流域内，平均坡度为 15°～25°的流域内泥石流沟数量最多，占比超过 40%。平均坡度为 25°～35°的流域内泥石流沟数量占比超过 30%。平均坡度为 35°～45°的流域内泥石流沟数量较少，这主要归因于较少的流域数量。

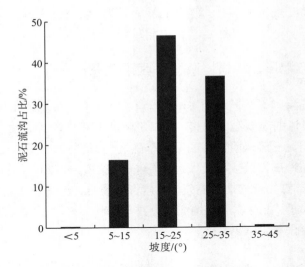

图 2-17　泥石流沟随流域平均坡度分布

3）断裂带

破碎的断裂带可为泥石流提供丰富的固体物质，泥石流多发地区一般位于断裂带发育区。断裂带 500m、1000m、2000m、5000m 缓冲区范围内的泥石流沟占比分别为 16.5%、29.20%、45.20%、67.97%，说明断裂带与泥石流沟分布具有密切的关系。1000m 缓冲区内泥石流沟数量大于 10 条的断裂带统计见图 2-18。小江断裂带、鲜水河断裂带、茂汶断裂带 1000m 范围内泥石流沟最多，分别为 98 条、89 条、78 条。怒江断裂带及龙门山断裂带 1000m 范围内的泥石流沟也超过 25 条，这些区域也是我国泥石流灾害多发区域。

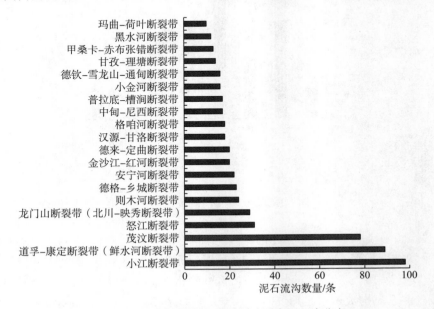

图 2-18　部分断裂带 1000m 缓冲区内泥石流分布

4) 崩塌与滑坡

运用 ArcGIS 空间分析功能，统计各流域泥石流沟、崩塌、滑坡、不稳定斜坡的密度。将流域崩塌、滑坡、不稳定斜坡的密度值进行分级，统计不同分级密度平均值及对应的泥石流沟密度平均值，其相关关系见图 2-19。流域泥石流沟分布密度与崩塌、滑坡、不稳定斜坡的密度具有良好的线性相关关系。崩塌、滑坡、不稳定斜坡的发育可为泥石流提供丰富的物源，增加泥石流灾害发生的概率。

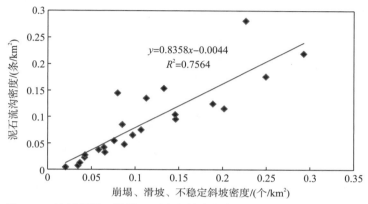

图 2-19　流域崩塌、滑坡、不稳定斜坡密度与泥石流沟密度相关关系

5) 河流水系

泥石流沟一般沿主河两侧呈带状分布。为了识别两岸泥石流沟分布最密集的主河，统计所有主河水系 1000m 缓冲区范围内的泥石流沟数量及沿河分布密度。图 2-20 为泥石流沟分布最密集的 15 条主河，其泥石流沟分布密度平均值高达 27 条/km，大部分均为岷江、大渡河支流。

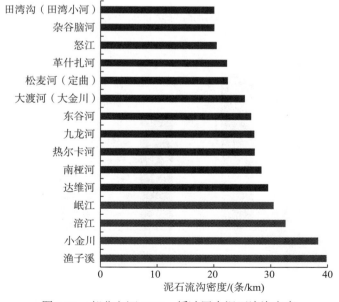

图 2-20　部分主河 1000m 缓冲区内泥石流沟密度

6）降雨

降雨是泥石流的主要激发因素。横断山区泥石流沟分布与年降雨量（1998～2017年平均值）统计分布见图2-21。年降雨量在800～1100mm的区域泥石流沟分布最多，年降雨量大于1200mm的区域泥石流沟较少，这主要因为年降雨量大于1200mm的区域面积较小。总体上，区域泥石流沟数量随年降雨量增加而增加。

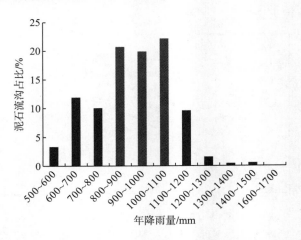

图2-21　泥石流沟随年降雨分布

7）土地覆盖

植被条件与泥石流灾害具有十分复杂的关系。在中小强度降雨激发下，植被能够削减泥石流灾害的规模，甚至抑制泥石流的发生；当降雨量超过一定阈值后，植被不但不能削减灾害规模，反而会增大灾害的规模（陈晓清等，2006）。统计分析流域主要土地覆盖类型发现，流域内林地面积越大，泥石流沟越多，其中，主要土地覆盖类型为有林地（郁闭度大于30%的天然林和人工林）的流域泥石流沟分布最多，占比约为50%（图2-22）。

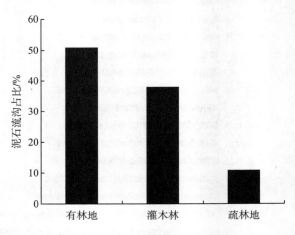

图2-22　泥石流沟随土地覆盖分布

2.2.3　空间分异影响因子

空间分异性是地理现象的基本特点之一。地理探测器(Geo-Detector)是探测和利用空间分异性的工具(王劲峰和徐成东,2017)。地理探测器既可以探测数值型数据和定性数据,又可探测两因子交互作用。因此,可利用地理探测器研究不同环境因子对泥石流沟空间分布的相对影响大小(用 q 值度量)(图 2-23),q 值表达式为

$$q = 1 - \frac{\sum_{h=1}^{L} N_h \sigma_h^2}{N\sigma^2} = 1 - \frac{\text{SSW}}{\text{SST}} \quad \text{SSW} = \sum_{h=1}^{L} N_h \sigma_h^2 \quad \text{SST} = N\sigma^2 \quad (2-1)$$

式中,$h = 1, \cdots, L$ 为变量 Y 或因子 X 的分层(strata),即分类或分区;N_h 和 N 分别为层 h 和全区的单元数;σ_h^2 和 σ^2 分别为层 h 和全区的 Y 值的方差;SSW、SST 分别为层内方差之和、全区总方差;q 的范围为 0~1。

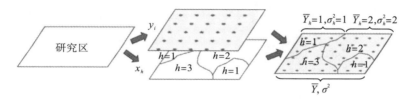

图 2-23　地理探测器原理

影响泥石流的环境因子众多。其中,地形地貌、地质构造、气候条件、土地利用等是最常用的分析因子(Reichenbach et al., 2018)。本书选取的泥石流自然环境影响因子包括气候态年降雨,日降雨量分别大于 10mm、25mm 及 50mm 的 20 年平均总天数,气候分区,地貌分区,地质分区,土地覆盖类型,平均土壤厚度,地形高差势能及地形湿度指数共 11 个。其中,地形高差势能指灾害点与其所在小流域(最大面积约为 275km²)最高海拔的高差。地形湿度指数定义为 $\ln(\alpha / \tan\beta)$,源于采用贝文(Beven)等发展的地形指数模型(邓慧平和李秀彬,2002)。该指数模型反映了流域饱和缺水量的空间分布。以90m 分辨率的 DEM 数据计算地形湿度指数,再以 1km 网格为单元进行统计,平均地形湿度指数可以表示为

$$\text{TWI} = \frac{\sum_{i=1}^{n} \ln(\alpha_i / \tan\beta_i)}{n} \quad (2-2)$$

式中,TWI 为平均地形湿度指数;$\ln(\alpha_i / \tan\beta_i)$ 为某个 90m 网格处的地形湿度指数;n 为1km 网格内的 90m 网格采样数量;α_i 为流经坡面任一点 i 处单位等高线长度的汇流面积;β_i 为局地坡度。

基于地理探测器计算 11 个环境因子对泥石流沟空间分异解释度 q 值,其由大到小依次为:地形湿度指数(0.546)>地形高差势能(0.372)>平均土壤厚度(0.190)>土地覆盖类型(0.181)>地质分区(0.150)>地貌分区(0.089)>气候分区(0.050)>20 年平均总天数(日

降雨量＞25mm）（0.021）＞20 年平均总天数（日降雨量＞50mm）（0.018）＞气候态年降雨
（0.016）＞20 年平均总天数（日降雨量＞10mm）（0.008）（图 2-24）。

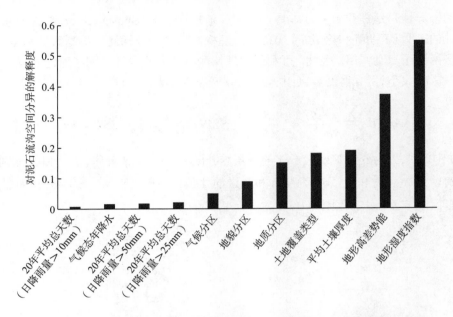

图 2-24　基于地理探测器检测的泥石流沟空间分异解释度 q 值

结果表明，地形湿度指数是决定泥石流沟空间格局的最主要的环境因子，其次是地形高差势能和平均土壤厚度，降雨特征要素的多年平均分布对泥石流沟数量分布的影响较小。这说明降雨虽然是泥石流发生的激发因素，但并不是泥石流沟分布的控制因素。泥石流沟的空间分布主要取决于地形、松散物源和地质等下垫面条件，而与降雨的关系较弱。

基于前面地理探测器的结果，进一步分析泥石流沟数量随地形湿度指数、地形高差势能及平均土壤厚度变化的分布情况。整个横断山范围内，地形湿度指数取值范围为[-1.48,16.95]，地形高差（单位：m）取值范围为[68, 6107]，平均土壤厚度（单位：m）取值范围为[0.13, 21.1]。为计算泥石流沟随三个指标的分布数量，将这三个指标的取值范围从小到大分为 20 个等距的区间（图 2-25～图 2-27）。结果显示，泥石流沟的数量随地形湿度指数和地形高差势能呈先增加后减少的趋势。泥石流沟分布的峰值出现在第 4 个地形湿度指数区间[1.28, 2.21]，而地形高差势能对应分布峰值的区间范围较宽，过少或者过多的地表径流都难以产生泥石流。地形湿度指数较小的地方往往是山区坡陡的地方，多以崩塌等为主，泥石流较少；而地形湿度指数较大的地方，坡度较缓，径流量大，容易形成山洪或含沙水流。泥石流沟随平均土壤厚度的分布有两个峰值。在地形较陡的山区随着平均土壤厚度的增加，物源量可能更多，进而更容易发生泥石流；相反，在平均坡度较小的区域，尽管堆积的土壤厚度大，但岩土体的势能低，因而泥石流发生相对较少。

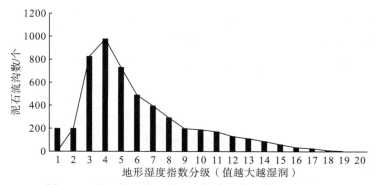

图 2-25　泥石流沟数量随地形湿度指数变化的分布情况

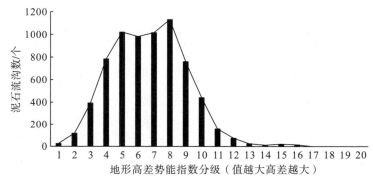

图 2-26　泥石流沟数量随地形高差变化的分布情况

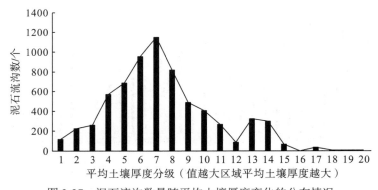

图 2-27　泥石流沟数量随平均土壤厚度变化的分布情况

2.3　泥石流灾害分布特征

2.3.1　时间分布特征

本书共收集了横断山区 1990～2017 年 941 起泥石流灾害事件，灾害共造成 1487 人死亡。1990～2010 年泥石流事件数量整体呈现增加的趋势。2010 年后泥石流事件数明显减少（图 2-28），由于收集到的灾害事件有限，这种趋势可能无法代表真实的变化趋势。1998～2010 年的灾害数据主要来自四川省地质环境监测站，是目前最全面的统计数据。1998～

2010 年泥石流事件数呈增加趋势，特别是汶川地震后的 2009 年、2010 年，泥石流事件数显著增加。2010 年记录的泥石流事件数是 2009 年的 2.6 倍，约等于 1998~2005 年的泥石流事件数总和，其中汶川地震震区的泥石流事件数占较大比例。

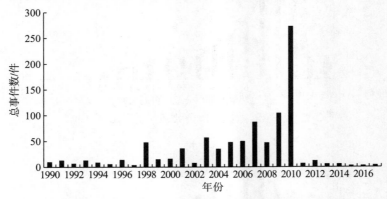

图 2-28　横断山区 1990~2017 年泥石流事件数统计

　　由于公开发表的文献、统计年鉴或主流媒体主要着眼于较大规模或造成较多人员死亡的灾害，通过这些来源收集到的泥石流死亡事件及死亡人数相对较为全面。所有泥石流事件中，有人员死亡的事件共 194 件，共造成了 1487 人死亡，死亡事件数及死亡人数统计见图 2-29、图 2-30。1998 年泥石流死亡事件数最多，1992 年最少。2012~2017 年，泥石流死亡事件数呈下降趋势。

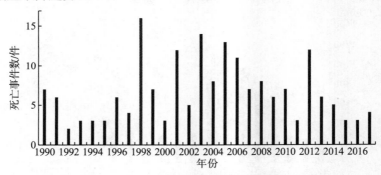

图 2-29　1990~2017 年横断山区泥石流死亡事件数

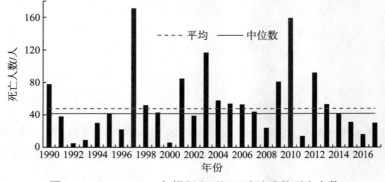

图 2-30　1990~2017 年横断山区泥石流造成的死亡人数

　　1990～2017 年泥石流造成的年均死亡人数 47 人，中位数 42 人。2012～2017 年，泥石流死亡人数与事件数类似，呈减少的趋势，其余年份的死亡人数变化趋势与死亡事件数并不相同，死亡人数最多的年份为 1997 年、2010 年。1997 年共 172 人因泥石流死亡，其中 151 人是由发生在凉山州美姑县乐约乡的大型滑坡泥石流灾害事件造成死亡(崔鹏等，1997)。2010 年 151 名死亡人员中有 92 人是由发生在怒江州贡山县东月谷河的泥石流事件造成死亡。

　　以年为时段统计的人员死亡事件数及死亡人数见图 2-31。泥石流死亡事件在前三个时段呈增加的趋势，随后不断减少；泥石流死亡人数在前四个时段不断增加。2011～2017年泥石流死亡事件数及死亡人数减少，这可能与我国在 2010 年后大力开展的泥石流防灾减灾工作有关。

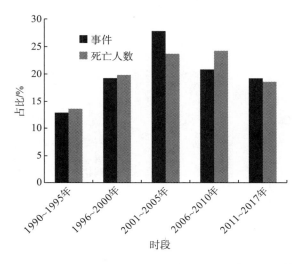

图 2-31　横断山区泥石流死亡事件数及死亡人数分时段统计

　　横断山区是我国大型及特大型泥石流频发的区域(张楠等，2018)。单次事件死亡人数与累计死亡人数统计见图 2-32。1～5 人死亡的事件占总事件数的 59%，死亡人数超过 20 人的事件仅占 6%，但死亡人数超过 20 人的事件造成的累计死亡人数占比达 40%。这说明在横断山区，人员死亡主要是由大型及特大型泥石流事件造成，减少大型及特大型泥石流的发生是减少人员死亡的关键。

　　从泥石流事件和死亡的季节性分布来看，泥石流主要发生在 5～10 月(图 2-33、图 2-34)，占比为 99.25%，1 月、2 月、11 月和 12 月没有人员死亡记录。这种明显的季节性分布与降雨的季节性一致。5～10 月是夏季季风期，水汽充足，降雨丰富。6 月、7 月、8 月泥石流事件和死亡人数占比分别为 80.76% 和 82.59%；5 月、9 月和 10 月泥石流事件数及死亡人数占比分别为 18.49%、16.39%。

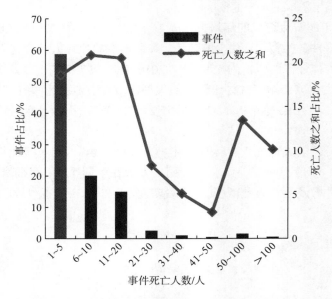

图 2-32　横断山区单个事件死亡人数及累计人数统计

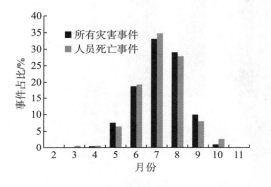

图 2-33　泥石流事件分月统计

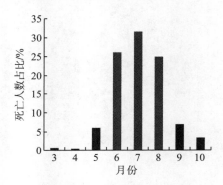

图 2-34　人员死亡分月统计

2.3.2　空间分布特征

横断山区泥石流事件空间分布见图 2-35,图中的一阶层次聚类与二阶层次聚类由空间分析软件 CrimeStat 分析得到。一阶层次聚类是对泥石流灾害点进行空间统计,二阶层次聚类是对一阶层次聚类椭圆进行再次聚类得出,一阶层次聚类、二阶层次聚类主要是从不同的尺度来识别泥石流发生的热点区域(Levine, 2004)。总体上,泥石流在不同流域发生的频次差异较大。88.6%的泥石流发生在大渡河流域、岷江流域、雅砻江流域和金沙江流域(石鼓以下干流)。金沙江流域(石鼓以下干流)泥石流灾害死亡人数最多,占比为 37.9%;其次是大渡河流域(18.3%)和雅砻江流域(17.5%)。整个大渡河流域、岷江流域和怒江流域(勐古以上)都分布有一阶层次聚类热点,而雅砻江流域的一阶层次聚类热点主要分布在上游、下游,金沙江流域(石鼓以下干流)的一阶层次聚类热点主要分布在下游。横断山区的二阶层次聚类热点主要位于岷江流域、金沙江流域(石鼓以下干流)、雅砻江流域、大渡河流域下游、澜沧江及怒江下游地区。

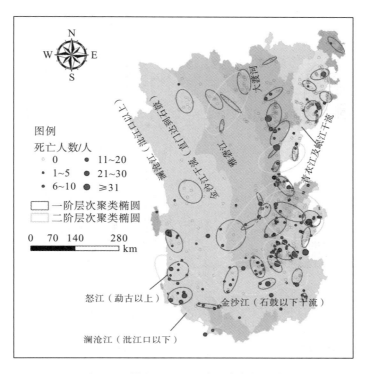

图 2-35　横断山区泥石流灾害空间分布

2.3.3　空间分异影响因素

根据 2.1.3 章节中地理探测器的结果，分析前三个因子(地形湿度指数、地形高差势能、平均土壤厚度)及激发雨量与泥石流发生频率分布的关系。激发雨量取值范围为(0,169] (单位：mm)，共分成 8 级。其中，[20, 140]按等间距分成 6 级。地形湿度指数、地形高差势能、平均土壤厚度取值区间与地理探测器采用的区间一致(图 2-36)。结果表明，泥石流发生频率随激发雨量的增加呈先增加后减少的分布特征，分布峰值出现在第 2 个和第 3 个区间(即[20, 40]和[40, 60])。从泥石流发生频率与地形湿度指数的对应关系来看，泥石流主要发生在前两个区间，即平均地形湿度指数小于 3.5 的范围。尽管泥石流事件均匀分布在地形高差势能适中的区域，但各区泥石流发生频率峰值对应的地形高差区间有较大差别。平均土壤厚度与泥石流发生频率的对应关系在各区差异明显，而不同平均土壤厚度分级下的各区差异较为一致。但值得注意的是，第 2 分区和第 4 分区在平均土壤厚度区间[2.625, 4.35)和[4.35, 6.79)对应的泥石流发生频率明显高于其他情况，几乎达到70%，表明这两类区域泥石流的发生与平均土壤厚度因素有较大的关系。由此可见，在不同地貌、地质和气候类型组合下，激发雨量、地形湿度指数、地形高差势能及平均土壤厚度等因素对应的泥石流发生频率有所区别，甚至某些因素在一些分区内可能起着关键作用。这意味着横断山区泥石流预警不仅需要考虑雨量等直接激发因素，还必须考虑各区环境因素的空间差异性。

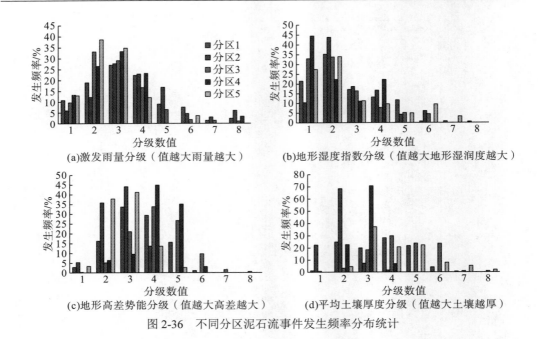

(a)激发雨量分级（值越大雨量越大）

(b)地形湿度指数分级（值越大地形湿润度越大）

(c)地形高差势能分级（值越大高差越大）

(d)平均土壤厚度分级（值越大土壤越厚）

图 2-36 不同分区泥石流事件发生频率分布统计

2.3.4 泥石流事件与降雨特征因子的时间关联性

利用 1998～2017 年 TRMM 3B42v7 日降雨产品(分辨率为 25km)，统计分析泥石流事件与降雨特征因子的时间关联性。首先，按照 25km 的分辨率将灾害点数据网格化；然后，提取 1998～2017 年整个横断山区及分区的逐年泥石流灾害与降雨的时空分布数据，统计并提取日降雨量大于 10mm、25mm 及 50mm 的天次数的逐年时空分布数据。最后，对发生过灾害的网格单元，计算区域平均的逐年降雨量及日降雨量大于 10mm、25mm、50mm 的天次数(1 天次等于 1 天 1 网格)。

横断山区泥石流灾害事件数与降雨统计特征值的年际变化曲线表明(图 2-37)：不论是灾害网络平均年降雨量还是日降雨量大于 10mm、25mm、50mm 的天次数，1998～2017 年

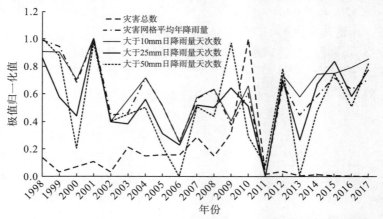

图 2-37 1998～2017 年归一化后灾害总数、灾害网格平均年降雨量及日降雨量
大于 10mm、25mm、50mm 的天次数

均一致表现为先减少后增加的趋势，而泥石流灾害数则呈现先增加后减少的趋势。部分泥石流灾害数峰值与降雨特征值的峰值相匹配，如 1998 年、2001 年、2007 年及 2010 年。但 2012 年以后，由于国家山洪非工程措施和地质灾害监测预警系统等减灾工程的实施，灾害事件数明显偏少。因此，时间维度上的关联分析主要以 1998～2012 年的数据为准。

同时，采用灰度关联分析用于研究泥石流灾害与降雨的时间关联特征。该方法是一种多因素统计分析的方法(Singh et al., 2016)。首先，对灾害数、年降雨量及日降雨量大于 10mm、25mm、50mm 的天次数等进行无量纲化处理；然后，分别计算年降雨量及日降雨量大于 10mm、25mm、50mm 的天次数与灾害数的关联系数；对时间关联系数分别求平均，得到变量之间的关联度；最后，针对横断山区及 5 个分区，分别对各个降雨统计量与灾害的关联度进行比较，通过排序，揭示与泥石流灾害关联度较好的降雨统计量(图 2-38)。

灰色关联度的计算结果表明，横断山区泥石流灾害与网格平均日降雨量大于 25mm 的天次数关联度最高，其次是网格平均日降雨量大于 50mm 的天次数，再次是区域年平均降雨，最后是网格平均日降雨量大于 10mm 的天次数[图 2-38(a)]。然而，具体到每个分区情况有所不同。分区 1 主要位于横断山东部季风区，海拔较低，年平均降雨最多，其泥石流灾害次数变化与日降雨量大于 25mm 和 50mm 的天次数变化关系最为密切，表明分区 1 内的泥石流灾害可能主要受大雨和暴雨及以上降雨天次数的年际变化控制[图 2-38(b)]。分区 2 纬度较低，其灾害数变化主要受网格平均日降雨量大于 25mm 的天次数因素影响，与网格平均日降雨量大于 50mm 的天次数关联度最低[图 2-38(c)]。分区 3 平均海拔相对较低，年平均降雨也相对偏多，区域年平均降雨对其泥石流灾害变化有较大影响[图 2-38d)]。分

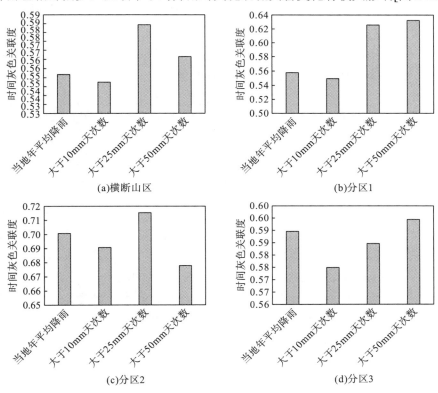

(a)横断山区　　　　　　　　　　(b)分区1

(c)分区2　　　　　　　　　　　(d)分区3

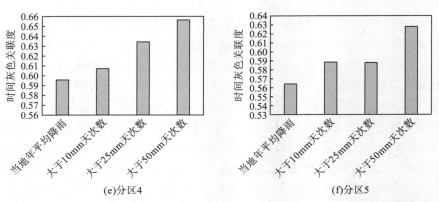

(e)分区4   (f)分区5

图 2-38　横断山灾害网格年平均降雨量及日降雨量大于 10mm、25mm、50mm 的天次数与灾害总数的灰
色关联度

注：(a)是整个横断山区；(b)~(f)分别是对应各分区统计结果。

区 4 的网格年平均降雨及日降雨量大于 10mm、25mm、50mm 的天次数与灾害总数的灰色关联度依次增加，表明该地区泥石流灾害年际变化受暴雨天次数的影响最大。分区 5 处于高山地貌，降雨偏少，关联度显示其泥石流灾害在时间尺度上与网格平均日降雨量大于50mm 的天次数变化最相关。整体来讲，从年际变化角度来看，每类分区泥石流灾害数与各降雨因素的关联度与整个横断山区有明显差异，且各个分区之间也存在较大的不一致性，这可能与各分区不同的气候、地质、地貌等多因素相互作用有关。

2.3.5　泥石流激发雨量

除了地形地貌地质要素，降雨是泥石流的主要激发因素。由于很难获得精确的流域降雨数据，本书仅以 25km 网格的 TRMM 降雨数据对泥石流灾害的激发雨量进行宏观讨论(Liu et al., 2019)。

泥石流的激发雨量 P_e 包括前期有效雨量 P_a 和当日降雨 P_0 两部分，前期有效雨量 P_a 的计算常选用以下公式(庄建琦等，2009)：

$$P_a = \sum_{i=1}^{n} K^i P_i,\tag{2-3}$$

式中，K 为降雨衰减系数；n 为计算天数，一般取 3、7 或 14；P_i 为距离灾害发生日 i 天的降雨量。K 与蒸发强度、地表植被、岩土体性质均有关，文献中的取值范围为 0.78~0.85，一般取 0.84。本书取 $n=7$，$K=0.84$，计算前期有效雨量 P_a。

根据网格提取的泥石流灾害事件当日雨量及前期有效雨量，分别计算每场泥石流灾害事件的有效激发雨量 P_e，将雨量数据从小到大排序，计算不同雨量对应累积频率，即区域泥石流灾害的发生概率，结果如图 2-39 所示。横断山区不同地理分区对应的泥石流灾害的激发雨量累积频率曲线具有明显的差异。在一定的泥石流发生频率下，激发雨量在分区 5 最小，在分区 2 最大；对于某个给定的激发雨量值，发生累积频率在分区 2 最小，在分区 5 最大，这说明在同一降雨量水平下，分区 5 可能比其他地区更容易发生泥石流。分区 3 和分区 4 的频率分布非常接近。当频率大于 10% 时，随着频率的增加，差异越来越大，当频率为 50% 时，雨量最大差值约为 28mm，当频率为 90% 时，雨量最大差值超过 47mm。对于区域泥石流预警，通常利用概率划分为一系列参考区间，如 (0, 20)、[20, 50)、[50, 60)、[60, 80)、[80, 100] (%) (Zhang et al., 2018)。一般当概率达到 50% 时，该地区应发布适度预警，而一些应急措施（如强制疏散）将在概率达到 80% 后执行。在本节中，P 为 50% 的激发雨量被认为是泥石流预警的关键降雨警戒值。其中分区 1 到分区 5 的临界降雨量分别为 53.81mm、62.41mm、44.32mm、45.74mm 和 34.62mm。

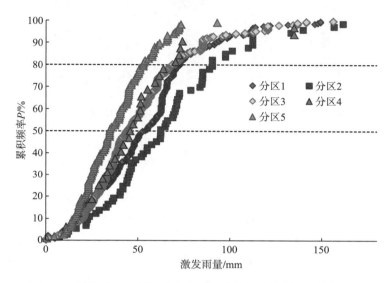

图 2-39　不同分区泥石流灾害事件激发雨量统计（分区见图 2-13）

参考 Luino (2005)，利用多年平均年降雨量对有效激发雨量 P_e 进行无因次化：

$$\text{DER} = \frac{P_e}{\text{MAP}}, \tag{2-4}$$

式中，DER 为无因次激发雨量；MAP 为各分区 20 年平均年降雨量。

根据计算得到的 P 为 50% 和 80% 时的无因次有效激发雨量值 DER，比较 5 个分区的泥石流预警有效降雨量（图 2-40）。$P=50\%$ 处分区 1 到分区 5 的 DER 分别为 5.26%、6.35%、5.04%、4.83% 和 4.60%，平均值为 5.22%；而 $P=80\%$ 处分区 1 到分区 5 的 DER 分别为 7.13%、9.20%、7.81%、7.43% 和 7.02%，平均值为 7.72%。结果表明，DER 越低，泥石流发生的可能性越大，这与图 2-41 的结果一致。在 $P=50\%$ 时，所有的 DER 都接近于 5% 的降雨量水平，但 5 个分区之间仍存在差异。由于 DER 可以消除年降雨量的影响，可以认为 DER 的差异可能是由一些相关的地质和地形影响因素造成的。

目前所收集的泥石流灾害事件记录仅有 941 个，样本相对稀疏，对统计分析结果有一定影响。此外，TRMM 等多数卫星再分析降雨产品难以反映复杂山区小空间尺度的天气特征（Yong et al., 2015）。25km 网格的 TRMM 降雨与泥石流灾害事件存在空间位置不完全匹配的问题。为了尽可能保证数据的合理性，分析工作多以粗分辨率网格区域为单元进行大尺度研究，重点是揭示横断山区泥石流空间格局和激发雨量分异性。

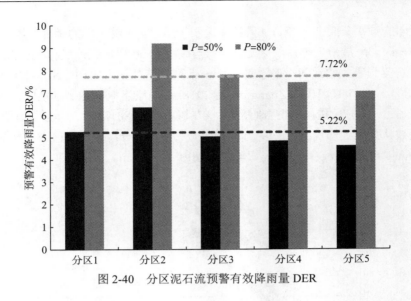

图 2-40　分区泥石流预警有效降雨量 DER

2.4　泥石流灾害成灾特征

泥石流的威胁范围主要为堆积扇或主沟沟道两侧的区域,威胁对象主要是单个或多个村镇。位于泥石流堆积扇或主沟附近的村镇人口密集、地质条件脆弱、防灾抗灾能力薄弱,也是我国泥石流造成人员死亡及财产损失最严重的区域。例如,发生在 2010 年 8 月 7 日的舟曲特大泥石流冲毁了甘肃省舟曲县城关镇月圆村、北关村、北街村、东街村、南门村、椿场村、罗家村、瓦厂村,摧毁房屋 5508 间,造成 1248 人遇难,96 人失踪,是 1949 年以来我国最严重的泥石流灾害(胡凯衡等,2010b;Hu et al.,2012);2010 年 8 月 18 日,云南省贡山县普拉底乡东月谷村暴发的泥石流造成 92 人死亡失踪,直接经济损失达 1.4 亿元(苏鹏程等,2012);2010 年 7 月 13 日云南省巧家县小河镇发生的泥石流灾害造成 19 人死亡,26 人失踪,43 人重伤,冲毁房屋 128 间,直接经济损失达 1.8 亿元(赵忠生和许万忠,2013)。2017 年 8 月 8 日,四川省普格县荞窝镇耿底村发生泥石流灾害,导致 25 人死亡,71 间房屋损毁,造成 1.6 亿元的经济损失(陈宁生和黄娜,2018)。

为了解泥石流灾害造成人员死亡的主要原因,分析死亡人员的性别、年龄、职业特点,探讨影响人员死亡的主要因素,本书开展了泥石流灾害野外调查并对泥石流灾害成因及特征进行了分析。

2.4.1　泥石流灾害调查

1. 调查的目的与方法

为了解泥石流灾害造成人员死亡的主要原因,分析死亡人员的性别、年龄、职业特点,探讨影响人员死亡的主要因素,本书开展了村镇泥石流野外调查。野外调查的主要内容包括:①泥石流发生时间,造成的人员死亡、建筑物破坏等灾害概况;②死亡人员性别、年龄、职业、健康状况、受教育概况,死亡时所处位置;③被破坏建筑物的位置、材质、楼层等概况;

④已有的泥石流防治措施；⑤村民的防灾减灾意识；⑥对泥石流防灾减灾的建议与意见。

野外调查方法主要包括现场访问记录、问卷调查、无人机航拍、实地测量。问卷调查主要用于调查村民的防灾减灾意识；无人机航拍主要用于获取典型村镇的高精度遥感影像及数字地形高程数据。

2. 调查的路线

野外调查村镇选取的原则是：历史上发生过有人员死亡的泥石流灾害，村镇人员密集，交通便利。本书最终选取了 14 个典型村镇，开展了为期 20 天的野外调查。调查的 14 个村镇主要位于汶川震区(七盘沟七盘沟村、棉簇沟棉簇村)、大渡河下游石棉县(熊家沟石龙村、唐家沟和平村、白露沟新乐村)、雅砻江下游德昌县(塘房沟骡马堡村、乐跃沟王家大桥组、江家沟蒲坝村)、金沙江下游普格县及宁南县(采阿咀沟沙合莫村、小荞窝沟安木脚村、桐子林沟耿底村、牛乃堵沟洛莫村、碾房沟大花地村、俱乐沟中心村)，调查路线见图 2-41。各村镇灾害概况见表 2-3，在所有村镇均开展现场访问，访问对象一般选择村里的地质灾害监测员、村干部、泥石流灾害亲历者，以保证调查数据真实可靠。同时还在安木脚村、洛莫村、大花地村、中心村开展了问卷调查，共获取调查问卷 236 份。另外，还使用大疆无人机在洛莫村、大花地村进行了航拍工作，配合 RTK(Real Time Kinematic，实时动态测量技术)获取了泥石流堆积扇的高清影像及高精度地形数据。部分调查村镇照片见图 2-42，村镇防灾减灾措施见图 2-43，调查过程照片见图 2-44。

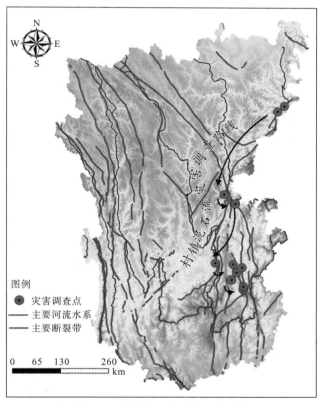

图 2-41　村镇泥石流野外调查路线

表 2-3　调查村镇泥石流灾害概况

序号	村落名称	泥石流沟	灾害发生日期	灾害发生时刻	死亡人数/人	男女比例	死亡人员身份、年龄	死亡原因	被破坏的建筑物位置	被破坏建筑物结构	现受威胁建筑位置	现建筑功能	备注
1	棉簇村	棉簇沟	2011年7月3日	1:00	8	—	化工厂职工	化工厂宿舍被淤	沟旁	钢筋混凝土框架结构	沟道内及沟口	居民住房、化工厂、工厂宿舍	已经工程治理
2	七盘沟村	七盘沟	2013年7月11日	凌晨	14	1:1	老人4名，儿童2名	不听从政府预警转移，擅自回家查看财物遇难	沟旁	砌体、砖混、土坯房	沟道两侧	居民住房、驾校、学校	已经工程治理，部分居民搬迁
3	草科乡和平村	唐家沟	2012年7月4日	凌晨	7	4:3	老人2名，儿童2名，电厂年轻职工3名	半夜查看鱼塘遇难，爬到电厂房顶避难，厂房倒塌；经过泥石流沟口被冲走	沟旁	普通砖瓦结构	沟口一侧	居民住房	已经工程治理，沟口居民搬迁
4	蟹螺乡新乐村	白露沟	1994年6月7日	凌晨	21	1:1	河道两侧居民及下游旅馆外地住客	泥石流堵口溃决造成两侧房屋被冲毁	与泥石流沟交汇的主河下游一侧	普通砖瓦结构、土坯房	沟道一侧及沟口	居民住房、小学、商店	已经工程治理
5	石龙村红星组	熊家沟	2013年7月4日	20:00	19	—	以吉新电力公司退休职工为主	沟口房屋被冲毁	正对沟口	钢筋混凝土框架结构	沟口一侧，距离较远	居民住房	已经工程治理，距离较近居民已经搬迁
6	骡马堡村	塘房沟	2006年7月14日	23:00	17	3:2	多为沟口选矿工人，其余为当地居民，当地居民儿童4名，老人1名	房屋、工厂宿舍被冲毁	沟旁及正对沟口	普通砖瓦结构、土坯房、板房	沟道两侧，距离较近	居民住房、工厂宿舍	已经工程治理
7	蒲坝村二社	江家沟	1995年7月13日	0:00	10	1:1	两家8口	房屋被冲毁	沟旁	土坯房	沟道一侧	居民住房	已经工程治理
8	王家大桥组	乐跃沟	2004年9月25日	19:00	11	—	小卖部避雨9人及沟口1户	—	—	普通砖瓦结构	沟道一侧	居民住房	已经工程治理
9	荞窝镇耿底村	桐子林沟	2017年8月8日	0:00	26	—	女性、老人、儿童居多	5户土坯房倒塌，3户1楼被淤，死亡人员主要为土坯房内人员及居住在砖混房屋一楼的人员	沟旁、沟内	土坯房	现已搬迁	居民住房	已经搬迁
10	沙合莫村二组三组	采阿咀沟	2003年6月28日	凌晨	10	—	—	土坯房倒塌21户	沟旁	土坯房	正对沟口	居民住房、幼儿园、商店	已经工程治理
11	大花地村二组	碾房沟、店子砂沟	2007年6月6日	凌晨	5	3:2	儿童3名，老人1名，均为外来彝族租户	沟口两栋房屋倒塌	沟旁	砖瓦结构、土坯房	沟道一侧	居民住房、小学、卫生所、商店	已经工程治理

续表

序号	村落名称	泥石流沟	灾害发生日期	灾害发生时刻	死亡人数/人	男女比例	死亡人员身份、年龄	死亡原因	被破坏的建筑物位置	被破坏建筑物结构	现受威胁建筑物位置	现建筑功能	备注
12	安木脚村五组六组	小荞窝沟	—	—	—	—	—	—	—	—	沟道两侧	居民住房	已经工程治理
13	俱乐乡中心村	俱乐沟	—	—	—	—	—	—	—	—	沟道一侧	居民住房、小学、医院、幼儿园、商户、乡政府	已经工程治理
14	洛乌乡洛莫村	牛乃堵沟	—	—	—	—	—	—	—	—	沟道两侧及堆积扇上	居民住房、商店	计划工程治理

注：12～14村镇历史多次发生泥石流灾害，但无人员伤亡或无法获得准确灾害信息。

(a)七盘沟村　　　　　　　　　　　(b)新乐村

(c)骡马堡村　　　　　　　　　　　(d)王家大桥组

图 2-42　部分调查村镇

(a)雨量计　　　　　　　　　　　(b)自动报警器

(c)警示牌　　　　　　　　　　　　　　　　(d)拦挡坝

图 2-43　部分村镇防灾减灾措施

(a)调查过程1　　　　　　(b)调查过程2　　　　　　(c)调查过程3

(d)调查过程4　　　　　　(e)调查过程5　　　　　　(f)调查过程6

(g)调查过程7　　　　　　(h)调查过程8　　　　　　(i)调查过程9

图 2-44　调查过程照片

2.4.2　村镇居民泥石流防灾意识统计

　　居民的防灾减灾意识是影响人员伤亡的一个重要因素。在调查过程中也发现部分人员的死亡原因是灾害意识不足,如不听从政府转移通知,以及擅自返回家中或前往危险位置,还有一部分人员在泥石流发生时茫然无措,不知道正确的逃生方向。在水电站施工人员死亡的泥石流灾害事件中,有两起都是在躲避泥石流灾害的转移过程中又遭遇另一地发生的泥石流灾害。居民的年龄、受教育程度是影响其灾害意识的重要因素(Ahmad and Lateh,2011;Roder et al.,2016)。在泥石流灾害中,小于 5 岁的儿童、大于 65 岁的老人及行动不便人员是最容易受灾害威胁的人员，也是最为弱势的人员。

本书通过问卷调查进行了 4 个村居民弱势人员、受教育程度统计见图 2-45、图 2-46。其中，洛莫村为彝族村，中心村为彝汉混居村，大花地村与安木脚村为汉族村。洛莫村儿童占比最高，大花地村老年人和行动不便人员占比最高。4 个村镇儿童及老年人占比均值为 18.13%，人数为 16～69 人，中心村人数最少，洛莫村人数最多。在受教育程度方面，洛莫村文盲率最高，为 49.32%，约一半村民没有受过学校教育；大花地村最低，为 15.68%，这与不同村镇经济条件差异几乎一致。对于泥石流灾害的了解程度方面（图 2-47），了解程度较多及一点的村民占比为 53%～100%，平均值为 78.21%，其中大花地村占比最高，中心村占比最低，这可能与中心村大量的外来彝族租户对于泥石流灾害不了解有关。调查显示自身经历或当地政府宣传是村民了解泥石流灾害的主要渠道（图 2-48），这也说明政府防灾减灾宣传对于提高村民灾害意识具有重要意义。当问及泥石流发生时应该撤离的方向时（图 2-49），绝大多数村民回答均正确，平均占比为 89.40%，但仍有部分未受过教育的老年人不知道正确的撤离方向。在政府撤离通知没有解除前，平均 70% 的村民表示不会返回家中，明确表示会返回家中的村民占比在洛莫村最高，达 29%（图 2-50）；明确表示会回来的人员中，老年人占多数，女性比男性比例更高。从以上统计可以看出，老年人、受教育程度较低的人员是泥石流灾害中最容易受到威胁的人员，妇女、儿童、老人是泥石流避灾的弱势群体。各村镇居民的灾害意识也具有明显的差别，且与当地的经济、教育水平密切相关。

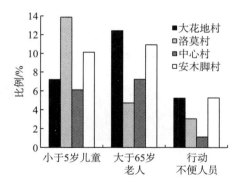

图 2-45　村镇弱势人员统计

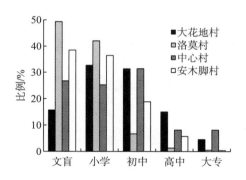

图 2-46　受教育程度统计

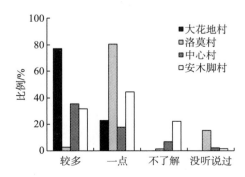

图 2-47　对泥石流灾害的了解程度

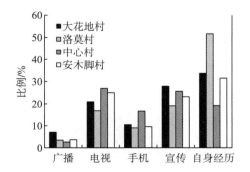

图 2-48　了解泥石流灾害的信息来源

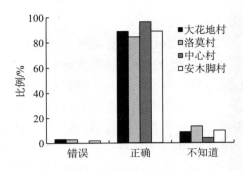

图 2-49　泥石流发生时对正确的撤离方向的回答

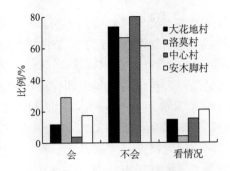

图 2-50　临时转移后是否会擅自回家

需要指出的是,在问卷调查过程中不可避免会遗漏部分住户,特别是外来的彝族租户,由于存在语言沟通等方面的困难,无法获得精确的调查数据。近年来在凉山地区,越来越多的高山居民为了儿童教育选择租住在经济教育条件较好的河谷村镇。在调查过程中发现村镇租户几乎为一个老年人照顾 4~5 个甚至多达 10 个儿童,但老年人对泥石流灾害的风险几乎完全不了解。另外,访问易地搬迁的村民时发现,许多村民特别是彝族村民对该村泥石流灾害了解有限,有的村民甚至完全不了解。因此,特别需要加强对村镇外来流动人口及近年易地搬迁来的村民的泥石流灾害宣传。

2.4.3　死亡人员职业及灾害发生时刻统计

1. 死亡人员职业

横断山区泥石流灾害造成人员死亡的主要是大型和特大型泥石流。表 2-4 列出了横断山区死亡人数前 10 位的灾害事件,这 10 次灾害事件均为特大泥石流,共造成 575 人死亡,占总死亡人数的 39%。因这些事件死亡的人员包括当地村镇居民、煤矿工人、水电站施工人员、游客。

表 2-4　横断山区死亡人数前 10 位的灾害事件

排名	年份	月份	发生时刻	死亡人数/人	地点	灾害成因
1	1997	6	凌晨	151	美姑县乐约乡(现柳洪乡)	堰塞坝溃决形成泥石流
2	2010	8	1:30 左右	92	贡山县普拉底乡东月各村	泥石流
3	2003	7	1:30 左右	54	丹巴县巴底镇邛山沟	泥石流
3	2009	7	2:50 左右	54	康定市舍联乡(现鱼通镇)响水沟	泥石流
4	2010	7	4:00 左右	45	巧家县小河镇炉房沟	山洪泥石流
5	2012	6	凌晨	40	巧家县矮子沟	泥石流
6	1990	7	—	36	甘洛县	矿渣泥石流
7	1995	8	18:30	29	云龙县宝丰乡	山洪泥石流
8	2001	10	—	26	会理市大路沟水库	水库溃坝形成泥石流
9	2017	8	5:00 左右	25	普格县荞窝镇桐子林沟	泥石流
10	1999	6	11:00	23	松潘县龙潭堡沟	泥石流

统计具有死亡人员职业描述的事件发现，除了村镇居民外，水电站施工人员及采矿厂工人是占比最多的人员(表 2-5)，且多为群死群伤事件。在所有出现人员死亡的灾害事件中，发生在水电站工区的灾害事件有 13 件，每个事件平均死亡人数 16 人，总死亡人数占比 13.91%。例如，2012 年 6 月 28 日，云南省巧家县白鹤滩水电站施工区(矮子沟)泥石流灾害冲毁施工区营地，造成 40 人死亡(或失踪)；2009 年 7 月 23 日，四川省康定县舍联乡(现康定市鱼通镇)干沟村响水沟河坝水电工程施工区发生泥石流灾害，造成 53 人死亡(或失踪)。发生在采矿厂区的灾害事件 12 件，每个事件平均死亡人数 12 人，总死亡人数占比 9.74%。例如，2003 年 8 月 9 日，四川省汶川县茶园沟克枯乡茶园沟发生泥石流灾害造成 9 名采矿工人死亡。水电站施工人员或采矿厂工人死亡主要因为工程建设单位对当地地质灾害重视不足，且缺乏监督预警措施，工人居住地选址缺少风险考量，对施工人员的防灾培训演练不足。施工人员大部分为外来人口，其自身对于泥石流的危害意识极度缺乏，部分施工人员甚至存在侥幸心理，容易发生严重的人员伤亡。还有部分死亡人员是外地游客，如 2003 年 7 月 11 日，四川省丹巴县巴底乡(现巴底镇)邛山沟(当地人誉为"美人谷")发生泥石流灾害，造成 54 人死亡，其中包括 5 名外地游客。2019 年四川省汶川县"8·20"特大泥石流灾害造成的死亡人员中，包括约 14 名外地游客。因此，外来施工人员特别是水电站施工人员、采矿厂工人、外地游客是风险较大的三类人群，加强这种流动人口的风险管理也十分必要。

表 2-5　死亡人员分类统计

项目	水电站施工人员	高速公路施工人员	采矿厂工人	汽车乘客
事件数/件	13	3	12	3
死亡人数/人	207	16	145	7
平均/(人/件)	16	5	12	2
死亡人数占比/%	13.91	1.08	9.74	0.47

2. 灾害发生时刻

本书收集到的灾害死亡事件中有 61 件记录了泥石流发生的详细时刻，其中 60 件发生在 20:00 至次日 6:00。夜间为泥石流高发时段且是人群最为松懈的时段，人员大多处于室内休息，灾害暴发时不易察觉，处于熟睡状态的人员难以对突发灾害做出快速反应，夜晚视野有限不利于人群逃生，容易造成大量人员伤亡。另外，这也跟暴雨泥石流多发生在夜间有关。

2.4.4　村镇人员死亡影响因素

基于灾害调查与分析，村镇是泥石流灾害的主要威胁对象，村镇居民在泥石流灾害中死亡占比最高。本次开展灾害调查的大部分村镇历史上曾多次发生泥石流灾害。部分村现已整体搬迁(如耿底村)或部分搬迁(如和平村)，但仍有部分村镇建筑物距离泥石流沟道较近，受到泥石流灾害的严重威胁。由于宜居空间的限制，部分村镇新修的房屋甚至有"越修越近"的趋势，这部分房屋大都是易地搬迁修建的房屋。

1）村镇人员死亡原因

根据调查发现，死亡人员中老年人及儿童占比较高，死亡人员以本地居民为主。但外来流动人口（如矿厂工人、旅客、外来租户）也占较大比例。大部分人员死亡时所处位置都在室内，但也有少数人员是在室外被泥石流冲走。室内人员死亡的直接原因都是建筑物倒塌或淤积，这与公开的相关数据统计趋势一致（图 2-51）。1991~2018 年我国山洪泥石流灾害死亡人数与倒塌房屋数量具有良好的相关关系。另外，防灾意识不足是人员死亡的间接原因，如在转移避难过程中擅自返回家中、遇到泥石流不知道正确的逃生方向等。在调查中还发现群死群伤事件多发生在商店、旅馆、工厂宿舍楼、学校，这些建筑物也是日常人员密集的场所。

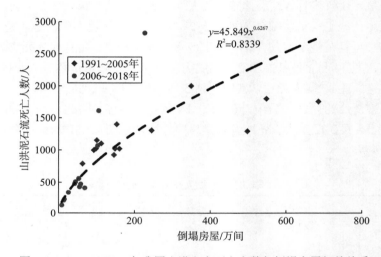

图 2-51　1991~2018 年我国山洪灾害死亡人数与倒塌房屋相关关系

2）人员死亡与泥石流体积关系

Dowling 和 Santi（2014）收集了全球 213 件泥石流灾害事件，分析了泥石流体积与死亡人数的关系，结果表明，泥石流体积对死亡人数的影响与灾害发生地人口密度密切相关。据此将灾害发生地按照人口密度大小分为城市、城镇、人口集中的村镇、人口稀疏的农村，分别统计泥石流体积与死亡人数的关系，同一泥石流体积在人口密集区域造成的人员死亡数量远大于人口稀疏的农村。

本书基于搜集到的 38 个事件的泥石流体积数据，分析了横断山区泥石流体积与死亡人数的关系（图 2-52）。图中根据人口密度将灾害发生地分为聚居村与非聚居村，绘制了双对数线性回归曲线，并进行 F 检验。与 Dowling 和 Santi（2014）的分析结论一致，聚居村回归线的斜率大于非聚居村。F 检验表明，聚居村回归线方程的 $P=0.002$（小于显著性值 0.05），$R^2=0.4155$，通过显著性检验；而非聚居村回归方程 R^2 值较小，表明体积与死亡人数相关性很弱。图 2-52 聚居村回归线斜率较 Dowling 和 Santi（2014）文中村镇回归线斜率更缓，这可能因为本书的事件主要是发生在小的村镇，死亡人数变幅也较大。

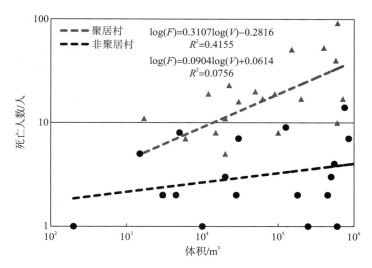

图 2-52　泥石流体积与死亡人数相关关系

2.5　小　　结

通过宏观尺度上对横断山区泥石流沟空间分布特征及影响因素、泥石流灾害分布特征及成灾特征的分析，主要得到如下结论。

(1)横断山区泥石流沟呈空间集聚特征，空间距离小于 150km 时，空间聚集程度不断增加。从不同地理分区(图 2-13)来看，分区 1 及分区 3 泥石流沟密度最大，分别为 246 条/万 km²、286 条/万 km²。大渡河、雅砻江、金沙江(石鼓以下干流)流域是泥石流沟数量最多的三个流域，泥石流沟密度分别为 288 条/万 km²、134 条/万 km²、126 条/万 km²。泥石流沟多分布在距离断裂带 1000m 的范围内。小江断裂带、鲜水河断裂带、茂汶断裂带 1000m 范围内泥石流数量最多，分别为 98 条、89 条、78 条。

(2)泥石流沟分布密集的小流域一般具有以下特点：流域高差小于 3000m，平均坡度介于 15°～35°，年降雨量多为 800～1100mm，土地覆盖类型主要的为有林地或疏林地。地形湿度指数是决定横断山区泥石流沟空间格局的最主要的环境因子，其次是地形高差势能和平均土壤厚度，降雨特征要素的多年平均分布对泥石流沟数量分布的影响较小。泥石流沟的空间分布主要取决于地形、松散物源和地质等下垫面条件。

(3)6～8 月是泥石流发生最频繁的月份，泥石流事件和死亡总数占比分别为 80.76%、82.59%。大渡河流域、岷江流域、雅砻江流域和金沙江流域(石鼓以下干流)是泥石流发生最频繁的流域，泥石流灾害占比 88.6%。不同地理分区泥石流事件对应的激发雨量具有显著的差异性，在一定的泥石流发生频率下，激发雨量在分区 5 最小，在分区 2 最大；对于某个激发雨量值，泥石流发生频率在分区 2 最小，在分区 5 最大。说明在同一降雨量水平下，分区 5 可能比其他分区更容易发生泥石流。

　　(4)村镇居民、采矿厂工人、水电站施工人员、外地游客是泥石流灾害的主要死亡人员，本地村民中老年人及儿童占比较高。商店、旅馆、工厂宿舍楼等人员密集场所容易发生群死群伤事件。造成人员死亡的主要原因是建筑物倒塌或淤埋。人员密度是影响泥石流灾害死亡人数的重要因素。相同的泥石流规模(体积)在聚居村造成的人员死亡数量远大于人口稀疏的非聚居村。在聚居村，死亡人数与泥石流体积具有明显的正相关关系，表达式为 $\log(F) = 0.3107\log(V) - 0.2816$，其中，$F$ 为死亡人数，V 为泥石流体积 (m^3)。

第3章 横断山区泥石流风险动态评价

泥石流灾害风险评估是重要的非工程措施之一，已成为泥石流减灾的主要工作之一。从19世纪奥地利对阿尔卑斯山区泥石流沟开展分类评价工作开始，灾害风险评估已经从定性评判发展到定量评价，从地学统计方法发展到物理模型和数值模拟方法(韦方强等，2003)。一般来说，灾害风险评估可以分为易发性、危险性和风险性三个不同层次(胡凯衡和丁明涛，2013)。灾害易发性评估主要是评价或者计算某个地理空间上地质灾害发生的可能性或大小程度，有时也称为区域风险评估。泥石流风险区划是基于区域泥石流风险评估结果进行风险宏观分区，是泥石流风险管理的首要步骤，有助于清晰把握泥石流灾害的空间格局与分布规律(黄大鹏等，2007)，可为区域泥石流防治规划、建设用地适宜性评估等提供科学依据。

目前灾害易发性研究比较多，相对成熟。现有的方法主要是根据灾害的环境背景因子(如降雨、坡度、坡向、岩性等)、成灾过程和历史灾害数据等信息，采用地学和统计的方法，在较大的空间尺度上对灾害发生的可能性进行评估(Carrara et al., 1991；Jade and Sarkar, 1993；唐川和刘琼招，1994；韦方强等，2000；Dai et al., 2002；刘希林等，2004；Carrara et al., 2008；胡凯衡等，2012c)。

在气候、地震及人类活动等强烈影响下，泥石流的致灾因子(如物源量、暴雨次数、土地利用等)是一个动态变化过程。随着致灾因子的变化，灾害易发性也发生变化。本书以横断山区为研究区域，分析了区域灾害风险的静态因素和动态因素，研究了地震和降雨事件对泥石流易发性的影响系数模型。

3.1 地震及降雨影响下泥石流易发性动态评估

3.1.1 动态评估模型和方法

1. 静态评估方法

静态易发性评估主要选取区域长期不变或者缓变的致灾因子，如地形、地质、植被、土壤等下垫面因子，评价横断山区域在空间上发生灾害的可能性，可以采用以下的条件概率模型：

$$S = \sum_{i=1}^{n} \omega_i P_i(x) \tag{3-1}$$

式中，ω_i 为第 i 个静态因子的权重；$P_i(x)$ 为当第 i 个静态因子取 x 时灾害发生的概率，一般 x 取某个区间或某个类别。如果采用正方形网格单元来划分研究区域，那么 $P_i(x) = \dfrac{n_i(x)}{N_i(x)}$。

其中，$N_i(x)$ 为第 i 个静态因子等于 x 时的单元总数，$n_i(x)$ 为第 i 个静态因子等于 x 且出现灾害的单元总数。静态因子的权重可以采用一些统计方法，如灰色关联度法或层次分析法来确定。

根据横断山区已有的灾害分布数据，采用主成分分析的方法，发现相对高差、坡度、岩性和断裂带密度与灾害的关系最为密切(图 3-1)。相对高差定义为某一半径范围内最大高程与最小高程之差。相对高差代表了水土迁移的能量条件，反映的是局地势能。坡度为某一单元与相邻单元单位长度的高差，反映的是能量梯度。根据岩土体的软硬程度和抗风化能力，将地层岩性划分为松散岩组、软岩组、软硬相间岩组和硬岩组。在断裂构造发育区，岩石破碎，地形切割强烈，地质灾害常常密集分布。在 ArcGIS 中，分别计算了这四种因子中灾害发生的条件概率。

图 3-1　横断山区灾害在不同环境背景因子中出现的概率

采用灰色关联度法和 GIS 相结合的方法分别确定相对高差、坡度、岩性和断裂带密度在易发性中的权重值（李秀珍等，2010）：相对高差为 0.2048，坡度为 0.1969，岩性为 0.1836，断裂带密度为 0.2196。然后对各个因子的条件概率加权求和，就得到横断山区的静态易发性评估图（图 3-2）。

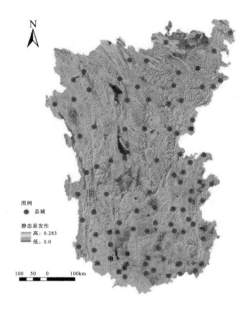

图 3-2　横断山区灾害易发性静态评估结果

2. 动态评估方法

区域灾害易发性可以看作由静态因素和动态因素两类因子决定。静态因素由基本的下垫面条件决定，如相对高差、坡度、岩性、断裂带密度等，在几百年尺度上的变化很小的灾害的动态因素主要是指在年的尺度上影响水土供给和耦合的突出因素。从泥石流发生的物源、能量和水源条件来看，在横断山区影响水土要素供给的主要有地震、降雨和强烈的人类活动。

地震和降雨综合影响下灾害的动态易发性可以表示为静态易发性与地震和降雨影响系数的乘积：

$$H(t) = S \times E_k(t) \times R_k(t) \tag{3-2}$$

式中，H 为灾害逐年的易发性；S 为静态因素导致的易发性（即易发性的本底值）；t 为时间（年）；E_k 和 R_k 分别为地震和降雨对易发性的逐年影响系数。

3.1.2　地震事件影响系数

地震的影响主要体现在"土"的因素，即松散物质开始大量增加。强震常带来大量的滑坡，极震区滑坡面积常占到 20% 以上，甚至达到 50%。数量众多的地震滑坡崩塌滚石等松散物质堆积于上游坡面和沟道，为泥石流灾害提供了丰富的物源，在暴雨激发作用下极易暴发灾害。国内山区的大地震（如台湾的集集地震、西藏的察隅地震、四川的汶川地震等）表明，地震后一段时间内，泥石流灾害的活跃性明显增强，即数量增多、规模增大、频率增高（Nakamura et al., 2000；Lin et al., 2004；Lin et al., 2006；崔鹏等，2008b）。相关研究表明，地震在Ⅴ度及以下烈度区引发的滑坡崩塌数量极少（鲍叶静, 2004）。汶川地震Ⅵ度以下崩塌滑坡数量仅占总数的0.18%（崔鹏等，2011）。地震的能量与震级为指数函数关系，因此，假设地震对灾害易发性的影响系数与烈度为2次方的关系。

随着时间的推移，松散物质逐渐被输移到下游河道或堆积扇，或者逐渐固结强度增大。因此，灾害的易发性也会随着时间推移逐渐降低。根据1950年西藏察隅地震之后古乡沟泥石流的记录数据，幂函数比较好地描述了物源控制型泥石流活跃性的衰减过程，幂函数的指数约为-0.63。其衰减指数与剩余物质储量和总物质储量之比存在密切的关系（胡凯衡等，2011）。

根据上文的分析，地震在Ⅵ度区以下对泥石流物源几乎没有影响，在Ⅵ度区以上烈度每升高1度，影响系数提高1倍。而影响系数随着时间呈幂指数的衰减关系。由此，单次地震事件的影响系数可以用如下公式来表示：

$$E_k = \begin{cases} 1.0, & x < 6 \\ 1.0 + 2^{x-6} N^{-0.63}, & x \geqslant 6 \end{cases} \tag{3-3}$$

式中，x为烈度值，分6度以下和6度以上两个区间，6度以下取1.0，表示地震对6度以下区域的易发性没有影响；N为距离发震时间的时长（以年为单位）。由这个函数随时间的变化曲线可以看出，Ⅶ区、Ⅷ区和Ⅸ区的影响系数大约在30年后都大致接近于1.0（图3-3）。而Ⅺ区的影响系数在30年后还是非常高，约为4.8。

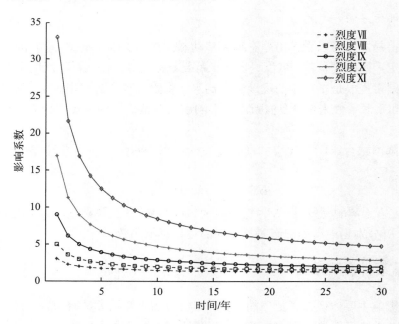

图3-3 地震影响系数的衰减曲线

为了分析地震对横断山区泥石流灾害的影响，以Ⅵ烈度区为地震最大影响范围，搜集从 1995 年以来Ⅵ及以上烈度区与横断山区有交集的历史地震事件（震级 6.5）（表 3-1）。然后根据每次事件的烈度范围，采用式（3-3）叠加计算了横断山区 1995～2015 年地震事件对灾害易发性的总影响系数。

表 3-1　横断山区 1995 年以来的历史地震事件

日期	时间（北京时间）	北纬/(°)	东经/(°)	深度/km	震级	最大烈度	地点
1995 年 10 月 24 日	6:46:49	25.9	102.2	15	6.5	Ⅸ	云南武定
1996 年 2 月 3 日	19:14:20	27.2	100.3	10	7.0	Ⅸ	云南丽江
2000 年 1 月 15 日	7:31:02	25.5	101.1	30	6.5	Ⅷ	云南姚安
2008 年 5 月 12 日	14:28:01	31.0	103.4	14	8.0	Ⅺ	四川汶川
2013 年 4 月 20 日	8:02:46	30.3	103.0	13	7.0	Ⅸ	四川芦山
2014 年 8 月 3 日	16:30:10	27.1	103.3	12	6.5	Ⅸ	云南鲁甸

3.1.3　降雨事件影响系数

横断山区泥石流灾害主要是由大雨或暴雨激发的。利用 TRMM 卫星降雨数据（网格空间分辨率为 0.25°），提取横断山区 2000～2015 年每个网格单元大雨发生天数的逐年变化数据。从图 3-4 中可以看出，2010 年大雨发生较多的有龙门山区、攀西地区、滇西北区。

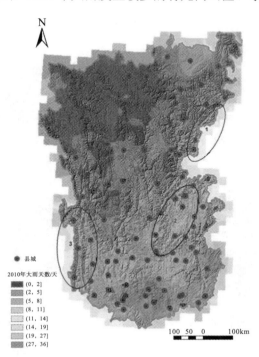

图 3-4　2010 年横断山区大雨天数空间分布图
1.龙门山区；2.攀西地区；3.滇西北区

根据横断山区每个网格单元大雨天数的空间分布数据,统计每年整个横断山区大雨出现的总天数如表3-2所示。从表3-2中可以看出,大雨事件最多的一年是2001年。总天数大约是最少一年(2011年)的1.81倍。这说明横断山区的大雨事件的分布在时间上极不平衡。一般来说,在同等地形和地质条件下,大雨事件越多,其激发的灾害也越多。所以,可用大雨天数来表征降雨的影响系数:

$$R_k = b \times I_{>25\text{mm}} \tag{3-4}$$

式中,$I_{>25\text{mm}}$为大雨天数;b为比例系数。根据全国2001～2015年的TRMM数据,每年平均发生日降雨量大于25mm的大雨天数为84497.13。而根据2001～2015年的《全国地质灾害通报》,在此期间平均每年发生的灾害总数为23980.6次。两者的比值为0.284。也就是说,全国一次大雨事件大概能引发0.284次灾害。横断山区的灾害发生水平应该高于全国平均水平。但是,目前没有该区域的灾害历史数据。因此,系数b暂取0.284。

表3-2　横断山区逐年大雨和暴雨天数

年份	大雨和暴雨天数(>25mm)/天	年份	大雨和暴雨天(>25mm)/天
2000	5243	2008	4975
2001	6755	2009	5344
2002	5299	2010	5198
2003	5059	2011	3737
2004	5452	2012	5501
2005	4753	2013	4733
2006	4280	2014	5505
2007	5322	2015	6123

3.1.4　动态评估结果

综合横断山区泥石流灾害的静态易发性、地震影响系数、降雨影响系数的计算结果,在考虑地震和降雨事件对灾害易发性逐年影响变化的情况下,用式(3-1)计算2000～2015年横断山区泥石流易发性的变化,并将易发性划分为极高、高、中和低四个等级(图3-5)。

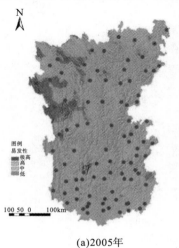

(a)2005年

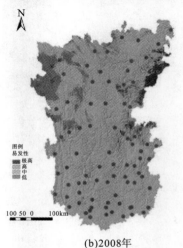

(b)2008年

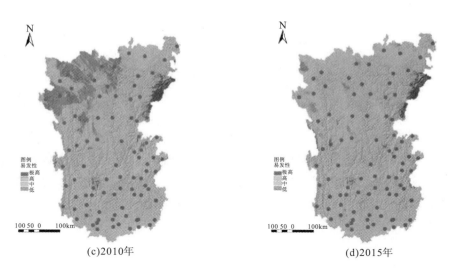

(c)2010年 　　　　　　　　　　　　　(d)2015年

图 3-5　横断山区 2005 年、2008 年、2010 年和 2015 年的泥石流易发性分区图

　　将搜集到的 2015 年灾害事件分布与 2015 年泥石流易发性分区结果进行对比发现，两者在大区域上分布比较吻合（图 3-6）。灾害主要发生在龙门山西侧、金沙江下游和滇西南地区。

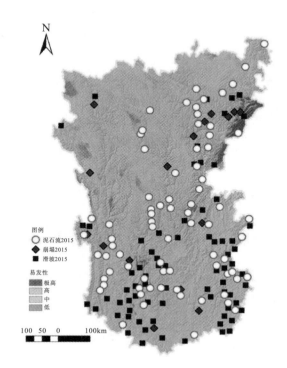

图 3-6　横断山区 2015 年泥石流易发性分区和灾害分布图

3.2 横断山区乡镇泥石流风险评估

在区域泥石流灾害的风险评估中，最为常见的评估单元主要包括栅格单元、水文单元与行政单元。基于行政单元的风险评估可以为区域灾害防治规划提供更直观的科学依据。在行政单元的选择上，多以省、市、县作为评估单元，评估单元面积较大，风险评估结果过于宏观。例如，唐川和朱大奎(2002)选取了 5 个泥石流成因因子作为泥石流危险度评估指标，以人口、房屋、耕地、农业产值作为社会经济易损性指标，对云南省各县进行了泥石流风险评价；刘希林和陈宜娟(2010)采用多因子综合评价法，选取泥石流背景因子、激发因子等作为危险性评估指标，选取自然、人口、经济等为易损性指标评估了川西 60 个县(市、区)的泥石流风险。

我国以县为主体，以乡镇为管理单元初步制定了泥石流防治方案。以县、市为评估单元的风险评价忽略了各乡镇泥石流背景要素、承灾体特征等分布差异。目前我国以乡镇为评估单元的泥石流风险评估不多，已有针对乡镇的风险评估，如刘光旭等(2008)、舒和平等(2014)在泥石流危险性评估过程中，仍以传统的泥石流成因因子作为指标体系。这种基于先验分析的危险性评估方法并没有考虑村镇泥石流灾害的成因特点，可以作为区域乡镇宏观泥石流危险度分区，但无法准确反映各村镇受泥石流灾害的威胁程度。例如，乡镇范围内的村镇居民点距离泥石流沟都较远，即使泥石流暴发频率及动力强度都很高，也并不会对距离较远的村镇造成威胁，从村镇安全角度来看，泥石流危险度为零。

从泥石流灾害的成灾特征可知村镇居民点距离泥石流沟的相对位置是影响其是否可能被破坏的重要前提，老人、儿童、流动人口是村镇泥石流灾害的弱势人群，受教育程度及经济水平是影响其灾害意识的重要因素。鉴于人员伤亡是我国地质灾害防治最为关切的问题，本书以建立的泥石流风险评估数据库为基础，提出基于历史灾害及村镇居民点大数据后验信息的乡镇泥石流危险性评估指标体系，以微观社会经济指标为基础的人员易损性指标体系，开展乡镇泥石流灾害人员风险评估及区划。区域乡镇人员风险区划可以为当地相关部门泥石流灾害防治提供有力的科学支撑。

3.2.1 泥石流危险性评估

泥石流的危险性是指泥石流发生的可能性及其规模和强度，属于泥石流的自然属性，主要取决于泥石流的成灾条件，危险性的定量表达为危险度。区域地质灾害危险性评估主要包括两种方法(Aleotti and Chowdhury, 1999)：第一种是以历史灾害的频率、规模统计评估不同分区灾害危险性等级；第二种是选择与灾害相关的地质、地貌、气象等环境因子，采用多指标综合评价法评估灾害危险性。由于第一种方法需要大量的历史灾害统计数据，第二种方法选择的环境因子具有一定的不确定性，故许多学者提出以有限的历史灾害统计为基础，采用历史资料和数学统计分析的方法，选用影响泥石流频次和规模的环境因子指标来评估泥石流的危险性(Chau et al., 2004；Pradhan et al., 2011)。

1）指标因子

目前对于区域泥石流风险评估研究较多，所选取指标基本为以地形地貌、地质、水文、气象、人类活动等为主的环境因子，根据 Pourghasemi 等（2018）的统计，2005～2016 年不同研究者选用的指标种类多达 95 种，且许多指标的选择具有一定的主观性。村镇泥石流灾害主要发生在居民聚集区，建筑物与泥石流沟的相对水平距离及高差过小是造成房屋倒塌及人员伤亡的主要因素，居民点距离泥石流沟的水平距离及高差是决定村镇建筑物是否可能被破坏的关键因素之一。此外，历史泥石流灾害发生次数能在一定程度上反映区域泥石流灾害的活动频率。基于以上分析，本书选取历史泥石流灾害数量、乡镇居民点距离泥石流沟水平距离及高差不同分级的数量为指标开展乡镇泥石流危险性评估。

村镇聚居点数据（2015 年）来源于资源环境科学数据中心（http://www.resdc.cn/）。横断山区共分布 85550 个聚居点（比例尺为 1∶500），居民点分布密度随海拔增加而降低，且多分布在河谷地区（图 3-7），这些区域是泥石流灾害频发的地区。本书的泥石流沟点的位置主要位于堆积扇顶或堆积扇下部，所在的区域也是建筑物破坏及人员死亡最容易发生的区域。

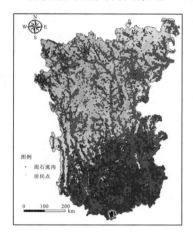

图 3-7　横断山区村镇聚居居民点

利用遥感影像对泥石流沟点及居民点进行统计分析发现，堆积扇上的居民点距离泥石流沟点的垂直高差多为 50m 以下，20m 内占比最多；水平距离多在 500m 以内，少量超过 500m。因此本书以 20m、50m 作为泥石流沟点及居民点垂直高差分级临界值，以 500m、1000m 作为水平距离分级临界值。采用分辨率为 30m 的数字高程模型，利用 ArcGIS 空间分析工具计算各居民点与最近的泥石流沟的直线距离 L 及高差 H，根据计算得到的距离、高差数值筛选出三类居民点：类型①（$L \leqslant 500m$ 且 $H \leqslant 20m$）、类型②（$L \leqslant 500m$ 且 $20m < H \leqslant 50m$）、类型③（$500m < L \leqslant 1000m$ 且 $20m < H \leqslant 50m$），分别统计各乡镇范围内三种类型居民点及泥石流灾害数量（图 3-8）。

2）评估模型

利用线性函数综合评价方法评估乡镇泥石流危险性，计算公式如下：

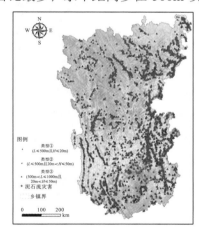

图 3-8　横断山区居民点筛选

$$H_i = \sum_{j=1}^{4} \omega_j x_{ij} \tag{3-5}$$

式中，H_i 为第 i 个评价对象的泥石流危险度；x_{ij} 为第 i 个评价对象的 j 项指标值；ω_j 为 j 项指标的权重。本书指标为乡镇三种类型居民点数量 x_{i1}、x_{i2}、x_{i3} 及泥石流灾害数量 x_{i4}。

首先利用指标数量最大值 $x_{ij(\max)}$ 对指标 x_{i1}、x_{i2}、x_{i3}、x_{i4} 进行归一化处理：

$$x'_{ij} = \frac{x_{ij}}{x_{ij(max)}}$$ (3-6)

最终，乡镇泥石流危险度计算公式如下：

$$H_i = \omega_1 x_{i1} + \omega_2 x_{i2} + \omega_3 x_{i3} + \omega_4 x_{i4}$$ (3-7)

式中，各指标权重值 ω_1、ω_2、ω_3、ω_4 分别取 0.5、0.2、0.1、0.2。

3）危险性分区

根据式(3-3)计算各乡镇泥石流危险度，如乡镇范围内无统计到的三类居民点及泥石流灾害时，认为该乡镇泥石流危险性很低，对该乡镇危险度赋值为 0.005，最终根据分位数法对危险度进行分级见图 3-9。各县(市、区)泥石流极高危险度的乡镇数量统计见图 3-10。

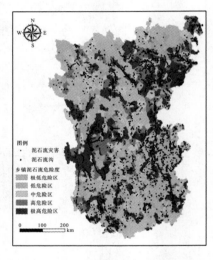

图 3-9   横断山区各乡镇泥石流危险度

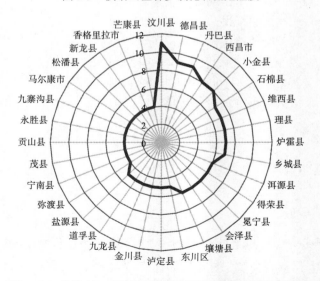

图 3-10   各县(市、区)泥石流极高危险度的乡镇数量统计

泥石流危险度较高的乡镇主要位于四川省汶川县、德昌县、丹巴县、西昌市、小金县、石棉县、维西县、理县、炉霍县、乡城县、得荣县、冕宁县、壤塘县、泸定县、金川县、九龙县、道孚县、盐源县；云南省的洱源县、会泽县、东川区。以上县(市)中极高风险乡镇均大于等于 5 个。从极高危险度乡镇面积来看，四川省的壤塘县、理塘县、汶川县、乡城县、理县、丹巴县，西藏自治区的芒康县，云南省的维西县、贡山县、香格里拉市是具有泥石流高危险度乡镇面积最大的 10 个县。

泥石流危险度极高的乡镇约 260 个，如汶川县的威州镇、绵虒镇、映秀镇、卧龙镇、漩口镇、水磨镇、龙溪乡(现已划归映秀镇)、银杏乡(现已撤销，划入灞州镇)、耿达镇、三江镇；理县的甘堡乡、薛城镇、上孟乡、古尔沟镇、杂谷脑镇、通化乡；东川区的因民镇、拖布卡镇、阿旺镇、乌龙镇、铜都街道等。

3.2.2 人员易损性评估

易损性是承灾体承受一定灾害强度作用的综合能力的度量，是承灾体抵御灾害能力的社会属性特征。易损性是放大灾害风险的重要因素，易损性具有多维特征，随时间、地点、评估尺度而变化(White，1974)。人员易损性是指人员容易受到灾害影响而伤亡的可能性大小，反映了人员受到灾害影响时的抗御、应对和恢复能力，定量表达为易损度。目前对于人员易损性的主要计算方法是多指标综合评估法，但不同研究者针对不同的灾害在不同评估尺度上所选择具体指标具有较大的差异。总体上目前用于人员易损性评估的指标主要包括三类：暴露度(exposure)、敏感性(sensitivity)、恢复力(resilience 或 adaptive capability)(Roberts and Yang，2003；Adger，2006)。暴露度是指人员受到灾害影响的数量、规模等，如泥石流灾害暴发时，人口稠密的村镇比人口稀疏的村镇暴露度更大，易损性也更大；敏感性指人员受到灾害影响的程度，如老年人因为体力、健康等影响更容易受泥石流灾害的威胁；恢复力指人员从灾害胁迫的后果中恢复的能力，如经济收入更高、受教育程度更高的人群更容易从灾害胁迫的后果中恢复，这种恢复过程降低了其对灾害的敏感性从而降低其易损性(陈萍和陈晓玲，2010)。

1) 指标因子

从第 2 章分析可知，大于 65 岁的老人与儿童、流动人口是村镇泥石流灾害的易损人群；其中小于 5 岁的学龄前儿童及大于 65 岁的老人是村镇泥石流灾害死亡比例较高的人群；受教育程度及经济收入与村民的灾害意识等密切相关。因此，选择乡镇人口密度、非本地人口数量、小于 5 岁儿童及大于 65 岁老人数量、农村居民人均可支配收入、平均受教育年限作为乡镇人员易损性的评估指标。其中，非本地人口数量、小于 5 岁儿童及大于 65 岁老人数量来自 2010 年第六次全国乡镇人口普查数据，乡镇人口密度是利用乡镇普查总人口与乡镇面积计算得出。由于无法获得乡镇尺度的人均可支配收入与受教育年限，选择县级统计数据替代，全县人口平均受教育年限来自 2010 年第六次全国人口普查分县数据，全县农村居民人均可支配收入来自各县公开的 2018 年或 2017 年统计数据。各指标空间分布见图 3-11～图 3-15。

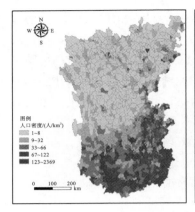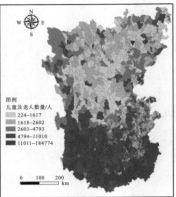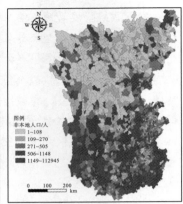

图 3-11　乡镇人口密度　　图 3-12　小于 5 岁儿童及大于 65 岁老人数量　　图 3-13　非本地人口数量

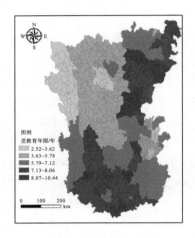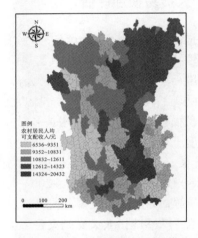

图 3-14　平均受教育年限　　　　　　图 3-15　农村居民人均可支配收入

2) 评估模型

多指标综合评估主要包括主观赋权法评价法与客观赋权评价法，本书选择客观赋权
TOPSIS 评价法 (Technique for Order Preference by Similarity to Ideal Solution) 评估乡镇人员
易损性。TOPSIS 评价法具有对样本数量无要求、对原始数据利用充分、信息损失量小的
特点 (虞晓芬和傅玳，2004)。

(1) 指标权重确定。

TOPSIS 法需要事先确定指标权重，采用简单算术平均组合赋权法。首先利用熵值法
和复相关系数法计算各指标权重，然后将两种方法计算得到的指标权数相加求平均值得到
组合权数 (陈伟和夏建华，2007)。熵值法即利用熵值来判断某个指标的离散程度，离散程
度越大，该指标对综合评价的权重越大 (倪九派等，2009)。熵值法的主要计算步骤包括：
指标归一化处理、计算各指标熵值、将熵值转换为反映差异大小的指标权重，主要计算步
骤如下。

对具有 n 个评价对象 (本书为乡镇) 的 m 个评价指标进行归一化处理：

$$a_{ij} = \frac{x_{ij}}{\sum_{i=1}^{n} x_{ij}} \quad i = 1,2,3,\cdots,n, \quad j = 1,2,3,\cdots,m \tag{3-8}$$

计算各指标熵值：

$$E_j = -\frac{1}{\ln n} \sum_{i=1}^{n} a_{ij} \ln a_{ij} \tag{3-9}$$

确定各指标的权重：

$$w_j = \frac{1 - E_j}{m - \sum_{j=1}^{m} E_j} \tag{3-10}$$

复相关系数法的基本原理是指标与其他指标的重复信息越多，在综合评价的影响越小，应赋予较小的权重值，反之应赋予较大的权重值。其主要计算步骤包括：首先计算各指标的相关系数矩阵，然后计算各个指标与其他指标的复相关系数 ρ_i，最后根据复相关系数求倒数并归一化得到各指标的权重值：

$$w_j = \frac{1}{\rho_i} / \sum_{j=1}^{m} \frac{1}{\rho_i} \tag{3-11}$$

根据熵值法与复相关系数法计算得到的各指标最终权重值见表 3-3。

表 3-3　乡镇人员易损性指标权重

指标	乡镇人口密度	非本地人口数量	小于 5 岁儿童及大于 65 岁老人数量	平均受教育年限	农村居民人均可支配收入
熵值法权重	0.0130	0.0061	0.0234	0.3994	0.5581
复相关系数法权重	0.2039	0.1658	0.1651	0.2259	0.2393
合成权重	0.1084	0.0860	0.0943	0.3127	0.3987

(2) TOPSIS 评价法。

TOPSIS 评价法被称为是接近理想解的排序方法，又被称为优劣解距离法、理想解法，由 Hwang 和 Yoon(1981)提出，是有限方案多目标决策分析的一种常用科学方法。TOPSIS 评价法的基本原理是：在基于归一化后的原始决策矩阵中找出有限方案的最优方案和最劣方案(分别用最优向量和最劣向量表示)，然后分别计算出评价对象与最优方案、最劣方案的距离，即相对接近程度，作为评价优劣的依据(Shih et al., 2007)。具体计算步骤如下。

对具有 n 个评价对象(本书为乡镇)、m 个评价指标(本书 5 个指标)的原始决策矩阵 $X = X_{ij}$ 进行数据变换：

$$z_{ij} = \frac{X_{ij} - X_{j\min}}{X_{j\max} - X_{j\min}} \quad (\text{效益指标，值越大越好}) \tag{3-12}$$

$$z_{ij} = \frac{X_{j\max} - X_{ij}}{X_{j\max} - X_{j\min}} \quad (\text{成本指标，值越小越好}) \tag{3-13}$$

根据事先计算得到的权重 $\omega = (\omega_1, \omega_2, \cdots, \omega_m)$ 构造加权矩阵 $\overline{Z_{ij}} = \omega_i z_{ij}$，矩阵中各评价指标最大值、最小值即为正理想解 $\overline{Z_{ij}}^+$ 与负理想解 $\overline{Z_{ij}}^-$。

计算各评价对象到正理想解、负理想解的欧式距离 (d_j^+, d_j^-)：

$$d_j^+ = \sqrt{\sum_{i=1}^{m}(\overline{z}_{ij} - \overline{z}_i^+)^2}, j = 1, 2, \cdots, n \tag{3-14}$$

$$d_j^- = \sqrt{\sum_{i=1}^{m}(\overline{z}_{ij} - \overline{z}_i^-)^2}, j = 1, 2, \cdots, n \tag{3-15}$$

最终计算理想贴近度 $C_j = \dfrac{d_j^-}{d_j^+ + d_j^-}, j = 1, 2, \cdots, n$，最后按照 C_j 大小进行排序，C_j 越大，乡镇易损性越大。

3）易损性分区

根据 TOPSIS 评价法计算得到的横断山区乡镇泥石流灾害人员易损度见图 3-16。各县人员易损度极高的乡镇数量统计见图 3-17。

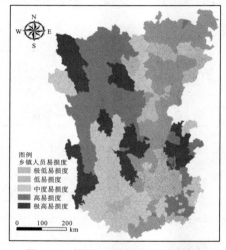

图 3-16　横断山区乡镇人员易损度

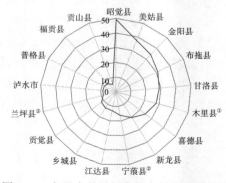

图 3-17　各县人员易损度极高的乡镇数量统计④

---

① 木里县全称为木里藏族自治县。
② 宁蒗县全称为宁蒗彝族自治县。
③ 兰坪县全称为兰坪白族普米族自治县。
④ 本书中乡镇数量有关数据以 2015 年为基础统计。

　　人员易损性极高的乡镇位于四川省的昭觉县、美姑县、金阳县、布拖县、甘洛县、木里县、喜德县、新龙县、乡城县、普格县，云南省的宁蒗县、兰坪县、福贡县、泸水市、贡山县，西藏自治区的江达县、贡觉县。极高易损度及高易损度的乡镇在空间上呈连片聚集分布，主要分布在横断山区西北部及中部、东部部分区域。乡镇人员易损度与GDP（图 2-10）空间分布成反比关系，GDP 越低的区域人员易损度越高，这主要是因为 GDP 低的地区居民受教育水平也相对较低，而儿童与老人数量较多，从而显著增加了区域人员的易损度。

3.2.3　人员风险评估

　　灾害风险定义为在特定地域和一定时段内，造成人民群众生命财产安全和经济活动的某一自然灾害的损失预期值，表达式为：灾害风险＝危险度×易损度（United Nations Department of Humanitarian Affairs，1991）。

　　根据乡镇泥石流灾害危险度及人员易损度，计算乡镇泥石流灾害人员风险。根据几何间隔分级的横断山区乡镇泥石流灾害人员风险空间分布见图 3-18，部分县人员极高风险及高风险乡镇数统计见图 3-19，部分县人员极高风险及高风险乡镇面积统计见图 3-20，横断山区部分人员极高风险乡镇及所在县统计见表 3-4。

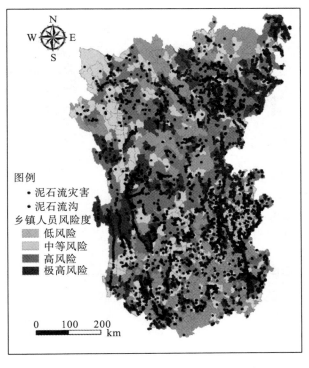

图 3-18　横断山区乡镇泥石流灾害人员风险分布

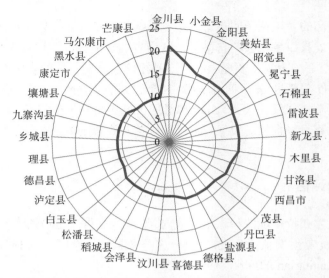

图 3-19 部分县（市）人员极高风险及高风险乡镇数统计

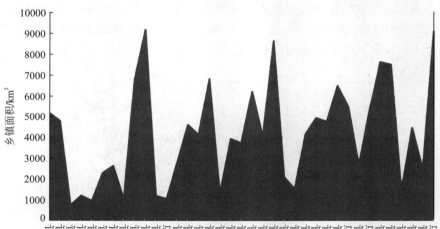

图 3-20 部分县（市）人员极高风险及高风险乡镇面积统计

表 3-4 横断山区部分人员极高风险乡镇及所在县统计

县	乡镇
汶川县	水磨镇、漩口镇、映秀镇、卧龙镇、银杏乡、草坡乡、绵虒镇、威州镇、龙溪乡
维西县	永春乡、攀天阁乡、白济汛乡、康普乡、塔城镇、叶枝镇、巴迪乡
乡城县	然乌乡、青麦乡、香巴拉镇、白依乡、正斗乡、定波乡、热打镇
得荣县	古学乡、奔都乡、日龙乡、斯闸乡、白松镇、茨巫乡
壤塘县	宗科乡、蒲西乡、岗木达镇、南木达镇、上杜柯乡、茸木达乡
丹巴县	水子乡、东谷乡、岳扎乡、太平桥乡
东川区	因民镇、拖布卡镇、阿旺镇、乌龙镇、铜都街道
盐源县	巫木乡、盐塘镇、卫城镇、平川镇、前所乡

续表

县	乡镇
道孚县	协德乡、格西乡、鲜水镇、麻孜乡
洱源县	炼铁乡、凤羽镇、右所镇、乔后镇
贡山县	普拉底乡、茨开镇、捧当乡、独龙江乡
会泽县	田坝乡、待补镇、大海乡、新街乡
芒康县	帮达乡、嘎托镇、如美镇、措瓦乡
石棉县	回隆彝族乡、新棉街道、丰乐乡、草科藏族乡
小金县	美沃乡、美兴镇、双柏乡、两河口乡
新龙县	麻日乡、通宵乡、雄龙西乡、沙堆乡
德昌县	锦川镇、茨达镇、老碾镇
理县	杂谷脑镇、薛城镇、上孟乡
色达县	翁达镇、杨各乡、旭日乡
喜德县	红莫镇、鲁基乡、冕山镇
香格里拉市	金江镇、虎跳峡镇、三坝乡

注：部分乡镇现已撤销或更名，具体可见各县(市、区)官方网站。

横断山区泥石流灾害人员伤亡极高风险及高风险的乡镇有 735 个，占比为 45.17%。其主要位于四川省的金川县、小金县、金阳县、美姑县、昭觉县、冕宁县、石棉县、雷波县、新龙县、木里县、甘洛县、西昌市、茂县、丹巴县、盐源县、德格县、喜德县、汶川县、稻城县、松潘县、白玉县、泸定县、德昌县、理县、乡城县、九寨沟县、壤塘县、康定县、黑水县、马尔康市、理塘县，云南省的会泽县、西藏自治区的芒康县等区域，以上各县极高风险及高风险乡镇个数均大于或等于 10 个。从面积上看，人员极高风险及高风险乡镇总面积位于前 10 名的为木里县、香格里拉市、白玉县、芒康县、理塘县、德格县、新龙县、壤塘县、稻城县、康定市。其中，人员伤亡风险极高的乡镇 166 个，占比为 10.20%，主要位于四川省的汶川县、乡城县、得荣县、壤塘县、丹巴县、盐源县，云南省的维西县、东川区等区域，以上各县人员伤亡风险极高的乡镇数量均大于或等于 5 个。

为了验证人员风险区划的精度，对搜集到的 941 件泥石流灾害所在乡镇人员风险级别进行分类统计，统计结果见表 3-5。发生极高风险及高风险乡镇灾害 781 件，占比为 83%，发生中等风险乡镇灾害 159 件，占比为 16.90%，发生低风险乡镇灾害仅 1 件。由此可见，本书提出的乡镇人员风险区划方法准确度较高，风险评估结果是科学合理的。

表 3-5　横断山区泥石流灾害所在乡镇风险级别

灾害数量/件	所在乡镇风险级别	占比/%
456	极高	48.46
325	高	34.54
159	中等	16.90
1	低	0.11

总体上，人员极高风险及高风险乡镇主要分为三类。第一类是泥石流沟分布密度非常大，村镇聚居点在泥石流堆积扇上或距离泥石流沟较近，容易造成大量人员伤亡，如四川省的九寨沟县、汶川县的部分乡镇。第二类是泥石流沟及村镇聚居点分布虽不如第一类密

集，但该类乡镇易损人群数量较多且经济收入水平较低，人员易损性高，从而使得乡镇人员风险值也较大，如四川省的美姑县、金阳县的部分乡镇。第三类是泥石流沟分布密度大，聚居点主要位于泥石流堆积扇，加之人员易损度高，导致人员死亡风险极高，如四川省的乡城县、云南省的贡山县及福贡县的部分乡镇。

3.3 小 结

泥石流灾害的易发性受地震、降雨和人类活动等的影响，是一个动态变化的过程。本书将泥石流易发性的影响因素分为静态和动态两类，分析了地震的烈度和衰减效应、大雨事件对灾害的影响，并以年为时间单位，初步建立了考虑地震和降雨影响的灾害易发性动态评估方法和模型。应用该方法和模型计算了横断山区泥石流易发性的地震影响系数和2000～2015年逐年易发性。主要结论如下。

(1) 强震区的灾害易发性在30年后仍然是震前的4倍多。横断山区2000～2015年大雨次数变幅大，极大年是极小年的1.81倍。2015年灾害事件的实际分布与2015年易发性分区结果吻合得比较好。

(2) 本书提出的灾害易发性动态评估模型和方法从定性上看是可以接受的，但还需要更多的灾害事件数据来验证和改进。灾害事件数据的缺失，以及降雨、地质等数据的误差，有可能导致统计计算的结果出现一定的偏差。另外，地震对泥石流影响的定量关系目前还没有一个被普遍接受的模型，所采用的动态易损性线性假设和地震影响系数衰减模型还需要更多实际监测和研究资料的检验。

目前常见的区域泥石流危险性指标主要是基于先验的成因因子，无法客观反映村镇泥石流危险程度。人员易损性指标选择较为宏观，较少考虑影响人员死亡的微观社会因子。本书以乡镇为评估单元，开展了横断山区乡镇泥石流人员风险评估及区划，主要的结论如下。

(1) 构建了基于历史灾害及村镇居民点大数据后验信息的乡镇泥石流危险性评估指标体系，选取容易受泥石流灾害影响的聚居点数量、历史泥石流发生频次作为指标，采用线性函数综合评价方法评估了乡镇泥石流灾害危险性。

(2) 构建了以微观社会经济指标为基础的人员易损性指标体系。选取各乡镇人口密度、非本地人口数量、小于5岁儿童及大于65岁老人数量、农村居民人均可支配收入、平均受教育年限作为指标，利用基于组合赋权法的 TOPSIS 评价法评估了乡镇泥石流灾害人员易损性。

(3) 基于乡镇泥石流危险性及人员易损性，开展了横断山区乡镇泥石流人员风险评估及区划，并利用历史泥石流灾害事件进行了评估精度验证。结果显示本书提出的风险评估模型精度较高。横断山区人员伤亡风险极高的乡镇166个，占比为10.20%，主要位于四川省的汶川县、乡城县、得荣县、壤塘县、丹巴县、盐源县，云南省的维西县、东川区等区域。乡镇泥石流人员风险区划可以为区域泥石流灾害防治提供客观的科学依据，为村镇泥石流风险辨识提供基础。

第4章 黑水河流域村镇泥石流风险辨识

乡镇泥石流风险区划可以为区域泥石流灾害防治规划提供科学支撑，属于宏观尺度的风险评估。但这种宏观的风险评估结果无法用于精细化的灾害风险识别及管理。

在高风险区域进行泥石流风险调控时，迫切需要解决高风险村镇的准确识别问题，以便根据不同区域村镇风险级别采取不同的防控决策。目前我国村镇泥石流灾害防治措施主要包括搬迁避让、工程防治、监测预警、群测群防（Wei et al., 2019）。村镇受威胁的建筑物及人员数量是初步进行村镇泥石流防治规划的主要参考依据。例如，某村镇受泥石流威胁的居民仅5户，对比工程防治与搬迁重建的投入经费，对于这5户居民可能采取易地搬迁的措施，而不会投入大量经费修建防治工程或监测预警设施。又如，某村镇受泥石流威胁的房屋有50栋，居民易地搬迁难度大，则要综合采取工程防治、监测预警、群测群防等措施。目前我国对受威胁的建筑物的识别以人工调查为主，在较大区域开展时存在效率低、工作量大、识别精度较低等不足。

建筑物破坏受许多因素影响，如泥石流强度、建筑结构、楼层、周围环境等（Papathoma-Köhle, 2016）。获取这些数据需要大量的调查、统计和计算工作，并不适合在大范围内开展。根据本书的分析，在没有区域建筑物及泥石流沟详细调查数据的情况下，如不考虑建筑物的物理特性，泥石流发生时一般距离沟道更近、高差更小的建筑物被破坏的可能性更大，且与泥石流沟道距离更近、高差更小的建筑物被破坏的程度更大。建筑物与泥石流沟道的相对水平距离、高差可以作为识别大范围内村镇建筑物是否受泥石流威胁较为理想的判断要素。但目前在村镇对于受威胁建筑物的界定方面仍没有科学的标准，常以主观确定的距离（如50m或100m）作为建筑物是否受威胁的判断标准，且不同的调查者往往采取不同的距离判断标准。这种主观的建筑物识别方法缺少严谨的科学数据支撑，最终会使村镇泥石流风险的评估出现较大的误差，无法达到合理配置防治措施的目的。

因此，科学合理地确定建筑物距离、高差的阈值是村镇泥石流风险辨识需解决的首要问题，而大范围内精细的村镇建筑物斑块是开展建筑物相对距离、高差计算的必要条件。近年来，伴随着遥感技术的飞速发展及高精度遥感影像数量的不断增加，加上人工智能、大数据、云计算等前沿技术的推动，基于遥感影像地物识别有了巨大的飞跃（眭海刚等，2019）。其中，基于高分辨遥感影像的建筑物斑块提取在地震等灾害快速评估等方面发挥了巨大的优势（李祖传等，2010；刘宇等，2015；李少丹，2018；涂继辉等，2018），也为区域村镇建筑物的识别提供了良好的基础条件（Patino and Duque, 2013）。

本书基于对历史泥石流破坏的建筑物相对位置的统计分析，提出了建筑物危险水平距离、高差阈值，并根据不同距离高差临界值构建了建筑物易损等级识别矩阵，还提出了基于高精度遥感影像使用机器学习的方法快速提取建筑物斑块，基于建筑物易损等级及历史泥石流灾害频率开展村镇泥石流风险评估的方法。该方法可用于区域村镇泥石流风险辨识，快速准确地识别区域高风险村镇，为下一步精细化的村镇泥石流灾害风险评估及管理奠定基础。考虑到大范围高精度遥感影像获取的成本，本书仅选取横断山区泥石流灾害频发的黑水河流域作为研究区域，开展流域村镇泥石流风险辨识。

4.1 建筑物易损等级识别方法

根据历史泥石流灾害调查，被泥石流破坏的建筑物一般聚集在泥石流主流线一定范围内（L_c）（图 4-1）（Hungr, 1997）。Du 等（2015）开展了建筑群与山洪泥石流相互作用的实验研究，结果表明位于沟岸的建筑物距离沟道的安全垂直距离为 13m，高强度山洪泥石流影响下建筑物的安全水平距离为 80m。建筑物与泥石流沟道的水平距离和垂直距离实际也反映了该位置泥石流的强度，如泥深、速度和冲击力（Hürlimann et al., 2006; Akbas et al., 2009; Papathoma-Köhle et al., 2011; Lo et al., 2012；Jakob et al., 2012）。

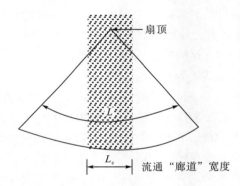

图 4-1　堆积扇上易受泥石流破坏区域示意（Hungr, 1997）

本书根据现场调查和历史遥感影像识别，搜集了 2003～2020 年 23 次泥石流事件破坏的 362 栋建筑物信息（表 4-1），部分破坏建筑物分布见图 4-2。搜集到的建筑物有 70% 位于泥石流堆积扇上，30% 位于堆积扇相邻的上部沟道两侧。利用 ArcGIS 统计所有建筑物与泥石流沟道中心线之间的最近水平距离。

表 4-1　泥石流沟特征及破坏建筑物数量

序号	灾害年份	泥石流沟	沟口经度（东经）/(°)	沟口纬度（北纬）/(°)	流域面积/km²	主沟长度/km	流域高差/m	破坏建筑物数量	破坏建筑物与泥石流沟最小距离/m	破坏建筑物与泥石流沟最大距离/m
1	2003	采阿咀沟	102.3843	27.6641	5.2	5.5	1 493	22	0	62.5
2	2006	塘房沟	101.8942	27.6855	12.0	4.9	1 819	2	5.0	10.0
3	2007	碾房沟	102.6909	27.1166	11.1	4.5	2 012	10	10.0	29.6
4	2010	炉房沟	103.1924	27.2323	79.9	10.5	3 290	1	15.0	
5	2010	文家沟	104.1155	31.5523	7.7	4.5	1 520	30	78.8	260.0
6	2010	蒋家沟	103.5664	31.0820	0.4	1.3	695	3	0	20.0

续表

序号	灾害年份	泥石流沟	沟口经度（东经）/(°)	沟口纬度（北纬）/(°)	流域面积/km²	主沟长度/km	流域高差/m	破坏建筑物数量	破坏建筑物与泥石流沟最小距离/m	破坏建筑物与泥石流沟最大距离/m
7	2010	东月各河	98.7319	27.6361	41.9	13.5	3 174	9	0	182.0
8	2011	棉簇沟	103.7404	31.5859	64.0	17.0	2 673	10	0	9.9
9	2011	丙中洛乡	98.6519	27.9358	44.8	16.1	3 059	10	30.7	99.2
10	2013	七盘沟	103.5513	31.4448	54.2	15.1	2 900	131	7.9	219.0
11	2013	马颈子沟	102.3907	29.1812	8.4	6.3	1 957	24	0	53.6
12	2013	熊家沟	102.4084	29.1650	5.5	4.1	1 920	3	27.3	48.3
13	2014	腊土底河	98.6835	26.9044	33.8	13.5	2 825	11	10.7	43.4
14	2016	店子砂沟	102.6863	27.1228	0.3	1.0	435	1	4.27	
15	2016	腊咋河	98.8252	27.5443	5.2	5.2	2 305	3	17.6	18.0
16	2017	桐子林沟	102.4792	27.4696	3.7	5.5	1 780	7	3.6	44.9
17	2018	香草棚沟	104.7150	22.8780	0.8	2.0	318	9	0	30.6
18	2019	卫生院沟	103.0868	29.0238	5.9	1.3	1 602	4	2.6	9.3
19	2019	草坡乡	103.4380	31.2640	41.7	11.0	2 839	9	9.2	36.5
20	2019	贾家沟	103.2950	31.1150	30.6	9.9	2 871	18	19.0	70.0
21	2020	梅龙沟	102.0230	30.9830	61.0	9.0	2 586	12	15.4	48.2
22	2020	屯兵沟	102.0660	31.5370	11.7	6.2	1 600	22	2.9	52.7
23	2020	城隍庙沟	102.1730	31.0350	5.8	4.0	2050	11	3.6	105.0

(a)桐子林沟

(b)丙中洛

(c)腊土底河

(d)马颈子沟

(e)七盘沟（图中字母指划分的破坏区域）　　　　　　(f)蒋家沟（曾超，2014）
（曾超，2014）

图 4-2　部分泥石流沟及破坏建筑物分布

4.1.1　建筑物危险水平距离

泥石流在堆积扇不同位置的泥深、流速差异一般较大。靠近沟道，即泥石流主流线泥深、流速一般较大，泥石流的冲击力（$F = \alpha \rho v^2$，其中，α、ρ、v 分别为动力修正系数、泥石流密度、泥石流流速）也越大，容易对建筑物造成毁灭性的结构破坏或淤埋破坏。本书调查发现几乎所有距离小于 35m 的建筑物都被泥石流完全摧毁（结构损坏或倒塌）而无法修复，室内人员逃生难度大，死亡率非常高。远离泥石流沟道的位置泥深、流速一般较小，泥石流主要对建筑物造成淤积，建筑物主体结构破坏的概率较小，室内人员容易逃生，生存率较高。例如，本书调查发现大多数距离大于 100m 的建筑物主要被泥石流淤埋，室内淤积深度不高，室内人员的生存率非常高。

因此，不同建筑物与泥石流沟道水平距离累积频率对应的水平距离临界值也是泥石流强度特征（如泥深、流速）的客观表征，可有效反映建筑物可能遭受的泥石流破坏强度，即建筑物的易损等级。搜集到的 362 栋建筑物与泥石流沟的水平距离分组频率和累积频率分布见图 4-3 和图 4-4。被破坏的建筑物与泥石流沟道的水平距离范围为 0～261m，50%的建筑物与泥石流沟道水平距离小于 30m，67%的建筑物与其距离小于 50m，80%的建筑物与其距离小于 80m，仅 13.5%的建筑物与其距离大于 100m。相对水平距离大于 100m 的建筑物几乎均是被 2008 年后汶川震区泥石流灾害所破坏。

选择累积频率为 50%、80%、90%、99%对应的水平距离（30m、80m、120m、240m）作为特别危险、十分危险、一般危险和比较安全的水平距离警戒值。

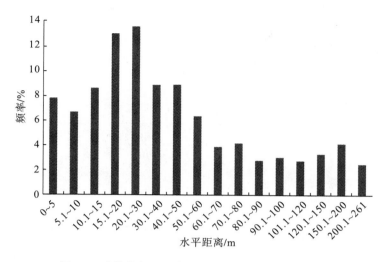

图 4-3　建筑物与泥石流沟道水平距离分组频率分布

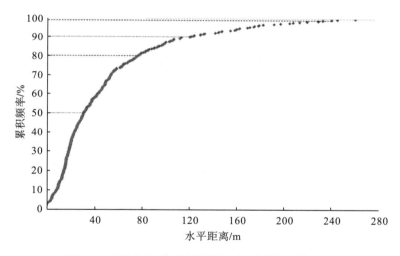

图 4-4　建筑物与泥石流沟道水平距离累积频率分布

4.1.2　建筑物危险高差

除了水平距离，建筑物与泥石流沟的高差对建筑物的安全也至关重要。由于灾害前泥石流沟的精确地形很难获取，故使用泥石流泥深作为建筑物的安全高差参考值。统计西南地区 26 场灾害中泥石流沟道最大泥石流泥深（表 4-2、图 4-5）。当不考虑泥石流弯道超高时，泥石流平均泥深为 3.9m，小于等于 5m 泥深占比为 83.3%。泥石流泥深在弯道处可急剧增加，如 2012 年发生在唐家沟沟口弯道处泥石流泥深为 11m。考虑泥石流沟道冲淤及弯道超高等，选择 5m、10m、15m 作为建筑物十分危险、一般危险、比较安全的垂直距离警戒值。

表 4-2　破坏建筑物旁泥石流沟道泥深

序号	1	2	3	4	5	6	7	8	9	10	11	12	13
灾害年份	2003	2003	2010	2010	2010	2010	2010	2012	2011	2013	2013	2013	2017
泥石流沟	茶园沟	集中沟	东月各河	红椿沟沟口	文家沟	八一沟	碱坪沟	唐家沟	棉簇沟	马颈子沟	七盘沟	熊家沟	桐子林沟
最大泥深/m	5	5.55	4.1**	0.8	2.7	2.5	1.18	11**	1.4	3.9	1.9	3.8	2.2
序号	14	15	16	17	18	19	20	21	22	23	24	25	26
灾害年份	2012	2012	2012	2012	2012	2012	2012	2013	2013	2013	2013	2013	2013
泥石流沟	银厂沟	双岩窝	灌子沟	甘沟	谢家店子	响水洞	玉石沟	胥家沟	张家沟	黄皮沟	水磨沟	金子沟	清凉沟
最大泥深/m	5.6	7.5	4.5	5	4.2	5	4.1	4	4.5	4.5	5.2	3.5	5

注: **表示弯道超高泥深; 各数据对应的参考文献: 1(刘希林等, 2004)、2(陈宁生等, 2003)、3(张杰等, 2015)、4(李德华等, 2012)、5(余斌等, 2010)、6(马煜等, 2011)、7(褚胜名等, 2011)、8(谢洪等, 2013)、9(郭晓军等, 2012)、10、12(倪化勇等, 2015)、11(四川蜀通岩土勘察有限公司, 2013)①、13(陈宁生和黄娜, 2018)、14~20(葛永刚等, 2012)、21~26(刘剑等, 2014)。

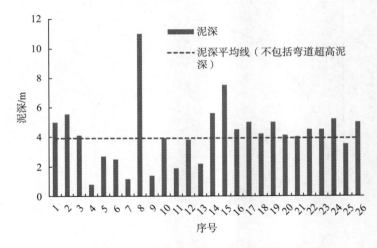

图 4-5　泥石流泥深统计

4.1.3　建筑物易损等级识别矩阵

基于建筑物危险水平距离和高差警戒值，提出泥石流威胁下建筑物的易损等级识别矩阵(图 4-6)。水平距离 $L \leqslant 30\text{m}$，高差 $H \leqslant 10\text{m}$ 的建筑物易损等级最高(极高①②)；$30\text{m} < L \leqslant 80\text{m}$，$H \leqslant 10\text{m}$ 的建筑物属于高易损等级(高①②)；$L \leqslant 30\text{m}$，$10\text{m} < H \leqslant 15\text{m}$ 或 $80\text{m} < L \leqslant 120\text{m}$，$H \leqslant 5\text{m}$ 的建筑物属于中等易损等级(中等)；$120\text{m} < L \leqslant 240\text{m}$，$H \leqslant 5\text{m}$ 的建筑物属于低易损级别。其中，最高易损等级、高易损等级和低易损等级均划分为两类，以便于实际应用。

① 四川蜀通岩土勘察有限公司, 2013。阿坝州汶川县七盘沟泥石流应急治理工程勘查报告。

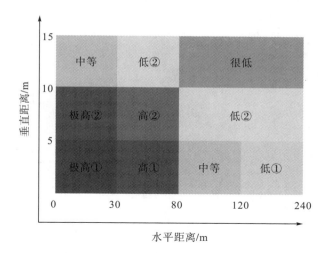

图 4-6　建筑物易损等级识别矩阵图

基于建筑物易损等级矩阵,在 GIS 的支持下可以在大范围内快速识别受泥石流灾害威胁的村镇建筑物的易损等级。精确的建筑物斑块是进行建筑物易损等级识别的前提。本书选择横断山区泥石流灾害频发的黑水河流域作为研究区,基于高精度遥感影像采用机器学习的方法精确提取所有建筑物斑块,进一步开展村镇泥石流风险辨识。

4.2　黑水河流域概况

黑水河属于金沙江左岸一级支流,发源于凉山彝族自治州昭觉县玛果梁子,自北向南流经凉山州昭觉、普格、宁南三县,于宁南县葫芦口处汇入金沙江。考虑到与宁南县相邻的会东县、巧家县也是泥石流灾害频发的地区,本书对与黑水河流域相邻的巧家县、会东县泥石流沟分布最为密集的区域一并进行分析。因此,本节所指的研究区域较实际的黑水河流域范围更大,包括 $102°20'15.527''E \sim 103°12'20.039''E$、$26°37'31.318''N \sim 28°5'31.348''N$ 的区域,面积约为 $5191.7 km^2$(图 4-7)。为了方便描述及理解,本书仍将其简称为黑水河流域。

4.2.1　地形地貌

黑水河流域主要为凉山高中山地地貌,区域沟谷深切、山势陡峻,地表起伏大。流域最高点海拔 4343m,最低点 622m,相对高差 3721m,流域海拔多在 2000m 以上(占比 73.61%)(表 4-3)。根据流域不同坡度分级的面积统计结果(表 4-4),小于 6° 平地及微坡占流域面积的 4.75%,6°~15° 缓坡面积占比为 15.30%,15°~25° 较陡坡面积占比 27.82%,25°~35° 陡坡面积占比 27.70%,大于等于 35° 急陡坡面积占比 24.43%,其中大于等于 25° 面积累计占比高达 52.13%。

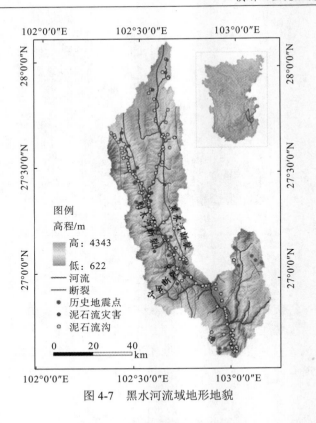

图 4-7　黑水河流域地形地貌

表 4-3　黑水河流域高程分布

项目	<1000m	1000~1500m	1500~2000m	2000~3000m	>3000m
面积/km²	14	389	967	3271	551
占比/%	0.27	7.50	18.62	63.00	10.61

表 4-4　黑水河流域坡度分布

项目	<6°	6°~15°	15°~25°	25°~35°	≥35°
面积/km²	246	794	1444	1438	1269
占比/%	4.75	15.30	27.82	27.70	24.43

4.2.2　地质构造

该区域位于川滇南北向构造体系中段，横跨康滇台隆和滇黔川台坳两个大地构造单元，主要由一系列南北走向的褶皱与断裂带构成。其中，则木河断裂、黑水河断裂、宁会断裂是主要的三条断裂带(图 4-7)。则木河断裂为左行平推断裂，总体走向北西，北端起于西昌西宁与安宁河断裂带交汇，向南东经西昌、普格、宁南，在巧家附近与小江断裂带相连，全长约 140km，断裂带上共发生 6 级以上地震 5 次；黑水河断裂由两个主要断层组成走向近南北，沿宁南、普格至越西一线展布，长 130km，断面总体东倾，倾角自南向北逐渐变陡，切割震旦系—白垩系，地层断距 500m 以下；宁南—会理断裂(宁会断裂)为带斜冲性质的右行平推断裂，走向北东，沿宁南到会理力马河一线延展，长 120km，在断裂相交的西端，地震出现较频繁。区域新构造运动明显，部分地区表现强烈。根据《中国地震动参数区划图》（GB 18306—2015），区域地震烈度为Ⅷ度与Ⅶ度的面积占比分别为88.56%、11.44%。近 30 年来虽然地震频繁发生，地震强度 3 级以上 15 次，但震级一般较小，最大震级仅为 4.9 级。

黑水河流域出露地层主要为寒武系中统陡坡寺组，西王庙组，寒武系上统娄山关组，奥陶系上统大箐组，奥陶系下统红石崖组，二叠系峨眉山玄武岩组，三叠系白果湾组，侏罗系新村组，白垩系下统飞天山组、上统小坝组，面积占比达 50%。岩性主要有砂岩、石英岩、玄武岩、白云岩、泥岩、泥灰岩、灰岩、页岩。另外，在黑水河及支流沿岸分布第四系松散堆积物，其中第一阶地主要为河漫滩冲积、洪积砂、砾石层，第二阶地为冲积砾石、砂层，第三阶地为冲积砾石、砂、黏土层。

4.2.3　气象水文

黑水河为金沙江左岸的一级支流，全长 192km，多年平均流量为 68.18m³/s，则木河与西洛河为黑水河上游两条支流。则木河发源于普格县五道箐镇，西洛河发源于昭觉县妈姑梁子，两条支流在普格县老农场附近汇合，然后自北向南流于宁南县葫芦口处汇入金沙江。黑水河流域气候属于东部季风气候大区、东部季风中亚热带及东部季风南亚热带气候小区。气候主要受西南季风和印度北部干燥大陆性气团交替控制，干雨季分明，年温差小，日温差大。年降水量为 974～1015mm，雨季一般在 5～10 月，雨季降水量占全年降水量的 80%以上。

4.2.4　泥石流概况

受特殊地质构造、降雨等因素的影响，黑水河流域是泥石流灾害频发的区域。截至2019 年，经调查确认的泥石流沟共 148 条，威胁总人数 16464 人，威胁财产 38433 万元。1990～2018 年，共发生泥石流灾害 55 次，有 11 次造成人员伤亡，其中 2003 年及 2017 年人员死亡人数最多。2003 年 6 月 20 日凌晨普格县五道菁采阿咀沟暴发大规模泥石流灾害，造成 10 人死亡，48 人受伤，其中多人重伤致残(刘希林等，2003b)。2017 年 8 月 8 日普格县荞窝镇桐子林沟下耿底村三组、四组发生泥石流灾害，冲毁居民房屋 5 户，造成 25 人死亡(图 4-8)。

图 4-8　2017 年普格县荞窝镇桐子林沟泥石流灾害(图片来自国家防总赴四川工作组工作汇报幻灯片)

4.3　村镇建筑物易损等级识别

4.3.1　建筑物识别步骤

1. 泥石流沟道提取

利用 ArcGIS 空间统计工具栏下的水文分析工具从 DEM 中提取泥石流沟道, 本书使用的 DEM 像元大小为 10m(1∶2.5 万)。沟道提取过程主要包括五个步骤: 洼地填充、流向计算、流量计算、水系提取、水系沟道矢量化, 详细操作步骤参考 ArcGIS 用户指南。

2. 建筑物提取

高空间分辨率的遥感影像提供了丰富的地物光谱信息, 可用于大尺度建筑物轮廓提取, 许多学者都开展了相关的研究工作(Dash et al., 2004; Ghanea et al., 2014)。本书采用高分二号(GF-2)卫星遥感影像进行建筑物提取。高分二号卫星是我国自主研制的首颗空间分辨率优于 1m 的民用光学遥感卫星, 于 2014 年 8 月 19 日成功发射。高分二号卫星安装了两套筒装全色相机和两套多光谱相机, 全色与多光谱分辨率分别为 0.81m、3.24m, 成像幅宽为 45km。

1)遥感影像处理

遥感影像包括全色影像与多光谱影像。影像拍摄时间主要为 2019 年 2 月及 4 月, 少量影像拍摄时间为 2017 年、2018 年。采用 ENVI 软件进行遥感影像处理, 处理流程见图 4-9。首先对全色影像和多光谱影像进行正射校正, 然后将全色影像与多光谱影像进行影像融合, 从而得到融合影像(图 4-10)。正射校正是利用已有地理参考数据对原始影像进行纠正, 消除或减弱地形起伏带来的影像变形, 使得遥感影像具有准确的地面坐标和投影信息; 影像融合是在统一的地理坐标系中, 采用一定的算法将多源遥感数据生成一组新的信息或合成图像的过程。全色影像为单波段影像, 分辨率高, 多光谱影像具有多个波段, 但分辨率较低, 而影像融合能结合两者的优势。不同的遥感数据具有不同的空间分辨率、波谱分辨率和时相分辨率, 将它们各自的优势综合起来, 可以弥补单一图像信息的不足。

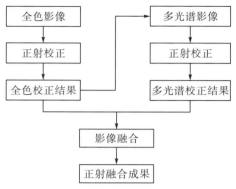

图 4-9　遥感影像处理流程

图 4-10　融合影像局部示例

2）建筑物提取具体步骤

采取基于 DE-Net（Deep Encoding Network）机器学习的方法自动化进行建筑物提取（Liu et al., 2019）。建筑物提取步骤见图 4-11，主要包括样本制作、训练与预测、数据后处理三大步骤。其中样本制作包括样本选取、样本绘制；训练与预测包括数据的预处理及训练预测过程；数据后处理是对预测结果进行形状处理的过程，当系统程序提取的结果质量不满足要求时，继续添加提取质量不满足要求区域的样本继续迭代生产从而产生满意的提取结果。

3）建筑物边界分割

通过机器学习自动提取的建筑物包含两种类型：单体建筑和建筑群。单体建筑可以直接进行相对距离及高差计算。建筑群包含多个建筑物，不同建筑物与泥石流沟道的相对水平距离及高差不一定完全相同，因此有必要对建筑群进行分割。通过对位于泥石流堆积扇的建筑物进行统计发现，黑水河流域单个建筑物轮廓面积通常小于 500m^2，当建筑群的面积大于 1000m^2 时，用建筑群直接计算得到的距离高差具有较大的误差。利用 Python 语言将轮廓面积大于 1000m^2 的建筑群多边形分割为面积约为 500m^2 的六边形，分割过程中将面积很小的多边形与相邻的多边形进行合并，最终将建筑群分割成若干个面积约为 500m^2 的单体建筑物（图 4-12）。

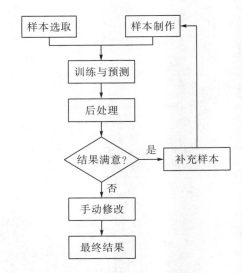

图 4-11　建筑物提取步骤

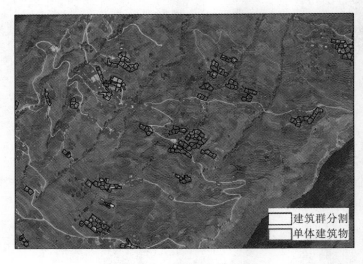

图 4-12　建筑群分割示例

4）建筑物识别

利用 ArcGIS 计算建筑物与泥石流沟道的水平距离、高差，具体流程见图 4-13。首先，使用 ArcGIS 的近邻工具计算建筑物与泥石流沟道之间的最近邻距离（水平距离）（面与线近邻），同时提取位于泥石流沟道（折线）上的建筑物对应的最近邻点。其次，通过数据转换工具将建筑物转换为位于建筑物内部的中心点（面转点），利用空间分析工具栏下的采样工具从 DEM 中提取建筑物点和对应的最近邻点的高程值，两个高程值的差值即建筑物与泥石流沟道的相对高差。最后，基于流域内已经查明的泥石流沟，根据易损等级分类矩阵（图 4-6）进行泥石流威胁的村镇建筑物易损等级分类。

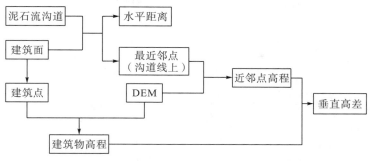

图 4-13　建筑物与泥石流沟道距离、高差计算流程

4.3.2　建筑物提取结果及特征

1. 黑水河建筑物分布特征

最终提取黑水河流域建筑物斑块共 11028 个，建筑物面积 32.86km^2（图 4-14）。总体上，建筑物误提率小于 10%，漏提率小于 15%，建筑物的误提与漏提主要发生在海拔较高的山区，这些区域村镇受泥石流威胁很小，对本书研究结论影响较小。黑水河流域建筑物分布主要有河谷冲积扇型与山涧台地型（毛刚等，2014），其中河谷冲积扇型聚落一般较大。对建筑物斑块进行空间统计分析发现，由于受交通、耕作土地条件等影响，高达 74.88% 的建筑物均分布在距离河道（沟道）500m 范围内，其中分布在河道（沟道）200m 范围内的建筑物占比为 37%，建筑物沿河密集分布也增加了泥石流灾害的风险。建筑物折点核密度分布见图 4-15，核密度最大值一般位于主河两岸，核密度具有随海拔升高而减小的趋势，在海拔较高的高山，建筑物密度很小，结果与文献（何芝颖，2016）一致。

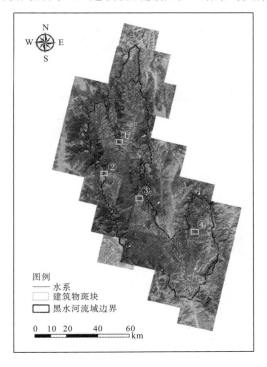

图例
—— 水系
☐ 建筑物斑块
☐ 黑水河流域边界

0 10 20   40   60
km

①普格县西洛镇古里村

②普格县普基镇下坝

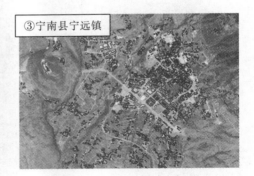

图 4-14   黑水河流域建筑物提取结果

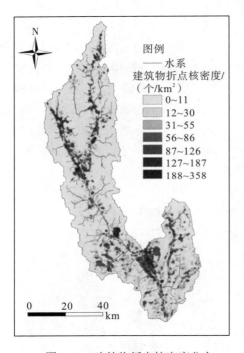

图 4-15   建筑物折点核密度分布   图 4-16   建筑物聚合面最小包络矩形

　　为了分析区域聚落分布特征，利用 ArcGIS 将距离 50m 的建筑物斑块进行聚合（图 4-16），绘制聚落最小外接矩形，按照式(4-1)、式(4-2)计算聚落形状指数(浦欣成，2013)。

$$\lambda = \frac{L}{W} \tag{4-1}$$

$$S = \frac{P}{(1.5\lambda - \sqrt{\lambda} + 1.5)}\sqrt{\frac{\lambda}{A\pi}} \tag{4-2}$$

式中，λ 为外接矩形长宽比；L、W 分别为矩形长与宽；S 为以等面积、同长宽比椭圆为参照的形状指数；P、A 分别为矩形面积与周长。根据浦欣成(2013)基于 λ、S 提出的聚落形态的分类方法，黑水河流域 39.835%的聚落为团状聚落，32.19%的聚落为带状倾向的团状聚落，17.14%的聚落为带状聚落。其中，带状倾向的团状聚落与带状聚落主要分布在主河道(沟道)两侧。利用 Python 语言统计聚落斑块与河流水系的夹角，40%的聚落与河流水系呈平行分布，8%的聚落与河流水系呈垂直分布。

2. 建筑物易损等级分类结果及特征

黑水河流域 148 条泥石流沟威胁的建筑物易损等级分类统计结果见表 4-5，部分村镇建筑物易损等级见图 4-17。其中，易损等级极高的建筑物占比为 10.64%，易损等级高的建筑物占比为 17.86%，易损等级为极高及高的建筑物多位于泥石流堆积扇上及靠近堆积扇顶沟道区域。

表 4-5　建筑物易损等级分类统计结果

项目	极高①	极高②	高①	高②	中等	低①	低②
面积/m²	431 976	71 161	617 049	226 850	227 569	202 718	345 269
占比/%	9.14	1.50	13.06	4.80	4.81	4.29	7.31

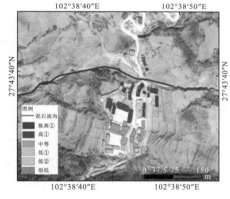

(a)普格县威拉体村威拉体沟

(b)普格县洛莫村牛乃堵沟

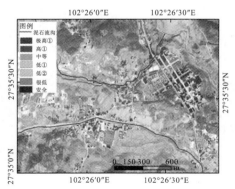

(c)普格县螺髻山镇甲洛博沟（下）、
德育村清水沟（上）

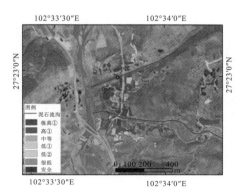

(d)普格县花山社区老鹰岩沟、宋家沟

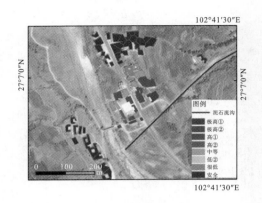 

(e)宁南县大花地碾房沟   (f)巧家县以博村春场水碾河沟

图 4-17　部分村镇建筑物易损等级分类

4.4　村镇建筑物及人员风险评估

风险 R 与灾害 H 与承灾体易损性 V 有关。不考虑建筑物价值时，建筑物相对风险（specific risk）计算公式如下（Fell, 1997）：

$$R_b = H \times V_b \tag{4-3}$$

式中，R_b 为建筑物风险；H 为灾害年发生概率；V_b 为建筑物易损性。

室内人员死亡风险计算公式如下：

$$R_{pe} = H \times V_b \times V_p \times P_t \times E \tag{4-4}$$

式中，R_{pe} 为人员风险；H 为灾害年发生概率；V_p 为人员易损性；P_t 为人员室内概率，即在室率；E 为人员数量。当室内多个人员室内时间段一致时，多人死亡风险计算公式如下：

$$R_{pe} = H \times V_b \times V_p \times P_t \tag{4-5}$$

建筑物、人员的易损性受许多因素影响，如灾害规模强度、建筑物自身特性、人员健康状况、受教育程度等。在无法获得这些详细数据时，可根据泥石流可能对建筑物造成的损坏情况进行分级赋值，如 Fell 和 Hartford（1997）基于泥石流流速、泥深提出的建筑物及人员易损性取值表（表 4-6、表 4-7）。

表 4-6　建筑物易损性取值

泥石流强度	特征	建筑物易损度
极高	流速快；泥深高	1
高	流速（高—中等）；泥深中等	0.7
中	流速（高—低）；泥深小	0.4
低	流速（高—低）；泥深小	0.1

表 4-7　人员易损性取值

泥石流强度	特征	人员易损度
极高	流速快；缺少预警；逃生距离长	0.8
高	山洪为主；有预警，逃生距离较短	0.5
中	泥深高	0.1
低	泥深高	0.01

前文已经提到，总体上建筑物与泥石流沟道相对水平距离越小，其所在位置泥石流流速、泥深、冲击力越大，建筑物损坏程度越严重，室内人员死亡率越高。相反，大多数距离大于 100m 的建筑物主要被泥石流淤埋，室内淤积深度不高，室内人员的生存率较高。因此，基于堆积扇不同空间位置泥石流流速泥深特点及野外获取的建筑物破坏概率、人员死亡概率，表 4-8 归纳了不同易损等级的建筑物破坏特点及人员死亡概率，提出了不同易损等级建筑物及人员易损度取值。

表 4-8　建筑物及人员易损性取值

建筑物易损等级	水平距离及高差/m	建筑物破坏特征	建筑物易损度	人员死亡概率	人员易损度
极高①	$L \leqslant 35, H \leqslant 5$	房屋倒塌或主体结构破坏	1.0	非常高	0.9
极高②	$L \leqslant 35, 5 < H \leqslant 10$	房屋倒塌或主体结构部分破坏	0.8	很高	0.6
高①	$35 < L \leqslant 95, H \leqslant 5$	房屋倒塌或结构破坏，淤埋	0.6	高	0.5
高②	$35 < L \leqslant 95, 5 < H \leqslant 10$	房屋倒塌或结构破坏	0.5	高	0.3
中等	$95 < L \leqslant 145, H \leqslant 5$ 或 $L \leqslant 35, 10 < H \leqslant 15$	房屋结构破坏或淤埋	0.3	一般	0.2
低①	$145 < L \leqslant 245, H \leqslant 5$	房屋淤埋	0.1	较小	0.05
低②	$35 < L \leqslant 95, 10 < H \leqslant 15$ 或 $95 < L \leqslant 245, 5 < H \leqslant 10$	房屋结构破坏	0.05	很小	0.01

为了确定泥石流发生概率，参考《小流域划分及编码规范》（SL 653—2013），将黑水河流域划分为 53 个较小的流域，流域平均面积为 96km² (图 4-18)，统计各小流域内 1990～2017 年泥石流发生次数，根据泥石流发生次数 n 计算该流域泥石流年发生频率 $H = \dfrac{n}{26} \times 0.5$ (0.5 为季节概率，第 3 章已经统计了本区域泥石流一般发生在 5～10 月)，如流域未统计到泥石流事件，则取频率 $H = 0.001$。

黑水河流域 148 条泥石流沟威胁的村镇建筑物风险统计见表 4-9，部分村镇建筑物风险分布见图 4-19、图 4-20。风险分级为极高及高的建筑物分别占比 1.74%、20.83%，主要分布在距离沟道较近的区域。

图 4-18　黑水河流域小流域划分

表 4-9　黑水河流域建筑物风险分级

风险分级	风险值范围	面积/m²	占比/%
极高	≥0.1	81979	1.74
高	[0.02，0.1)	984182	20.83
中等	[0.005，0.02)	641649	13.58
低	[0.001，0.005)	328520	6.95
很低	[0.0001，0.001)	87691	1.86

注：风险分级参考 Fell(1997)；占比为占总建筑面积的比例。

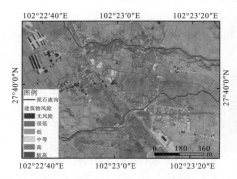

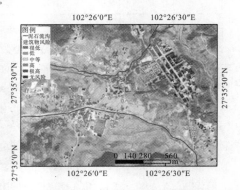

图 4-19　普格县五道箐镇采阿咀沟(下)，西昌市安哈镇种羊队泥石流沟(上)建筑风险

图 4-20　普格县螺髻山镇甲洛博沟(下)、德育村清水沟(上)建筑风险

假设黑水河流域人员处于室内时间的概率为 0.5，且家庭成员人员处于室内时间段一致，根据式(4.5)计算流域内所有建筑物室内人员死亡风险。根据香港土木工程署提出的针对滑坡灾害的 *F-N* 曲线(Geotechnical Engineering Office，1998)将人员风险划分为可接受风险区($R_{pe} \leq 1 \times 10^{-5}$)，不可接受风险区($R_{pe} > 1 \times 10^{-3}$)，警戒区(ALARP)($1 \times 10^{-5} < R_{pe} \leq 1 \times 10^{-3}$)，部分村镇人员风险分布见图 4-21、图 4-22。黑水河流域 148 条泥石流沟威胁的村镇中，室内人员风险处于不可接受风险区的建筑面积占比为 31.13%，室内人员风险处于详细审查区的建筑面积占比为 13.82%。

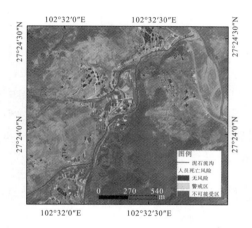
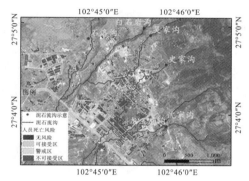

图 4-21　普基镇下坝油坊沟建筑物室内人员风险　　图 4-22　宁南县城建筑物室内人员风险

近年我国大力实施易地搬迁政策，黑水河流域部分高山居民搬迁至泥石流堆积扇上。通过实地调查发现，近年来在凉山地区由于可利用建筑用地的空间限制，加之缺乏泥石流灾害意识，许多移民将房屋修建在泥石流堆积扇高风险区域(图 4-23)。部分移民文化水平及经济收入一般较原住村民更低，对当地村镇所面临的泥石流风险认知极少，这也给当地泥石流灾害风险管理提出了更高的要求。

(a)2017年　　　　　　　　　　　　(b)2019年

图 4-23　西洛镇古里村阿依河坝沟 2017 年、2019 年遥感影像对比

4.5　小　　结

大范围村镇泥石流风险辨识可用于识别区域高风险村镇，也是开展精细化村镇泥石流风险管理的重要前提。目前大范围村镇风险识别主要依据人工调查，效率低下，主观随意性强。本书基于泥石流破坏的大量建筑样本统计分析，提出建筑物危险水平距离及高差的警戒值。根据不同水平距离高差警戒值构建了建筑物易损等级识别矩阵。建立了基于高精度遥感影像提取建筑物斑块并识别村镇建筑物易损等级的方法与流程。最后提出考虑泥石流发生频次开展村镇建筑物及室内人员风险评估方法，主要结论如下。

（1）不同累积频率对应的建筑物水平距离临界值也是泥石流强度特征（如泥深、流速）的客观表征，可有效反映建筑物可能遭受的泥石流破坏强度，即建筑物的易损等级。根据对 362 栋被泥石流破坏的建筑物的统计分析，被破坏建筑物与泥石流沟的水平距离范围为 0～260m，50%的建筑物与泥石流沟道水平距离小于 30m，67%的建筑物距离小于 50m，80%的建筑物距离小于 80m，仅 13.5%的建筑物距离大于 100m。选择累积频率 50%、80%、90%和 99%对应的水平距离 30m、80m、120m 和 240m 作为特别危险、十分危险、一般危险和比较安全的水平距离警戒值。

（2）基于建筑物危险水平距离和高差警戒值，构建受泥石流威胁的村镇建筑物易损等级识别矩阵（图 4-6），可用于区域受泥石流威胁的村镇建筑物易损等级识别，也可指导村镇房屋建设选址及风险管理。

（3）建立基于高精度遥感影像及数字高程模型精确提取建筑物斑块及识别建筑物易损等级的方法与流程。采用机器学习基于高精度遥感影像可快速、精确地提取区域所有建筑物斑块；进一步基于数字高程模型可实现大范围村镇建筑物易损等级精确识别。这种识别方法可以克服人工调查的主观随意性，节约大量的人力、时间成本，适合在大范围推广应用。

（4）根据不同易损等级的建筑物破坏特点及人员死亡概率，提出对应建筑物及室内人员易损度取值。考虑小流域泥石流发生频次，开展黑水河流域村镇建筑物及人员风险评估。根据已经查明的 148 条泥石流沟威胁的村镇建筑物及室内人员风险可以快速地识别流域内村镇高风险建筑物数量，进而以村镇高风险建筑物数量等为依据筛选出高风险村镇，为精细化的村镇建筑物及人员风险定量评估奠定基础。

第 5 章　小江流域泥石流风险动态评价

5.1　小江流域自然地质环境条件

5.1.1　地理位置

小江位于云南省北部，是长江上游支流金沙江的一条重要支流，位于金沙江右岸，上段称响水河，发源于云南寻甸回族彝族自治县(简称寻甸县)清水海，自南向北流经寻甸县、东川区、会泽县，全长约135km。小江流域大致位于102°52′E～103°22′E，25°32′N～26°35′N，处于昆明市东北部与曲靖市西北部，流域面积约为 3034.38km²。小江流域因地理自然环境特殊，流域内泥石流、滑坡等地质灾害暴发频繁，是研究泥石流和泥石流转化的天然教材，被称为"自然博物馆"，小江流域地形图见图5-1。

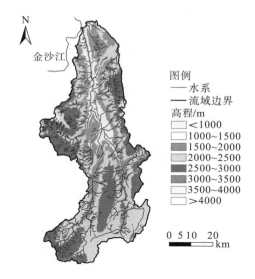

图 5-1　小江流域地形图

5.1.2　自然地质环境概况

1. 地形地貌

小江流域地处于云南省东北部高原，受构造运动影响强烈，该流域内沟谷发育、山地隆起，山谷和山脊之间高差极大。流域内地貌包含河谷破碎带构造山地地貌、断裂盆地地貌、隆升高原山地地貌、隆升侵蚀面山地地貌和隆升坡地地貌(李淑松，2019)。

由于小江是金沙江的支流，所以小江流域受金沙江基准面的影响，以垂直下切为主进行地貌形态演化(王永斌，2020)。小江流域从东向西，地貌以"岭谷相间"的特征进行分布。流域北部由格勒坪—老雪山、薄刀岭—大营盘两座山岭和小江河谷组成，呈现"两岭夹一谷"的地貌特征，流域中南部则由轿子山—小海梁子、宝石山—石羊坡、大海梁子—大衡山三座山岭和大白河河谷、块河河谷两个河谷组成，呈现"三岭夹两谷"的地貌(李淑松，2019)。

由图 5-1 和图 5-2 可知，小江流域内最高海拔为 4206.7m，最低海拔为 695.4m，最大高差约 3511.3m。小江流域西部的汤丹、杉木、托布卡、博卡地区和该流域西部的碧谷、东川区地域内相对高差较大，多在 500m 以上。

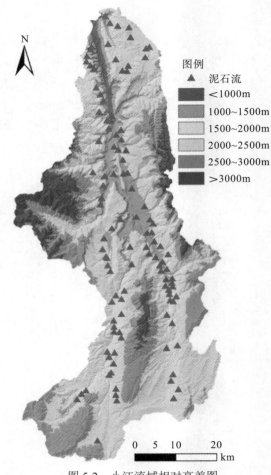

图 5-2　小江流域相对高差图

2. 地层岩性

小江流域地层发育较为完全，岩石类型多样，沉积作用复杂，自古元古代到第四纪的绝大部分时代的地层皆有出露(图 5-3)，地层岩性在区域上的分布受断裂带影响较为明显。全流域的地层以上古生界二叠系为主，几乎覆盖流域全境。下面根据小江流域位置，对各区域地层进行详细阐述。

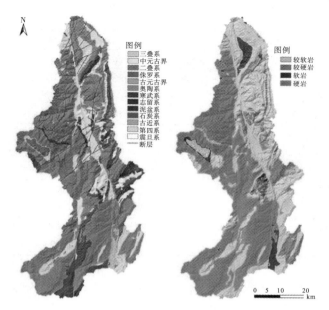

图 5-3　小江流域地质图

1）小江流域北部

由于位于小江与金沙江交汇口，受河流侵蚀的影响，以博卡、娜姑和托布卡为代表的小江流域北部地层较为丰富，除二叠系地层以外，还大量分布着中元古界蓟县系、中生界三叠系、新生界第四系地层，时间上跨度较长。

2）小江流域东部

以姑海、东川区和阿旺为代表的小江流域以东地区地层除二叠系外主要有新元古界震旦系、下古生界寒武系、上古生界泥盆系和石炭系地层，彼此之间交错分布。

3）小江流域南部

以六哨、甸沙和功山镇为代表的小江流域以南地区，依旧以寒武系、泥盆系、二叠系地层为主，但在此处还分布着中生界的三叠系和侏罗系、新生界的古近系和第四系地层，地层分布也较为丰富。

4）小江流域西部

位于法者、杉木和汤丹的小江流域西部，地层分布较为简单，以寒武系、三叠系、二叠系地层为主，各地层之间也相互独立。

整体而言，小江流域内东西南北各方位地层分布的差异较大，且小江左岸的地层分布较右岸而言相对简单，各类型的岩浆岩、沉积岩及浅至中等程度的变质岩大多都有分布，小江流域地层序列表见表 5-1。

表 5-1　小江流域地层序列表

地层		地层代号	主要岩石类型
古元古界	/	Pt_1	以碳硅质板岩、千枚岩、局部夹变质玄武岩为主
中元古界	长城系	Pt_2	以白云岩、灰岩夹石英、绿泥绢云母板岩为主
	蓟县系	Pt_2	以绢云板岩、角砾岩夹白云岩、辉绿岩、辉长辉绿岩为主

续表

地层		地层代号	主要岩石类型
新元古界	震旦系	Z	以白云岩、夹藻白云岩、岩屑砂岩、岩屑长石砂岩、岩屑砾岩为主
下古生界	寒武系	Є	以砂岩夹页岩、粉砂岩、白云岩、泥质白云岩、硅质岩、磷块岩为主
	奥陶系	O	以白云岩夹白云质灰岩、石英砂岩、长石砂岩夹页岩为主
	志留系	S	瘤状灰岩、长石砂岩夹黏土地岩
上古生界	泥盆系	D	石英砂岩、白云岩、泥质白云岩
	石炭系	C	以灰岩、泥灰岩、砂页岩为主
	二叠系	P	以灰岩、白云质灰岩、灰岩夹白云岩为主
中生界	三叠系	T	紫红色砂泥岩夹碟岩、泥质粉砂岩、长石岩屑砂岩、粉砂质泥岩
	侏罗系	J	以页岩、钙质粉砂岩、岩屑杂砂岩为主
新生界	古近系	E	黏土岩、粉砂质泥岩、杂砂岩夹褐煤
	第四系	Q	以黏土夹褐煤、砂质黏土、砂、砾石为主

　　小江流域岩性以小江为界,左右岸差异较为明显,左岸岩石以硬岩为主,右岸岩石组成主要为较软岩。岩石形成的年代会影响其物理性质,早期形成的岩石质地坚硬,强度较大,而晚期形成的岩石容易被风化且强度较低。小江流域内的岩石大多形成于晚期,因此也造成了该流域内岩石易被风化侵蚀的特性。

　　3. 地质构造

　　小江流域跨越西部活动构造区(川滇菱形断块)和东部相对稳定区(华南块体)两个构造单元,断裂发育,属于陆内块地的边界地带(张欣,2019)。小江流域及其附近共有南北向、北西向、北东向三个方位的构造,共同构建了小江流域及其附近的断裂带框架。

　　1)南北向构造断裂带

　　南北向的构造带由普渡河断裂带和小江断裂带构成。

　　(1)普渡河断裂带。

　　普渡河断裂带位于小江流域西侧,是云南中部南北向构造的主要断裂。从南始于峨山,往北沿玉溪盆地和昆明盆地,经沙朗、款庄至沙坪后沿普渡河河谷继续往南,经三江口穿越金沙江后止于会东以南的北东向断裂,整个断裂带呈近南北向,长约280km。普渡河断裂带可分为北、中、南三段:北段主要为金沙江以北的区段,其现今活动性相对较弱;中段则为金沙江以南至沙朗段,沿途断裂槽谷、断层崖较为发育;南段为沙朗至峨山小街段,该段控制了断裂带东侧昆明盆地和玉溪盆地的形成和发育。普渡河断裂带在有历史记录以来,发生了两次6.0级以上的地震,分别为1761年的玉溪地震及1985年的禄劝地震。

　　(2)小江断裂带。

　　小江断裂带从小江流域正中穿过,是川滇菱形块体的东南缘的一条区域断裂,其与普渡河断裂带是影响昆明地区地震活动的两条主要断裂带。该断裂带呈南北向走向,共分为北、中、南三段:北段在金沙江左岸与则木河断裂南端相连,往南经大崇、鲁吉、蒙姑,止于达朵村附近,全长70km;中段于达朵村以南分为东西两支,东支经东川、寻甸、宜良,一直延伸至徐家渡,全长约170km,西支经乌龙、金源、甸沙、杨林至澄江,全长约

180km，中段东西支两条断裂带大致沿近南北向平行展布，间距平均在 15km，两条断裂之间发育一系列北东向的次级新生代断裂和褶皱；南段始于宜良盆地以南，断裂呈辫状，经华宁、建水，止于建水南侧山花一带，全长约 150km。有历史记录以来，该断裂带发生的最大地震为 1833 年 9 月 6 日的嵩明 8.0 级地震，其次为 1733 年 8 月 2 日的东川 7.8 级地震。

2）北西向构造断裂带

小江流域内北西走向的断裂带为则木河断裂带。则木河断裂带位于小江流域西北，则木河断裂带展布于西昌北至宁南巧家一带，为一条左旋走滑断裂带。总体走向北西，断裂北端于西宁附近与安宁河断裂带交会，南端在巧家附近与小江断裂合为一体。全长约 140km，宽 7~8km。则木河断裂带形成于晚古生代，对两侧的岩相古地理起着一定的控制作用。物探资料分析表明，该断裂带属于壳内断裂。新构造运动以来，断裂带强烈活动，第四纪断陷盆地呈串珠状排列，沿断裂带温泉发育，断层崖等断层地貌清晰。则木河断裂处在川滇菱形块体东缘，是全新世强烈活动的断裂，其活动性质是以左旋走滑为主，地貌上形成醒目的断裂槽地，横跨断裂的水系左旋位移明显。该断裂还控制了邛海湖盆和宁南盆地的发育，也显示了较明显的垂直差异运动特征。沿则木河断裂带地震活动频繁，自公元 624 年以来，沿该断裂带共发生 6 级以上地震 5 次，最大地震为 1850 年 9 月 12 日的 7.5级地震。

3）北东向构造断裂带

北东向构造断裂带由莲峰—巧家断裂带、昭通断裂带、会泽—彝良断裂、待补断裂带和寻甸—宣威断裂带所构成。

（1）莲峰—巧家断裂带。

莲峰—巧家断裂带位于小江流域北部，是川滇菱形块体和华南块体边界地带的一部分，也是活动变形相对强烈的大凉山次级块体与稳定的华南块体的边界，始于永善东南一带，沿西南向经莲峰、大兴、田坝，止于金沙江下新场，全长约 150km。该断裂带北东侧主要由三条次级断裂组成，南西侧由一条单一的主断裂构成。断裂带相关测年结果表明，在新生代的早中期断裂有过多次的活动。

（2）昭通断裂带。

昭通断裂带位于流域东北，始于大关以西的白岩脚，沿西南方向途经昭通、鲁甸，在巧家南侧与小江断裂相交，全长约 180km，主要由昭通—鲁甸断裂、洒渔河断裂及龙树断裂 3 条次级断裂所组成。昭通—鲁甸断裂由鲁甸向北东向经昭通、盘河、回龙寺，止于白岩脚，洒渔河断裂主要沿洒渔河分布，龙树断裂则沿龙树、龙头山、铅厂一线展布，整个断裂带对该区的地层发育及地形地貌起着明显的控制作用，线性地貌清晰，在全新世具有活动性。

（3）会泽—彝良断裂。

会泽—彝良断裂位于小江流域东部，北东起盐津东南，向西南经彝良、昭通—鲁甸东，止于会泽附近，长约 200km。该断裂带与莲峰—巧家断裂带平行，地表表现为多条断裂不连续分布，控制昭通、鲁甸盆地东边界。沿该断裂带呈现一条中、小地震活动带，推测该断裂在深部有一定程度的活动。

（4）待补断裂带。

待补断裂带始于东川区南东侧，沿北东向经待补、贝戈、大田湾，在铜厂坡一带与鲁纳断裂相接，全长约58km。整个待补断裂带沿途断层崖、断层槽谷地貌发育。

（5）寻甸—宣威断裂带。

寻甸—宣威断裂带位于小江流域东南，其南西端在寻甸附近与小江断裂东支相交，沿东北向经河口、德泽后，经宣威北、邓家村，止于来都附近，全长约160km。沿断裂带断层槽谷、水系错断等断层地貌发育，且在平面上具有明显的线性特征。有历史记录以来，该断裂带未发生过6.0级以上的地震，活动性相对较弱（张欣，2019）。

根据研究资料和实地考察的结果，小江流域内部的断层以小断层为主，集中分布于小江流域中北部，以北西、北北西走向为主，小江流域南部没有断层分布，影响范围南北差异较大，详见图5-3。

4. 土地利用

小江流域土地利用方式丰富，共有林地、草灌地、耕地、水体、人造地表和裸地六种土地利用方式。各种土地利用相互交错复杂，但又因各区域海拔、气候差异较大，各种土地利用的分布展现出一定的规律性，小江流域土地利用方式如图5-4所示。

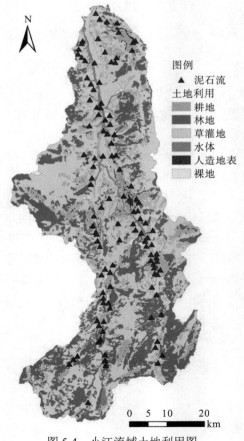

图5-4 小江流域土地利用图

1）林地

林地在小江流域的分布较为广泛，从北到南皆有分布，树木种类有山地常绿阔叶林、针叶林和亚高山针叶林。山地常绿阔叶林与针叶林在当地多以松纯林和松栎混交林为主要代表，生长于海拔 1600～2800m，生长土壤为较为肥沃的黄壤、红壤和黄红壤；亚高山针叶林的植物类型则以急尖长苞冷杉、高山松为主要代表，其生长土壤为棕壤和暗棕壤，生长于海拔 2800～3300m 区域（李淑松，2019）。

林地的分布方式有密林地和疏林地两种类型，密林地分布得较少，在小江流域东部和南部小范围分布，疏林地相比之下分布较多，小江流域东南部和南部分布较多，小江流域东北部和东部略有分布。

2）草灌地

草灌地（草地、灌木）是小江流域分布最为广泛的一种土地利用方式，且植被的种类随着当地的海拔变化而产生差异，主要分布在海拔 1600m 以下和 3300m 以上地区。在海拔 1600m 以下地区主要为干热河谷稀树草丛带，这些地区的土壤以山地燥红土为主，且降雨较少、相对较为干旱，主要生长灌木草丛，剑麻、仙人掌等也在此少量分布；在海拔 3300m 以上的地区是高山灌丛草甸带，这一区域内的草本和灌木较为耐旱，代表灌木为马樱花和雪松（李淑松，2019）。

草灌地在小江流域的分布类型有高盖度草地、中盖度草地、低盖度草地和灌木林地四种，其分布十分具有规律性。高盖度草地集中分布于小江流域中南部和北部，分布最为广泛，这两个地区的地势相对高差较小，地势相对较为平缓。中盖度草地和低盖度草地主要沿小江两岸生长，彼此之间相互独立。中盖度草地只在小江左岸的流域西部内大面积分布，其余地区鲜见；低盖度草地则只在小江右岸流域东部和东北部分布。灌木林地的分布较为分散，在小江流域中海拔地区与林地、草地交错中小面积分布。

3）耕地

小江流域内耕地类型以水田和旱地为主，水田的分布主要集中在小江附近，但旱地的分布较为广泛，由于小江流域地处山区，随着经济的发展和人口的增多，土地资源不能满足当地人民的需要，边坡成为当地人开垦的主要对象，高低海拔地区都有旱地的分布，在草地分布较多的地区，开垦较为方便，因此旱地的分布也多集中于这些地区。

4）水体

小江流域内水体的主体就是小江，主要类型有湖泊、水库、河滩地，多在小江附近，也有水体分布在小江流域南部的中高海拔的山上。

5）人造地表及裸地

小江流域铜矿资源丰富，带动了当地的经济活动，因此人类活动也较为频繁，城镇用地、居民点、工矿和交通用地也多分布在耕地附近。小江流域内裸地主要小范围分布于西部和中部，分布较少且分散。

5. 水文气象

小江流域属于亚热带季风气候，气候会随着季风等自然因素的变化而变化，月平均最高气温为 20℃，平均最低气温为 10℃，年平均最大温差为 12℃，年平均湿度为 72%，6～

10月相对潮湿(王永斌,2020)。

小江流域因受西南季风与东南季风的影响,干湿季分明,降雨多集中于5～10月,占全年降雨量的71.31%,其10min最大降雨量、1h和24h最大降雨量分别为15.7mm、32.3mm、117mm(陈循谦,1990)。降雨量受海拔的影响也较大,海拔2400m区域降雨量甚至能达到海拔1600m区域的1.5倍。由于地区海拔悬殊,气候垂直分带显著,气候模式较为立体。根据海拔可将全区域分为亚热带半干旱河谷区(900～1300m)、暖温带半湿润山地区(1300～2300m)、寒温带湿润山区(2300m以上)三个气候区,如表5-2所示。

表5-2　小江流域气候区特征(李淑松,2019)

| 气候区 | 高程 | 气温/℃ | | | 年降雨量/mm | 年蒸发量/mm | 日照时长/h |
		最高	最低	平均			
亚热带半干旱河谷区	900～1300m	40	-2	20	688	3639	2292
暖温带半湿润山地区	1300～2300m	31	-10	13	831	1707	2108
寒温带湿润山区	2300m以上	22	-16	7	1152	1569	1833

小江是典型的山区河流,河流落差大、水势湍急且水系发达,大小支沟众多。代表支沟有呈东北走向的小清河、乌龙河、块河,这些河流多处于小江流域西侧;呈西南走向的大桥河、深沟;呈西北走向的大白河则处于小江流域东侧。这些支沟相互惠济,呈叶脉状开展,形成了小江流域骨架。

5.2　灾害发育特征及影响因素分析

5.2.1　地质灾害概况

小江流域地貌环境复杂,山高坡陡,地形起伏大,受河流侵蚀强烈,山岭河谷相间。该流域内泥石流、崩滑灾害常见,许多地质灾害会形成地质灾害链从而产生极大危害。地质灾害主要沿着小江流域内河流发生,集中在河流及其支流两岸的河谷地带,被当地地形地貌、地层岩性、地质构造、降雨等自然因素所控制,也受人类活动影响。滑坡灾害一般发生在松散固体物较多的构造断裂带、软硬相间的斜坡地段,以及坡积层较厚地段,小江流域内的滑坡灾害多发生在流域西北部及中部的达朵、杉木、大海汤丹镇地区,东部的阿旺、姑海地区和北部的娜姑镇、博卡地区。泥石流与滑坡通常相伴相生,滑坡灾害较多的地区泥石流灾害也较多,但泥石流灾害的分布更多沿着河流分布。河谷坡度陡峻,地形差异大,为灾害的发生提供了空间条件与势能条件。小江流域受构造运动作用使得当地的岩体节理裂隙极为发育,区域处在多个断层、断裂带影响范围内,岩体又相对破碎,这为当地提供了丰富的物源。干湿季分明的气候使得当地的降雨集中,为灾害提供了动力条件。由此,泥石流发生所需要的物源、地形、水动力三个条件在此汇集,加之河谷地带为人类工程经济强烈活动区,使得小江流域的地质灾害变得频繁。

本书通过前期考察调研获得大量灾害数据信息,在此基础上重点对小江流域内泥石流灾害危险性进行研究。小江流域地质灾害以泥石流、滑坡为主，通过野外实地调查和遥感解译的方式，得到小江流域泥石流灾害点 113 个，占区域内灾害总数的 39%，滑坡灾害点 177 个，占 61%，而泥石流的危害性相较于滑坡灾害更加严重，大量的泥石流灾害给小江流域带来了重大的经济损失，足以证明对小江流域进行泥石流风险性评价具有重要意义。灾害的具体分布状况如图 5-5 所示。

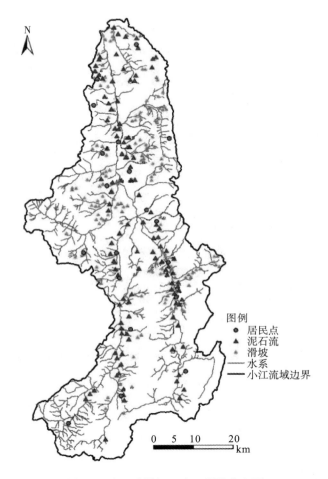

图 5-5　小江流域泥石流、滑坡分布图

5.2.2　灾害发育特征

1. 泥石流发育类型及分布范围

泥石流是小江流域主要的地质灾害之一，在小江流域内分布范围极广，各区域内的泥石流发育情况各不相同，经过调查研究发现，小江流域泥石流可以按水源、地貌、流域和流体四部分进行划分。小江流域泥石流按水源类型划分，以暴雨型为主；按地貌部位划分，以山区型为主；按流域形态划分，以沟谷型为主，坡面型次之；按流体性质划分，以稀性泥石流为主；按固体物源提供方式划分，以沟床侵蚀型和滑坡泥石流为主。

区域内沟谷纵横，小江及其支沟遍布小江流域各个角落，且由于该流域内海拔悬殊、干湿季分明等特点，泥石流灾害常见。小江流域的泥石流大多沿着当地河流水系分布，小江主干流及其支流大白河、块河、乌龙河、小清河附近是泥石流灾害发生的主要区域。

2. 泥石流活动特征

1）周期性

泥石流受当地降雨量、地壳活动和气候变化等影响。当地气候的周期性变化使当地降雨量和降雨强度也随之改变，从而使当地的泥石流暴发具有周期性。地壳活动也具有周期性，且与泥石流的暴发密切相关，间接带动了泥石流的发生。由于受到这两者的影响，小江流域泥石流发生的周期有长也有短。

2）季节性

小江流域泥石流多发生在雨季。受强降雨影响，当地泥石流的发生多与雨季的降雨量有关。5～10 月雨季的降雨量占全年总降雨量的 71%以上，且在 6～8 月降雨集中，小江流域内 70%的泥石流发生在该段时间内(彭锐，2019)。

3）群发性

由于小江流域得天独厚的环境特别有利于泥石流的形成，在遭遇局地暴雨或强震时，容易发生群发性泥石流。暴雨的笼罩范围一般在几百到一千多平方公里，地震的影响范围更大，基本上能影响流域全境，一场暴雨就可导致流域内数十条泥石流同时暴发。

4）伴生性

泥石流的伴生性是指泥石流灾害发生时，往往伴随其他自然灾害发生。洪水、地震和崩塌滑坡灾害是小江流域泥石流发生时伴生的三种主要灾害形式。崩塌滑坡灾害在与泥石流共同发生时相互作用，崩塌滑坡灾害会导致山地失稳，为泥石流提供物源，从而促进泥石流的发生。泥石流在活动过程中也连续冲刷山体和坡岸，从而引发新的崩塌滑坡灾害，造成更大的损失，一定程度上扩大了灾害的规模。

5）夜发性

小江流域内的泥石流灾害具有夜发性，通常降雨发生在夜晚或凌晨，更加不易察觉，容易造成更大的人员伤亡和财产损失。

5.2.3 蒋家沟灾害特征

蒋家沟是我国西南山区的一条典型的暴雨型泥石流沟，位于云南省东北部，昆明市东川区境内，小江右岸。蒋家沟流域内有包括门前沟、查箐沟和多照沟在内的大小支沟共计 200 多条，冲沟 46 条。长期饱受泥石流、崩塌滑坡灾害的困扰，几乎年年都有发生，因其所处的地理位置、地质地貌、气候特殊，加之人类活动频繁，蒋家沟被学界称为"泥石流自然博物馆"。

1. 蒋家沟自然环境及地质条件概况

蒋家沟流域受构造运动影响强烈，属于云南东北部高山峡谷区，该流域内山高坡陡，相对高差较大，是小江右岸的一条重要支流。其源头在会泽县大海乡杨梅垭口，沟道从东向西经东川区铜都街道汇入小江，蒋家沟流域地势东高西低，海拔最高点 3269m，最低点 1042m，呈阶梯状下降，流域东宽西窄，流域面积为 48.52km²，主沟长约 13.9km，流域内平均坡度为 43°，坡度为 30°～68°的土地占总面积的 65.4%，多照沟、门前沟往上的山坡，坡度甚至大于 65°(胡明鉴，2001)，边坡多处于不稳定状态。沟谷纵坡上下游坡度差异明显，下游相对上游较缓(陈中学，2010)。

蒋家沟流域出露的主要地层有中元古界、新元古界的震旦系、下古生界的寒武系和上古生界的二叠系，区域内岩石组成由变质岩、白云岩、灰岩和板岩组成，较软岩和较硬岩在该流域内均有分布，岩层相对破碎，易被风化崩解，为当地泥石流的发生提供了物源。

蒋家沟流域受当地地形条件影响，干湿季分明，且垂直气候带十分明显，可沿海拔变化分为亚热带半干旱河谷区(海拔 1042～1300m，年均温度 20℃)、暖温带半湿润山地区(海拔 1300～2300m，年均温度 13℃)、寒温带湿润山区(海拔 2300～3269m，年均温度 7℃)三个气候区，5～10 月为该流域的雨季，降雨量可达全年降雨量的 71%以上，为 500～1000mm，且降雨量会随着山体海拔的升高而增加，上游沟纵坡陡，这些特征为泥石流的形成提供了强劲的水动力条件(陈中学，2010)。

蒋家沟流域的土地利用方式主要为林地、草灌地和农耕地三种类型，植物类型随海拔的变化而变化。下游低海拔地区为半干旱稀树草原带，以中盖度草地、草灌地和农民旱地为主；中海拔地区为亚热带常绿阔叶林带，以林地为主要利用方式；上游高海拔地区为山地温带针叶阔叶混交林带和寒温带高山灌丛草甸带，林地、草地、灌木皆有分布，主要的植物有较为耐旱的草本和以雪松、马缨花为代表的灌木，耐寒的树木有长苞冷杉、高山松等。

蒋家沟流域周边自唐代以来就有开采铜矿的记录，因为几百年来落后的炼铜方式对生态的破坏，当地的森林已砍伐殆尽，致使流域内大部分地区变成荒山秃岭，植被稀疏，基岩裸露，土石崩坠，最终造成当地土地砂石化，不仅有利于面蚀，沟蚀也很强烈，最终造成了如今蒋家沟流域泥石流灾害频发的局面。

2. 蒋家沟流域泥石流特征概述

1)泥石流形成过程和活动规律

蒋家沟的气候、地貌和地质环境造就了其特殊的环境，也使泥石流形成所需的地形、水源、物源三个条件得到满足。

蒋家沟主沟具有明显的形成区、流通区和堆积区。形成区可分为清水区和土源区两部分，清水区位于蒋家沟上游各个支沟的源头，当水汇入下方土源区(多为崩滑灾害发生的地区)时，就会形成泥石流并汇入主沟。流通区大致位于门前沟与多照沟的汇合点到洪山嘴这一段，在这一区域，形成区的泥石流进一步吸收物源，并将泥石流规模扩大。洪山嘴再往下为泥石流的堆积区，泥石流经此堆积并汇入小江。

2)泥石流流体特征

在一次完整的泥石流暴发过程中，蒋家沟流域的泥石流会以前期稀性泥石流连续流、前期过渡性泥石流阵性连续流、前期黏性泥石流阵流、黏性泥石流连续流、后期黏性泥石流阵流、后期过渡性泥石流阵性连续流、后期稀性泥石流连续流形式依次出现，形成过程较为完整(陈中学，2010)。蒋家沟泥石流的流态多样，在泥石流下泄过程中，因地形地势的差异也会在坡面上形成层流、紊流、蠕动流和滑动流等各种形态。

3) 泥石流成灾特征

大型泥石流奔流过境时，由于其容量大、流速快、结构性强的特点，会对混凝土建筑物产生严重的磨损，蒋家沟泥石流也是如此。在多年的泥石流灾害中，上游支沟物源堆积导致其沟道弯曲度不断增加，使泥石流下泄输移受阻，形成局部顶托回淤，造成导流堤被冲毁，导致蒋家沟在 1999～2004 年改道，最终形成堵江，造成周围农田、耕地受灾，威胁到当地居民的生产生活安全。

5.2.4 泥石流分布影响因素

受小江流域的地形地貌、地质构造、土地利用方式及人类活动等条件的影响，小江流域泥石流灾害暴发频繁且在全区域各处都有分布。通过分析研究泥石流灾害与地形地貌、断裂带、地层岩性、土地利用、河流水系等因素的分布情况，进一步探讨掌握小江流域泥石流灾害的发育状况。

1) 地形地貌

小江流域地处云南省东北部高原，受构造运动影响强烈。其山脉纵隔，河谷深切，岭谷相间，相对高差较大，是典型的多高山多峡谷的岭谷地貌类型。小江断裂带及其周围地质构造活跃，地形高低起伏，高差较大的地形往往会使地区上下游降雨量相差较大，为泥石流灾害的形成、发展提供了良好的条件。在小江断裂及小江两岸，泥石流灾害分布密集，小江流域泥石流在高程上的分布如图 5-6 所示。

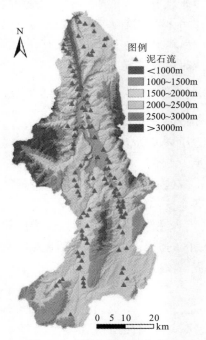

图 5-6　高程与泥石流分布图

　　如图 5-7 所示，小江流域内的泥石流灾害点集中于高程为 2500m 以下区域，在高程 1500~2000m 范围内分布最多且分布密度最高，可以达到 9.08 个/100km²。高程小于 1500m 的地区，虽然泥石流数量不及 1500~2000m 的地区，但是密度并没有降低太多。一旦高程大于 2000m，泥石流的数量便急剧减少，甚至在大于 2500m 的地区没有泥石流分布，但其实区域内高程大于 2000m 的区域的面积并不小，可见小江流域的泥石流灾害在高程的分布上具有一定的规律性，以中海拔及低海拔地区为主。

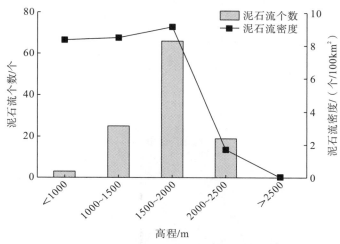

图 5-7　高程与泥石流分布统计

2) 断裂带

　　断裂带与断层皆属于地质构造活动活跃的地带，地震活动频繁，构造运动强烈。小江流域地处云南北部高原，小江断裂带从流域中间穿过，呈现南北走向，流域周边更是有多条活跃断裂带，流域内部也存在着多条断层。断裂带经过的地区，河流沿断裂带切割强烈，断层周围地带更是岩层破碎，山坡稳定性差，这些影响极易使当地形成陡峻的地形，为泥石流的发育提供充足条件，是泥石流分布密集的地带。

　　小江流域的断层分布主要集中于流域的中北部，呈北西走向的较多，分布状况相对集中，流域南部及中南部则没有断层分布，受断层影响较弱，详见图 5-3 和图 5-8。一般来说距离断层 5km 以内是受断层影响最为严重的地区，各种自然灾害在此范围内较为发育，小江地区的泥石流分布也是如此，如图 5-8 与图 5-9 所示，泥石流灾害在距断裂带 5km 的范围内共有 67 个，占全流域泥石流数量的 59.29%，但与此同时这部分影响范围的面积却仅占全流域面积的 54.66%。在断层的影响范围内，距断裂带 2~5km 的地区，泥石流密度远高于其他地区，且在 2~5km 这一范围内分布密度最高，达到 4.63 个/100km²，与此同时大于 5km 区域的泥石流密度仅有 3.33 个/km²，由此可见，断层对于小江地区泥石流的发生有着十分重要的作用。

3) 地层岩性

　　地层岩性会影响当地岩石的抗风化能力和抗侵蚀能力，如果岩石强度较低，则极易转化为泥石流物源。板岩、砂岩等软弱岩系岩性相对松散，容易遭受破坏，为泥石流的形成

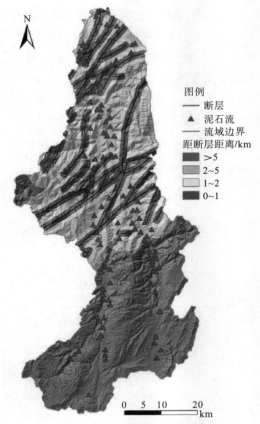

图 5-8　泥石流灾害与断层分布图

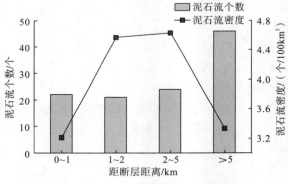

图 5-9　泥石流与断层距离分布统计

提供松散物质，小江流域位于这些岩石上的泥石流沟在发生泥石流后，由于地质灾害导致表层被破坏，在遇到合适的条件时，相较于其他地区的泥石流，会更加容易获取较多的物源，从而增大该沟再次暴发的风险性。为了解小江流域泥石流灾害与当地地层岩性的关系，本书统计和分析了当地的地层岩性与泥石流分布的相关情况，根据原岩的工程力学性质和抗风化程度，将小江流域内的岩石分为硬岩、软岩、较硬岩、较软岩四种类型，地层岩性与泥石流分布图如图 5-10 所示。

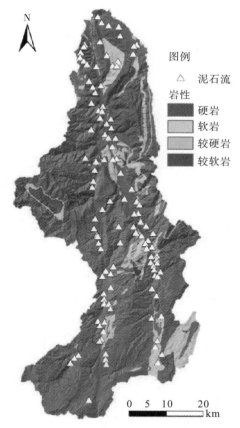

图 5-10　地层岩性与泥石流分布图

　　由图 5-10 和图 5-11 可以看出小江地区的地层岩层以硬岩和较软岩为主，占流域面积的 88.49%，硬岩主要分布于小江左岸，较软岩主要分布于小江右岸，92.92%的泥石流灾害也发生在这两种岩性的地层上。较软岩相较于硬岩泥石流密度更高，软岩在流域里的面积较小，只有 113.09km²，但泥石流的密度却是这四种岩性中最高的，可以达到 5.31 个/100km²。由此可以看出，小江流域岩性软的地层相对岩性硬的地层而言更易发生泥石流灾害。

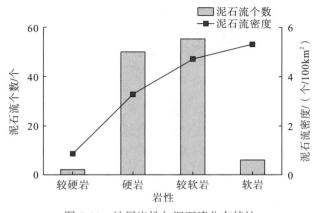

图 5-11　地层岩性与泥石流分布统计

4) 土地利用

植被能减少土壤溅蚀，其根系能够稳固表层土壤，减少土壤侵蚀，因此地区良好的植被覆盖度能够在很大程度上降低土壤侵蚀的严重性，对于当地的地质灾害也能起到很好的缓解、抑制作用，降低其暴发的频率。在泥石流灾害严重的地区，植被的严重破坏会导致当地的土壤、岩石不稳定，给泥石流带来充足的物源，进一步提高泥石流发生的频率。不同的植被覆盖，加上人类的影响，会让地表产生不同的土地利用方式，因其对地表物源的稳固程度不同，而会对泥石流的发生产生一定的影响。在小江流域，因人类活动和近千年的铜矿不合理开采，对当地的环境产生了非常严重的影响，以前都是高大乔木的地区，现在已成为坡耕地或裸地，这些土地利用方式下的地区往往会使泥石流的发育程度加重，小江地区的土地利用方式多样，详见图 5-4，在研究其与泥石流分布影响时，本书将同类型的土地利用方式进行归类，共分为耕地、林地、草地、水体、人造地表和裸地六类，如图 5-12 所示。

图 5-12　土地利用与泥石流分布图

泥石流灾害点在各种土地利用类型中的个数和密度如图 5-13 所示。草地、林地、耕地是小江流域内泥石流个数排名前三的土地利用类型，近 92%的泥石流灾害分布于此，但相对而言泥石流灾害在草地和耕地上分布密度较高，在林地内分布密度较低，在耕地的泥石流密度达到 5.23 个/100km^2，草地的泥石流密度为 3.65 个/100km^2，与此同时林地的泥石流密度仅为 2.73 个/100km^2。尽管水体、人造地表和裸地泥石流分布密度较高，但总体泥石流数量较少。

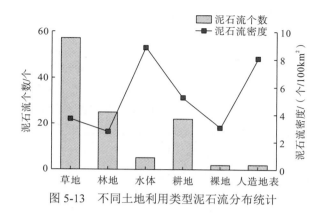

图 5-13　不同土地利用类型泥石流分布统计

5）河网密度

河流密集的地区受河流切割强烈，这些区域地壳隆升强烈，地质构造活跃，地形相对高差大，地势陡峻，且随着河网密度的增大，此类现象更加严重，泥石流等地质灾害往往在这些地区集中分布。河网密度与泥石流的关系如图 5-14 和图 5-15 所示，小江地区泥石流的分布大多都沿着小江周围分布，且泥石流密度随着河网密度的增加而增加，但河网密度对于泥石流密度的影响有一个界值，在其大于 0.75km/km² 时，泥石流的密度又会有少许回落。

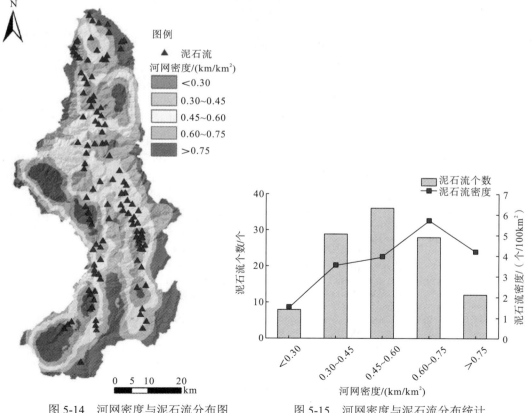

图 5-14　河网密度与泥石流分布图　　　　　图 5-15　河网密度与泥石流分布统计

6) 道路修建

随着小江地区经济的发展，采矿业的需求不断扩大，加上工农业的不断发展，区域内的人类活动必然增加，然而各方面的人类活动得以发展都要以当地的道路为基础。道路的修建必然会影响当地岩土体的稳定性，加速当地岩石的风化，从而加速固体物源的形成，促进泥石流的发育。因此，分析主要道路与泥石流灾害点的分布情况，能较好地表达人类活动对泥石流灾害发生所产生的影响，主要道路与泥石流灾害分布如图 5-16 所示。

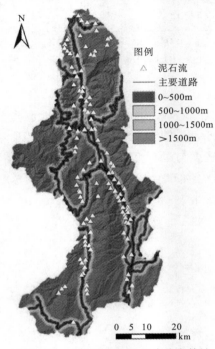

图 5-16　主要道路与泥石流分布统计

小江流域内的泥石流中有 60.17%在距修建的主要公路 1500m 范围内，仅在 0～1000m 这一区间内分布的数量就有 52 个，且公路周围的泥石流密度也远高于远离道路的地区，泥石流沿道路分布的趋势明显，与道路距离和泥石流分布统计详见图 5-17。

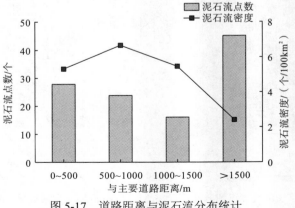

图 5-17　道路距离与泥石流分布统计

5.3　泥石流静态危险性评价

5.3.1　评价方法选取

本书选取了信息量法和层次分析法两种模型方法分别对小江流域内进行静态泥石流风险评价，通过对比两种方法下结果的差异，对其评价结果进行检验，选取其中准确度较高的模型作为小江流域内静态易发性的评价结果，并将其作为静态因子，加入小江流域动态危险性评价的过程中。

5.3.2　静态危险性评价

1. 基于信息量法的静态危险性评价

1) 评价指标的选取

泥石流风险评价指标的选取，主要考虑与泥石流灾害形成及发展可能有关的控制及诱发因素。从定性的角度来看，泥石流的活动程度与其危险性呈正相关；从定量化要求的角度来看，泥石流的危险性需通过具体的指标才能够显现。根据其作用机制，泥石流危险性评价因子可分为静态因子和动态因子，一般选取小江流域内相对长期不变或变化较为缓慢的本底因子进行静态影响分析，而短期内变化较大的因子，则被归于动态因子。静态因子主要包括小江流域内的地形地貌、地层岩性、地质构造等环境背景因子，作为静态评价的因子，其一般具有相对稳定性，为泥石流的发生、发展奠定物质基础和创造运行条件。

本书在野外实地考察基础上，综合所取资料分析结果，筛选出对小江流域泥石流发生起着主导作用、便于区域数据与空间资料匹配、关系密切的要素作为泥石流静态危险性评价指标，最终选取了高程、沟谷密度、坡度、与断裂带距离、河网密度、岩性和相对高差七个要素。

2) 数据处理与分析

为保证评价结果的精确性，首先需要对所选因子之间的相关性进行分析，剔除干扰较大的因子，再对每个因子的数据进行处理。

(1) 影响因子相关性分析。

为了保证各因子间相互独立且满足模型的准确性，需要对所选因子做相关性检验。运用 ArcGIS 软件中的多元分析工具计算方法，对选取的因子进行相关性分析。由表 5-3 可知，因子相关系数大于 0.3 的共有三组，分别是相对高差和与断裂带距离、相对高差与坡度、相对高差与高程。由于相对高差因子在相对性分析中与上述三种因子的相关性较高，为了防止造成信息的相互干扰与叠加，在后续研究中剔除相对高差因子，用剩余六个评价因子对小江流域泥石流的危险性进行评价。

表 5-3　各因子间的相关系数

指标因子	河网密度	与断裂带距离	坡度	岩性	沟谷密度	高程	相对高差
河网密度	1						
与断裂带距离	0.008	1					
坡度	0.098	−0.244	1				
岩性	0.139	0.081	0.026	1			
沟谷密度	0.156	0.180	0.077	0.075	1		
高程	−0.096	0.157	0.021	0.157	0.170	1	
相对高差	0.030	−0.311	0.383	0.048	0.120	1.388	1

(2)评价指标信息量计算。

利用 GIS 工具,对每个因子数据进行 25m×25m 栅格化,计算各因子对泥石流发生的信息量,并将数据提取至泥石流点上,根据信息量计算公式计算各个因子的信息量值,用于后续计算,相关信息量计算结果如表 5-4、图 5-18 所示。

表 5-4　小江流域各静态因子与泥石流关系及信息量计算结果

因子	分类	信息量
高程/m	<1000	0.8066
	1000～1500	0.8222
	1500～2000	0.8966
	>2000	−1.3562
与断裂带距离/km	<1	−0.1460
	1～2	0.2076
	2～5	0.2216
	>5	−0.1081
岩性	较硬岩	−1.4812
	硬岩	−0.1242
	较软岩	0.2370
	软岩	0.3576
河网密度/(km/km^2)	<0.30	−0.9116
	0.30～0.45	−0.0471
	0.45～0.6	0.0604
	0.60～0.75	0.4314
	>0.75	0.1225
沟谷密度/(km/km^2)	<0.45	−0.0262
	0.45～0.60	0.0490
	0.60～0.75	−0.2993
	0.75～0.90	0.3911
	>0.90	0.0034

续表

因子	分类	信息量
坡度/(°)	<10	0.3241
	10～20	0.1187
	20～30	0.0599
	30～40	-0.4896
	>40	-0.2485

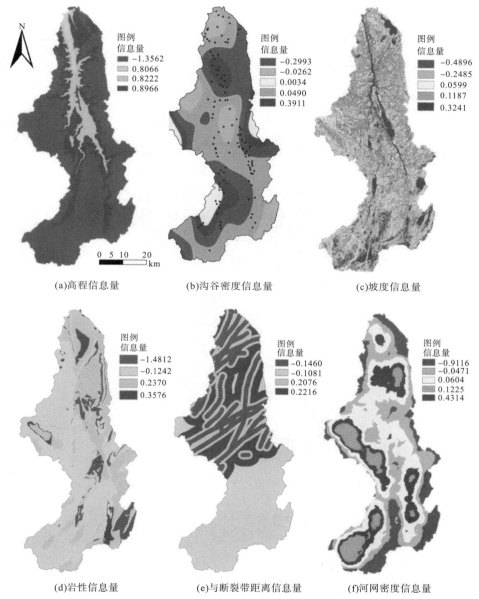

图 5-18　小江流域各静态因子信息量值分布图

（3）评价结果与分析。

将计算所得信息量值分别代入对应的各因子不同类别的属性表中，生成如图 5-18 所示的小江流域内各静态因子的信息量值分布图。通过 ArcGIS 的栅格计算器功能，将各个选取因子信息量叠加，最终得到流域内的总信息量值为-4.3812～2.5018，利用自然断点法将信息量图重分为如表 5-5 所示的四类，将小江流域的静态危险性分为低危险区、中危险区、高危险区、极高危险区四个区间，最终得到小江流域泥石流危险性评价图（图 5-19）。

表 5-5　静态危险性等级划分表

易发等级	低危险区	中危险区	高危险区	极高危险区
总信息量值	-4.3812～-1.9021	-1.9021～-0.4325	-0.4325～0.8866	0.8866～2.5018

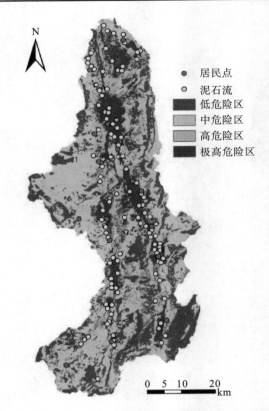

图 5-19　小江流域基于信息量法的泥石流静态危险性评价

2. 基于层次分析法的静态危险性评价

1）评价指标的选取

上文已对小江流域内静态评价因子进行选取并做相关性分析，因此在基于层次分析法的评价中，继续选取上文中选取的六个因子进行评价，即坡度、高程、沟谷密度、岩性、与断裂带距离、河网密度（表 5-6）。

表 5-6　泥石流危险性指标评价量级

评价指标		危险性等级评分			
		1	2	3	4
地形地貌	坡度/(°)	>30	20~30	10~20	<10
	高程/m	>2000	<1000	1000~1500	1500~2000
	沟谷密度/(km/km²)	<0.45	0.45~0.60	0.60~0.75	>0.75
地质条件	岩性	较硬岩	硬岩	较软岩	软岩
	与断裂带距离/km	>5	<1	1~2	2~5
	河网密度/(km/km²)	<0.3	0.3~0.45	0.45~0.6	>0.6

2) 评价指标权重计算

(1) 层次分析模型的建立。

对泥石流静态危险性的各个静态因子划分层次，依据其隶属关系来进行组别的划分，共分为两个层次：第一层主要由地形地貌因素和地质因素组成；第二层为第一层的各因子所包含的各子要素，层次结构模型如图 5-20 所示。

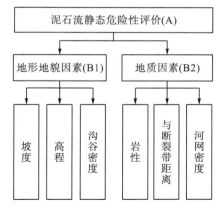

图 5-20　泥石流静态危险性评价指标体系图

(2) 构造判断矩阵。

根据泥石流危险性指标体系，运用 1~9 标度法来构造判断矩阵，目标层指标比较表见表 5-7。

表 5-7　目标层指标比较表

指标	地形地貌因素	地质因素
地形地貌因素	1.00	0.50
地质因素	2.00	1.00

目标层对比完成后，再依次对准则层指标进行对比，各中间层指标对比结果见表 5-8、表 5-9。

表 5-8　中间层地形地貌因素指标比较表

指标	高程	沟谷密度	坡度
高程	1.00	0.50	0.33
沟谷密度	2.00	1.00	0.67
坡度	3.00	1.50	1.00

表 5-9　中间层地质因素指标比较表

指标	距断裂带距离	河网密度	岩性
与断裂带距离	1.00	0.50	0.40
河网密度	2.00	1.00	0.80
岩性	2.50	1.25	1.00

由此，得出准则层的判断矩阵为

$$A = \begin{bmatrix} 1.00 & 0.50 \\ 2.00 & 1.00 \end{bmatrix}$$

指标层判断矩阵为

$$B_1 = \begin{bmatrix} 1.00 & 0.50 & 0.33 \\ 2.00 & 1.00 & 0.67 \\ 3.00 & 1.50 & 1.00 \end{bmatrix}; \quad B_2 = \begin{bmatrix} 1.00 & 0.50 & 0.40 \\ 2.00 & 1.00 & 0.80 \\ 2.50 & 1.25 & 1.00 \end{bmatrix}$$

（3）各静态因子权重的计算。

矩阵 A 的特征向量 W_A=[0.447　0.894]，最大特征值 λ_{max}=2.00，判断矩阵 A 一致性指标 $CI=(\lambda_{max}-n)/(n-1)$，所以 CI/RI=0＜0.1，可以说明判断矩阵 A 具有较好的一致性，不需要对判断矩阵的元素取值进行调整，对特征向量归一化后得到矩阵 A 的权向量 W_1=[0.333　0.667]；W_{B_1}=[0.5　1　1.5]，λ_{max}=3.00，CI/RI=0＜0.1，判断矩阵 B_1 的一致性可接受对特征向量归一化后得到矩阵 A 的权向量 W_2=[0.167　0.333　0.5]；W_{B_2}=[0.5　1　1.25]，λ_{max}=3.00，CI/RI=0＜0.1，判断矩阵 B_2 的一致性可接受对特征向量归一化后得到矩阵 A 的权向量 W_3=[0.182　0.364　0.454]。

对各级静态因子指标进行综合排序，通过计算得到各因子的总权重值，按权重的系数进行排序结果见表 5-10。

表 5-10　各静态因子权重值

评价指标(权重值)		总权重值	权重排名
地形地貌(0.333)	坡度	0.167	3
	高程	0.056	6
	沟谷密度	0.110	5
地质条件(0.667)	岩性	0.303	1
	与断裂带距离	0.121	4
	河网密度	0.243	2

3）GIS 支持下危险性评价模型建立与分区

在获得各静态因子的权重值之后，因上文已根据泥石流的分布关系计算出了泥石流在各因子上的分布状况，以此为评判标准，再利用 GIS 的空间分析功能，以各静态影响因子与泥石流分布为基础，将所有评价因子统一划分，在 ArcGIS 软件平台下，将其分为四类并对六个静态因子指标绘制分级图。

（1）地形地貌因素。

地形地貌因素包括坡度、高程、沟谷密度三个评价指标，通过 ArcGIS 空间分析功能，从 DEM 数据模型中提取，根据量级划分标准(表 5-7)对其进行重分类处理，并分别赋值为 1、2、3、4 四个等级进行划分，这个三个评价因子分级图如图 5-21 所示。

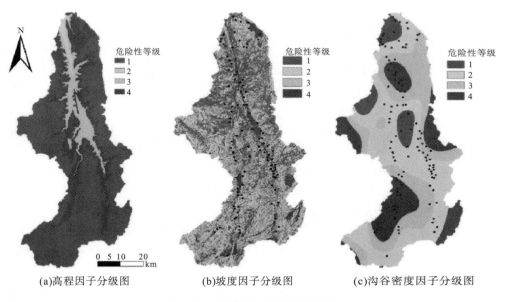

(a)高程因子分级图　　　　(b)坡度因子分级图　　　　(c)沟谷密度因子分级图

图 5-21　地形地貌各因子分级图

（2）地质条件因素。

本书地质条件考虑的评价指标有岩性、与断裂带距离和河网密度，岩性分级处理过程是根据岩性属性信息进行四级分类后，将数据格式由矢量数据转换为栅格数据，与断裂带距离则是通过对断裂带做缓冲区后再栅格化实现的，河网密度则由 ArcGIS 软件的密度制图功能获取，再根据量级划分标准进行数据重分类处理，获取的因子分级图如图 5-22 所示。

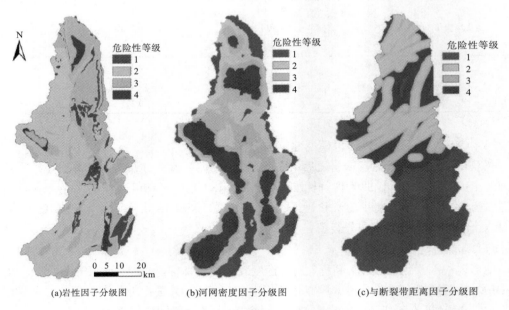

图 5-22　地质条件各因子分级图

(3) 危险性评价模型的建立。

本书采用层次分析法，结合 GIS 平台的空间分析模块中的栅格计算工具对各统计单元进行因子加权叠加，构建目标区泥石流灾害的易发性栅格图来计算泥石流的危险性指数，从而对其进行危险性评价，其表达式为

$$W_j = \sum_{i=1}^{n} \theta_i Q_i \tag{5-1}$$

式中，W_j 为栅格单元泥石流灾害危险性指数；θ_i 为 i 类评价因子的权重；Q_i 为 i 类评价因子的评分；n 为评价因子的个数。

将相关数据代入式(5-1)，即泥石流危险性指数=0.167×坡度+0.056×高程+0.111×沟谷密度+0.303×岩性+0.121×与断裂带距离+0.243×河网密度。

(4) 危险性评价分区。

泥石流危险性等级根据危险性评价模型所计算出的危险性指数进行划分，危险性指数越大，该区域泥石流灾害危险性程度越高，泥石流危险性指数应介于 1～4。本书根据自然断点法，确定了小江流域泥石流危险等级划分标准，共将小江流域分为四个危险区，见表 5-11，基于层次分析法的小江流域泥石流静态危险性分区详见图 5-23。

表 5-11　静态危险性等级划分表

	低危险区	中等危险区	高危险区	极高危险区
综合数值	<1.913	1.913～2.357	2.357～2.791	>2.791

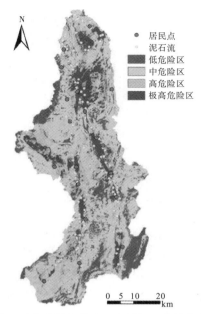

图 5-23　基于层次分析法的小江流域泥石流静态危险性分区

5.3.3　评价结果

1. 评价模型选取

对选取的两种模型进行验证，是模型建立中必不可少的一步，对评价危险性的结果具有重要意义。本书通过将小江流域内实际发生的泥石流与危险性评价结果进行对比，把危险区内累计面积占比（即预测泥石流面积累计占比）作为横坐标，把实际已发育泥石流数累计占比作为纵坐标，构建 ROC（receiver operating characteristic）检验曲线（图 5-24），以检验曲线下的面积 AUC（area under curve）来评判危险性预测的成功率，当 AUC＞0.70 时，其匹配效果就较好，具有预测价值，基于信息量法和层次分析法的泥石流危险性模型评价结果见表 5-12。

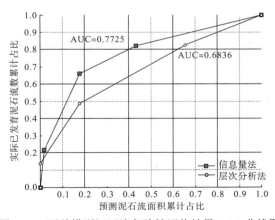

图 5-24　两种模型泥石流危险性评价结果 ROC 曲线图

表 5-12　两种评价模型评价结果

方法	危险性等级	灾害点个数/个	灾害点占比/%	危险区面积/km²	面积占比/%
信息量法	低危险区	2	1.75	653.62	21.53
	中危险区	18	15.79	1350.62	44.49
	高危险区	29	25.44	487.20	16.05
	极高危险区	65	57.02	544.39	17.93
层次分析法	低危险区	0	0	414.4181	13.65
	中危险区	20	17.70	1066.403	35.13
	高危险区	54	47.79	1021.941	33.66
	极高危险区	39	34.51	533.065	17.56

经过验证，采用信息量模型和层次分析法的危险性评价结果的验证成功率 AUC 分别为 0.7725 与 0.6836，结果表明这两种模型在小江流域泥石流灾害的预测上准确性相差较大，且采用信息量法的危险性评价结果的精度相对较高。因此在后续的研究中，本书采取信息量法的结果进行研究，两种模型的 ROC 曲线图详见图 5-24。

2. 评价结果分析

结合基于信息量法的小江流域静态危险性评价区划图，分别对小江流域极高危险区、高危险区、中危险区和低危险区进行分析统计，各危险区情况见图 5-25。

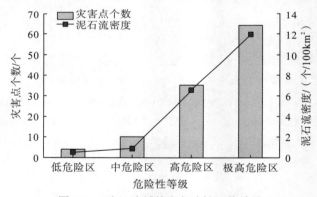

图 5-25　小江流域静态危险性评价结果

1）静态极高危险区和高危险区

小江流域静态极高危险区面积为 544.39km²，约占全域总面积的 17.93%，区内泥石流灾害点达 65 个，泥石流分布密度为 11.94 个/100 km²；高风险地区的占地面积为 487.20km²，占全流域面积的 16.05%，有灾害点 29 个，分布密度为 5.95 个/100km²，极高危险区和高危险区基本沿着小江内河网呈条带状分布。

小江流域北部的居民点主要为娜姑、达朵、杉木和绿茂，其中以达朵地区分布面积较多。北部地区断层分布较为密集，地震和断裂带活动能使地表岩土体松动，为泥石流提供大量物质来源。小江流域中部地区的居民点主要为汤丹、乌龙、碧谷、东川城区、姑海和新田，其中乌龙、东川城区和碧谷等地区与断层的距离较近，人类活动相对频繁。小江流域南部的分布相对较少，主要还是沿着小江支流分布，覆盖的居民点主要为阿旺、新田、功山、金源地区。

2）静态中低危险区

中危险区面积为 1350.62km^2，约占全域总面积的 44.49%，区内泥石流灾害点有 18 个，泥石流分布密度仅为 1.33 个/100km^2；低风险地区面积为 653.62km^2，占全流域面积的 21.53%，114 个泥石流灾害点中仅有 2 个分布于此，密度为 0.31 个/100km^2，主要分布在远离水系的高山、人迹罕至地区，范围内居民点主要为托布卡、法者、大海、甸沙和六哨地区。

5.4　泥石流动态危险性评价

5.4.1　评价方法及因子选取

泥石流灾害的动态危险性是由静态因子和动态因子共同作用形成的。相较于静态因子而言，其有一个显著的特征就是往往会产生时空上的变化，如地震、降雨等因素对于泥石流的发生会产生很大的影响，因此其在区域的灾害预测和规避方面有着十分重要的意义。

小江流域地处山区，由于流域内高程相差较大，区域内降雨分布差异也较为明显。山地灾害大部分由大雨或暴雨激发，加之水动力条件是泥石流形成过程中必不可少的因素，因此本书在动态因素方面重点考虑降雨因子对泥石流灾害危险性的动态影响。为实现动态危险性评价，将静态危险度和降雨因子有效叠加，采用因子叠加法计算动态危险性，如式 (5-2) 所示：

$$H = w_h \times h + w_r \times R \tag{5-2}$$

式中，H 为泥石流灾害每年的危险性；h 和 R 为归一化的静态危险性和降雨因子；w_h 和 w_r 为流域的静态危险性和降雨因子的权重。

本书搜集了小江流域内 2000～2020 年每月的全球降雨观测计划（Global Precipitation Measurement，GPM）数据，精度为 0.1°×0.1°，可以较好地覆盖小江地区全流域。原始文件到月降雨量的处理方法如图 5-26 所示。

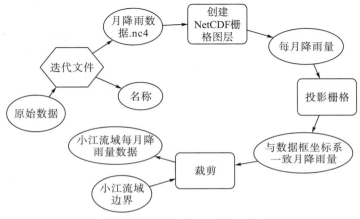

图 5-26　GPM 原始数据处理方法

根据获取的月降雨量数据统计 2005 年、2010 年、2015 年和 2020 年的年度总降雨量。由于小江流域干湿季分明,雨季(5~10 月)降雨量能达到全年总降雨量的 71%以上且 70%的泥石流灾害在 6~8 月集中暴发(彭锐,2019),因此本书统计了上述年份中小江地区 5~10 月雨季的总降雨量(图 5-27)。两种降雨数据获取后均采用 ArcGIS 的重采样工具,用 BILINEAR 技术对数据进行重新分配。

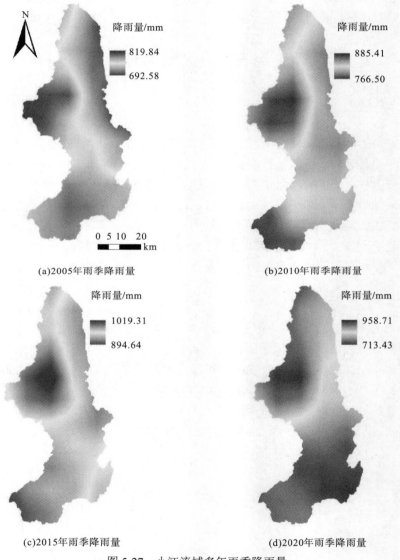

图 5-27   小江流域多年雨季降雨量

对两种降雨数据,采用灰色关联度分析法,以小江流域泥石流灾害的点密度为参考数列,将 2005 年、2010 年、2015 年和 2020 年的年度总降雨量和雨季总降雨量数据共计 8 个数据作为比较数列,在分析过程中分辨系数 ρ 取值 0.5,关联度结果数据详见表 5-13。

表 5-13　评价因子的灰色关联度

	2005 年雨季降雨量	2010 年雨季降雨量	2015 年雨季降雨量	2020 年雨季降雨量
关联度 r_i	0.74013	0.73925	0.73843	0.73479
	2005 年降雨量	2010 年降雨量	2015 年降雨量	2020 年降雨量
关联度 r_i	0.73920	0.73833	0.73827	0.73490

由表 5-15 可知，大多数年份的小江地区的雨季降雨量与泥石流密度的灰色关联度值都高于年降雨量，说明雨季降雨量与小江流域内的泥石流点的关系更为紧密，因此在后续的动态研究中，本书选取小江地区雨季的降雨量作为动态因子来进行后续计算，小江流域内 2005 年、2010 年、2015 年、2020 年雨季降雨量如图 5-27 所示。

5.4.2　因子权重分配

在动态因子与静态危险性的权重分配上，本书继续选取灰色关联度法分析。选取小江流域内的泥石流点密度当作参照数列，将每年的雨季降雨量与信息量值分别归一化后，利用灰色关联度法将每一年的雨季降雨量与信息量值代入作为比较数列，最终获取每年的权重分配，具体如表 5-14 所示。再将每年的权重平均，计算得到静态危险性和动态降雨因子对山地灾害动态危险性的影响权重分别为 0.525 和 0.475。

表 5-14　动态危险性权重

数据名称	2005 年雨季降雨量	2010 年雨季降雨量	2015 年雨季降雨量	2020 年雨季降雨量	平均
动态危险性权重	0.486	0.483	0.471	0.461	0.475

5.4.3　评价结果

综合小江流域泥石流灾害的静态危险性、降雨因子及其权重的计算结果，用式(5-2)计算 2005 年、2010 年、2015 年、2020 年横断山区泥石流的危险性，并将其用 ArcGIS10.5 的自然断点法划分为极高危险区、高危险区、中危险区和低危险区四个等级，评价结果详见图 5-28 和表 5-15。

根据以上分析可以看出雨季受降雨影响强烈的小江流域中西部地区在多年的危险性评价中均表现出较高的危险性，且危险性呈现出西部高东部低、北部高南部低的整体态势。由于每年雨季的降雨差异，所选的四个年份的灾害危险性在空间分布上有明显的不同，如 2010年小江地区的整体降雨量都很大，降雨量高的地区主要分布在小江流域的中西部，受此影响，从图 5-28 可以看出处于当地中西部的达朵、山姆、绿茂、汤丹、碧谷、法者、乌龙和新田地区，均位于泥石流发生的极高危险区，而 2005 年的雨季降雨量也偏向于小江流域西南部，连 2010 年、2015 年和 2020 年处于中低风险地区的甸沙、金源地区都变成高风险地区。

从四年的分区结果来看，泥石流的危险性主要随着雨季降雨量分布的变化而展现出动态变化过程，小江流域内的高危险区、极高危险区 2005 年逐渐从中西部向中北部转移的趋势较为明显，在 2015 年、2020 年中低危险区域面积大范围增加，到 2020 年流域南部几乎没有高危险区和极高危险区的分布。而小江流域中北部正是小江下游地段，地势平坦，居民点众多，多年来泥石流危险性逐渐增大，增加了对当地居民生产生活的威胁。

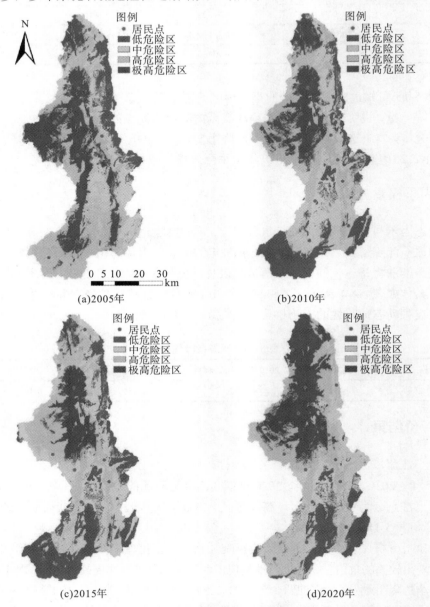

图 5-28　小江流域泥石流动态危险性评价结果

表 5-15　多年危险性区域面积占比

危险性等级	2005 年		2010 年		2015 年		2020 年	
	面积/km²	占比/%	面积/km²	占比/%	面积/km²	占比/%	面积/km²	占比/%
低危险区	283.863	9.35	679.834	22.40	835.811	27.57	449.138	14.81
中危险区	471.574	15.54	893.766	29.45	838.276	27.65	841.776	27.77

续表

危险性等级	2005 年		2010 年		2015 年		2020 年	
	面积/km²	占比/%	面积/km²	占比/%	面积/km²	占比/%	面积/km²	占比/%
高危险区	1284.817	42.33	855.486	28.19	897.186	29.59	868.467	28.65
极高危险区	994.864	32.78	606.033	19.97	460.458	15.19	872.350	28.77

5.5　小江流域动态易损性评价

5.5.1　承灾体选择

　　小江流域地区千百年来的炼铜产业使当地的经济发展、城镇兴起，但由于近千年不合理的炼铜方法，给当地的生态环境造成了极大的破坏，最终给生产安全带来威胁，随着经济的发展，这种威胁越来越严重。小江流域隶属山区，易损性评价因子的选取一般以人口和经济为主，本书在对当地进行易损性评价时，选择了人口、经济和环境三个因素作为承灾体进行研究。

　　小江流域面积较小，全流域的覆盖范围仅有三县，动态易损性评价需要研究对象多年精准数据的支持，县域数据范围过大会影响结果的可靠性，通过查阅《云南统计年鉴》、《中国县域统计年鉴》和流域内县域统计年鉴等资料数据发现，全国统计年鉴中的乡镇篇数据在 2013 年以后才有编撰，未能符合动态数据时间连续性的要求。因此本书在选取易损性因子时，选择了与研究承灾体最为相关的三个数据，即 2005 年、2010 年、2015 年三年的全国人口密度栅格数据、全国 GDP 密度数据和全国土地利用方式数据，通过 ArcGIS 裁剪处理当地的数据并将其统一投影为与动态危险性评价相同的坐标系，再将其转换为大小为 25m×25m 的栅格，对其进行归一化处理后进行进一步的研究。其中土地利用的归一化参考了王佳佳 (2015)、扶小红 (2014) 对土地用地的价值评定划定，按照城乡、工矿、居民用地 4、耕地 3、林地、水域 2、草地及未利用土地 1 的分配方式，对其重新赋值后再进行归一化处理，三年的数据结果详见图 5-29。

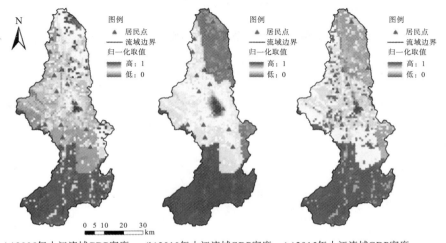

(a)2005年小江流域GDP密度　　(b)2010年小江流域GDP密度　　(c)2015年小江流域GDP密度

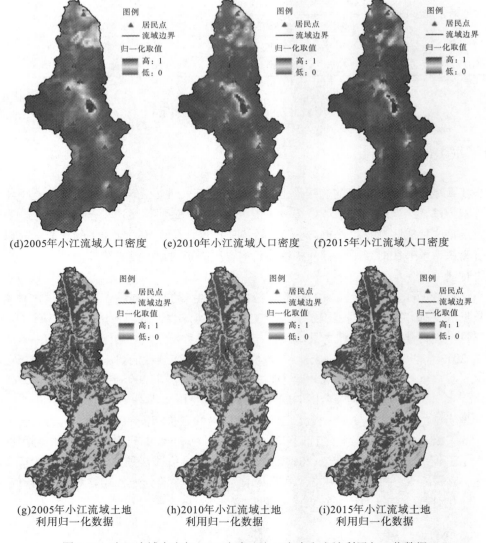

图 5-29　小江流域内多年 GDP 密度、人口密度和土地利用归一化数据

5.5.2　评价方法

　　本书的易损性研究是以年为时间尺度而变化的动态易损性研究，数据获取难度较大，为便于小尺度的区域评价，本书采用徐瑞池等(2020)构建的易损度评价的简化模型[式(5-3)]来对小江流域内的易损度进行评价。

$$V = \sqrt{\dfrac{\dfrac{G+L}{2}+D}{2}} \tag{5-3}$$

式中，V 为小江流域当地的易损度；G 为单位面积地区生产总值(万元/km^2)；L 为土地利用方式的价值赋值；D 为人口密度(人/km^2)。G、L、D 均归一化后再进行取值，所得出的

易损度 V 值依据自然断点法分为四段，分别定义为低易损区、中易损区、高易损区和极高易损区。小江流域三年的易损度分布如表 5-16 与图 5-30 所示。

表 5-16 小江流域泥石流灾害易损性区划面积结果表

区域	2005 年		2010 年		2015 年	
	面积/km²	占比/%	面积/km²	占比/%	面积/km²	占比/%
低易损区	1156.496	37.99	708.539	23.28	779.941	25.62
中易损区	1221.517	40.13	1304.939	42.87	1275.144	41.89
高易损区	521.981	17.15	712.985	23.42	669.054	21.98
极高易损区	144.042	4.73	317.580	10.43	319.904	10.51

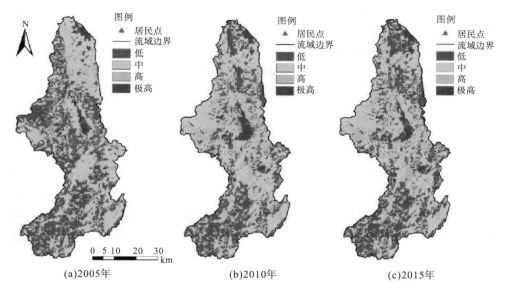

图 5-30 小江流域易损性评价结果

5.5.3 评价结果

由图 5-29 可以看出，虽然随着社会经济的发展，小江地区的经济发展迅猛，但中部地区经济始终保持核心地位，人口分布也比较密集，土地环境也以城镇用地为主，无论是在 GDP、人口密度还是土地利用方面，都以中部生产铜矿的东川城区和碧谷镇为中心向四周扩散。小江流域北部的娜姑镇，虽然在 2005 年之后经济发展放缓，但在人口密度和耕地比例上却仍有很高的数值，相较而言，小江流域南部人口稀少且经济发展较差，这可能与当地山体较高、难以开发有关。

通过图 5-30 不难看出，小江流域的易损性随着时间的推移变化较大。高易损区和极高易损区在多年变化中，始终集中于小江流域中北部地区，这些地区位于小江下游，地势平坦、物产丰富，利于城镇的修建。原本在西部中低易损地区的占比较多，但在 2005 年以后，其易损程度也逐渐升高，南部的金源、甸沙、六哨大部为中低易损地区，但是在其城镇中心依旧有着易损度较高的地区。表 5-16 的信息也显示，全流域内极高易损地区面积的占比在三年时间内逐渐变高，说明人类活动在小江地区正在逐步扩大，滑坡、泥石流等地质灾害对小江流域内产生威胁的地区也越来越多，小江流域对相应灾害的防治需求也越来越迫切。

5.6　小江流域动态风险性综合评价

5.6.1　评价方法

自然环境与社会环境随着时间的变化会逐渐展现其新的特征，对于小江流域这种地质灾害频发地区做出以时间变化而变化的动态风险评估，可为当地的空间规划与灾害防治提供重要的决策依据。本书的动态风险性评价基于信息量模型的静态危险性评价，选取四个代表年份的雨季降雨量作为动态因子，再从当地的人口、环境和经济三个承灾体方面选取四个代表年中的三个，对当地的易损性进行动态综合评价，应用联合国地球科学滑坡风险评价工作委员会所提出的风险评价公式将其结合，风险评价公式如下：

$$R = H \times V \tag{5-4}$$

式中，R 为评价单元的风险指数；H 为评价单元的危险性指数；V 为评价单元的易损性指数。

结合 ArcGIS 处理将泥石流灾害危险性的评价结果和承灾体易损性的评价结果进行叠加分析，从而得到 2005 年、2010 年和 2015 年三年的小江流域泥石流灾害风险度区划图（图 5-31），并依照 GIS 的自然断点法将风险分区分为四个等级：低风险区、中风险区、高风险区和极高风险区。表 5-17 为小江流域泥石流灾害风险度区划结果分析表。

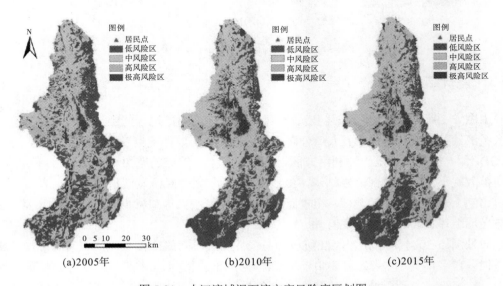

图 5-31　小江流域泥石流灾害风险度区划图

表 5-17 小江流域泥石流灾害风险度区划结果分析表

区域	2005 年		2010 年		2015 年	
	面积/km^2	占比/%	面积/km^2	占比/%	面积/km^2	占比/%
低风险区	1046.006	34.50	1037.548	34.19	1024.964	33.80
中风险区	1178.992	38.90	1099.854	36.24	1185.776	39.12
高风险区	572.773	18.90	655.210	21.59	633.794	20.91
极高风险区	233.383	7.70	242.388	7.99	186.958	6.17

5.6.2 评价结果

从图 5-31 不难看出，小江流域南部整体风险度很小，除了靠近城区的小部分地区风险度较高以外，其余地区基本都在中低风险区，但随年份的变化也较大，2005 年左右，其风险性较高的地区面积很大，主要与当地降雨量相关。

风险性较高的地区主要集中在小江流域中北的城区附近，尤其是碧谷、东川城区、乌龙、汤丹、法者、杉木、乌龙、娜姑、博卡、阿旺和绿茂地区，多年以来一直是高风险地区。

托布卡、金源、姑海、新田地区的风险性受动态因素的影响很大，能从低风险地区转化为高风险地区甚至极高风险地区，变化较为显著。

风险度相对较高的区域也是易损度较高的地区，这些地区多为县城所在地，经济活动频繁，使得泥石流暴发的危险性增大，严重威胁到县城上万人的生命和财产的安全，普遍风险度较高。由于当地对于生态环境保护的重视程度逐年增加，高风险区和极高风险区的面积占比在 2010 年后有降低的势头，但对于泥石流风险性的变化仍需要更长久的监测。

5.7 典型高频泥石流扇形地危险性评估模型

泥石流扇形地反映了泥石流出山后的一个堆积形态，是泥石流运动主要的物质沉积区。但扇形地由于坡度平缓，也成为山区人类开发建设的主要用地。这必然导致人地之间产生矛盾。随着山区土地资源的开发利用活动加剧，水土流失越来越严重，滑坡、泥石流等自然灾害的暴发越来越频繁，山区人民的生命和财产安全受到的威胁也越来越严重。因此，对山区泥石流堆积扇进行危险性评估有利于山区土地的合理开发利用。对于泥石流扇形地的危险性评估研究从 20 世纪 80 年代开始，最初主要集中在野外调查从而进行地貌学的定性描述(刘希林和唐川，1995)，以及室内的水力学模拟实验探讨(水山高久他，1980)。唐川等(1991)通过野外调查发现，野外泥石流沟受到构造运动和山体抬升的影响，会呈现多层次的堆叠结构。进入 21 世纪，随着遥感、GIS 等技术的兴起，对泥石流堆积扇危险性的定性评估已经不能满足山区土地利用开发建设的要求。泥石流堆积扇定量评估逐渐成为研究热点。通过小型水槽实验，控制泥石流物质组成、堆积扇坡度大小等条件，模拟不同情况下泥石流堆积扇的危害范围，通过测量相关参数，建立定量模型，揭示泥石流危害范围与泥石流动力过程的关系(刘希林等，1992；柳金峰等，2006)。考虑实验模拟的难度，本书尝试以遥感影像数据为基础，根据泥石流堆积扇的形态特征和泥石流堆积范围演变，采用数学建模的方法揭示泥石流堆积扇危险性的分布。研究目的是以理想扇形地的平面几何特征为基础，建立理想的泥石流扇形地危险性评估模型，利用遥感影像解译结果对模型进行修正，提出基于空间几何特征和时间演变特征的泥石流堆积扇评估方法，为泥石流堆积扇的危险性评估提供依据。

5.7.1　研究方法

泥石流沟下游通常是高山峡谷地貌，泥石流在下游的窄深式峡谷的运动受两边山体的约束。但当泥石流进入开阔的堆积区之后，两侧边界对泥石流的限制消失，泥石流以一种二维平面射流，在沿原有方向继续向下游运动的同时，不断向两侧漫流。接着，随着坡度逐渐变缓，流深变小，泥石流流速逐渐减小，最后在主流线两侧发生淤积形成泥石流堆积扇。

理想状态下，将泥石流视为一种均匀的流体，堆积区是没有边界限制的平地，堆积过程没有障碍物或河流等的干扰。那么，泥石流出山后的堆积将形成一个理想的扇形（图 5-32）。这样一个理想的扇形形态特征可以用堆积扇顶的位置、堆积扇主轴（主流线）、堆积扇的张角、堆积扇两翼的长度等几何参数来描述。假定泥石流主流线为堆积扇中轴线，泥石流主流线方向为纵坐标轴，垂直于堆积扇中轴线为横坐标轴，建立坐标系（图 5-32）。野外调查发现，越靠近堆积扇扇顶的地方，泥石流的流速和流深越大，泥石流到达的可能性也越大；而越到扇缘，泥石流到达的可能性越小，流速和流深也越小。此外，在与扇顶距离相等的地方，离主轴线越远（即与主轴线的夹角越大），泥石流的侧向漫流速度和流深也越小。因此，考虑扇形地的几何形态，泥石流在扇形地上的危险性分布可以用极坐标的形式，定义为极径长和极角的函数：

$$H(x_i, y_i) = f(l, \delta) \tag{5-5}$$

式中，(x_i, y_i) 为堆积扇上任意一点 M 的坐标；l 为堆积扇上任意一点到出山口的欧几里得距离；δ 为该点与出山口连线与泥石流主流方向的夹角，$\delta \in (0°, 90°)$。

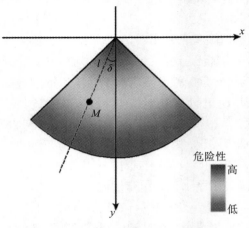

图 5-32　理想泥石流堆积扇危险性分布

　　根据前文对泥石流堆积运动过程的分析，可以得到堆积扇上的危险性函数 H 随着极径长和极角的增大而减小，且是极角的对称函数。一个非常自然的假设是认为危险性与极径长成反比。野外调查发现，泥石流向两侧漫流的速度分量远小于沿主流方向的分量。所以，泥石流在堆积扇上的危险性在主流线两侧的衰减速度大于主流方向的速度。为了反映堆积扇泥石流危险性与极角对称和快速衰减的性质，可以用极角余弦的幂函数形式来表示危险性随极角的衰减特征。综合以上分析，将理想状态下泥石流扇形地的危险性分布表示为

$$H(x_i, y_i) = \frac{k}{le^{-\cos\theta}} \tag{5-6}$$

式中，k 为比例系数，l 通过式(5-7)计算得到：

$$l = \sqrt{(x_i - x_0)^2 + (y_i - y_0)^2} \tag{5-7}$$

式中，(x_0, y_0) 是扇顶（泥石流出山口）的坐标，一般设该点为坐标原点 $(0,0)$。

$$H(x_i, y_i) = \frac{k}{\sqrt{(x_i - x_0)^2 + (y_i - y_0)^2}\, e^{-\cos\theta}} \tag{5-8}$$

　　自然界中泥石流的运动堆积和扇形地的形态很难达到理想的状态。泥石流出山后，受堆积区地形、障碍物、植被、土地利用、主河冲刷等影响，堆积扇发育并不是按规则扇形分布。而且，在主河的影响下，泥石流会偏向主河下游方向运动，堆积扇多沿主河向下游发育。因此，通过式(5-8)计算实际泥石流扇形地上任意一点的危险性并不准确。

　　为了准确计算实际泥石流扇形地的危险性分布，需要知道扇形地上大石块的分布、扇面微地形变化、扇面的颗粒级配、植被发育程度、扇面与主河关系等详细的数据。而这些因素非常多，随机性很大。大部分的影响因素难以量化。所以，建立一个确定性的函数来反映这些因素对危险性的影响非常困难，可操作性也不太强。为此考虑随机性的概念，引入受灾概率变量，将式(5-5)变为

$$H(x_i, y_i) = f(l, \theta, p_i) \tag{5-9}$$

式中，p_i 为堆积扇上任意一点 (x_i, y_i) 受到泥石流危害的概率。假设 H 与 p_i 成正比，则式(5-6)变为

$$H(x_i, y_i) = \frac{kp_i}{\sqrt{x_i^2 + y_i^2}\, e^{-\cos\theta}} \tag{5-10}$$

　　确定 p_i 的值需要泥石流历史灾害事件的数据。这里可采用遥感影像解译的方法得到 p_i 的估计值。具体的方法是选择某条泥石流沟连续 $n(n \geqslant 1)$ 的遥感影像，通过解译得到不同时相泥石流灾害事件的堆积范围。对于泥石流堆积扇上任意一点，在一期遥感影像上被解译出，计其出现次数为 1，反之，则记为 0，将解译结果进行累加，记为 a，则该点受泥石流危害的频率为

$$p_i = \frac{a}{n} \tag{5-11}$$

　　将 p_i 作为一种估计，那么将式(5-11)代入式(5-10)，得到泥石流堆积扇危险性计算公式：

$$H(x_i, y_i) = \frac{ak}{n\sqrt{x_i^2 + y_i^2}\, e^{-\cos\theta}} \tag{5-12}$$

模型建立好后，选择典型的泥石流沟堆积扇进行模型计算，分析模型的适用性。

5.7.2　堆积扇演变特征

泥石流活动的地方通常是交通不便的山区。由于海拔较高，地形起伏变化大，要进行相关的野外调查难度很大。同时，泥石流常常突然暴发，且一般在夜间暴发，这加剧了泥石流预测、预报和危险性评估工作的难度。

遥感技术作为一种新型的数据获取手段，借助安装在卫星平台上的传感器，对地面同一地点进行周期性的监测，获取地表物体光谱和其他地理信息，是目前对山区地质灾害开展预测、预报研究及危险性评估最常用的手段之一。20 世纪中期，美国国家航空航天局和美国地质调查局为了对地下矿产资源、海洋资源和地下水资源进行探测，同时监测和管理农、林、牧、水利资源，考察和预报各种自然灾害和环境污染，提出了陆地卫星计划，并于 1972 年发射第一颗陆地卫星。卫星运动重访周期为 16～18 天，所携带的专题制图仪器获取的 TM 影像包括从可见光到红外的 7 个波段（Landsat-8 携带 OLI/TIRS 传感器，获取影像包括 12 个波段），影像分辨率 30m（TM-6 为 60m 分辨率）。陆地卫星影像较高的空间分辨率（30m）、波谱分辨率（TM 影像有 7 个波段，具体参数见表 5-18，OLI 影像有 11 个波段，常用的 9 个波段参数见表 5-19）、丰富的信息量和较高的定位精度满足本书研究需要。由于 Landsat-5 卫星在 2011 年后不再提供数据服务，对于 2011 年后的陆地卫星数据，实验选用与 TM 波段参数相似的 Landsat-8 OLI 卫星数据，获取 1987～2014 年小江流域陆地卫星影像进行不同时期泥石流堆积扇危害范围提取。

表 5-18　TM 传感器波段参数

波段	波长/μm	分辨率/m
1	0.45～0.52	30
2	0.52～0.60	30
3	0.63～0.69	30
4	0.76～0.90	30
5	1.55～1.75	30
6	10.40～12.50	120
7	2.08～2.35	30

表 5-19　OLI 传感器波段参数

波段	波长/μm	分辨率/m
1	0.43～0.45	30
2	0.45～0.51	30
3	0.53～0.59	30
4	0.64～0.67	30

波段	波长/μm	分辨率/m
5	0.85～0.88	30
6	1.57～1.65	30
7	2.11～2.29	30
8	0.50～0.68	15
9	1.36～1.38	30

1. 遥感影像解译

1) 遥感影像预处理

安装在卫星等遥感平台上的传感器,通过主动(或被动)的方式接收地面电磁波辐射信号,并传输回地面,经处理后形成遥感影像。由于传感器接收到的电磁波在大气中传播时受到大气反射、散射等作用的影响,不能真实地反映地物的电磁波谱,加之地形、山体阴影等的影响,所获取遥感影像上的地物与实际地物相比会发生偏移。此外,地面接收站从卫星接收到遥感影像后,只做了基本的预处理就发给用户使用。因此,为了满足实验研究需求,首先需要对遥感图像进行预处理。目前,大多数的商业专业软件都具备图像预处理功能。各研究的侧重点不同,预处理的流程、重点也有所不同。此次实验中选用 ENVI5.2 遥感影像处理平台进行遥感影像的预处理。

小江流域的气候属于亚热带季风气候区,降雨多集中在 5～10 月。野外调查发现,小江流域泥石流等地质灾害的发生也多集中在 5～10 月,10 月之后泥石流活动逐渐减弱,直到次年 5 月雨季重新来临。因此,在此次实验中,获取的陆地卫星影像以分布在 5～10 月为最佳。但每年的雨季,山区云层厚实,影像受云层影像大,质量差,不能完全满足实验需要。为了保证影像的高时间分辨率,控制影像云层覆盖率小于 10%的同时根据影像获取时间对影响进行分类,由此共获得 1987～2014 年小江流域可用影像 19 期。结合实际情况,考虑本书需求,将每年 6 月 1 日以前的影像算为上一年影像,6 月至次年 5 月获取的遥感影像算为当年影像进行处理。

小江流域地处我国西部山区,地形起伏变化大。受地形影响,传感器获取的遥感影像易发生畸变。因此,需要对获取的陆地卫星影像进行正射校正。实验中选用小江流域1:50000 地形图为参考图像,在地形图上较均匀地选取了 80 个地面控制点对获取的 19 期影像进行正射校正,保证校正误差不大于一个像素。大气的反射和散射作用使传感器接收到的地物电磁波谱信息并不是真实的地物光谱信息。为了减小大气的影响,需要对 19 期影像进行大气校正。利用 ENVI5.2 软件平台中的 Flaash 模块完成 19 期影像的大气校正。

2) 扇形地危害范围遥感解译

传统的遥感影像解译是通过监督分类和非监督分类进行的。监督分类预先选择训练样本,在计算机平台上利用最大似然判别法(游代安等,2001)或神经元网络分类法(贾永红等,2001)对地物进行分类,从而提取需要的地物信息;非监督分类不需要选择训练样本,直接通过计算机进行聚类分析(骆剑承等,1999),使具有相同属性地物归为一类。两种方法都能通过对具有不同光谱信息的地物进行分类的方式提取地物信息,但监督分类需要有先验知识,工作量大,对分类人员的要求高,而非监督分类得到的结果准确性不高(赵春霞和钱乐祥，2004）。为了提取准确的地物信息，ESRI 公司从 ENVI5.0 版本开始，集成了面向对象特征提取的工具（邓书斌等，2014）。面向对象特征提取通过利用光谱的空间、纹理和管沟信息，集合邻近像元来识别感兴趣区，从而对图像进行分割和分类，提取用户需要的地物信息。

实验在 ENVI5.2 软件平台 FX 模块中，手动调整分割阈值，在预览区内观测分割效果，设定在预览区内能将泥石流危害范围与其他地物分割开的阈值为分割阈值（分割阈值为57），选用 Edge 分割算法，完成 19 期影像分割，将泥石流危害范围与其他地物分割开，为了整合被分割的泥石流扇形地危害范围，需要对具有相同颜色和边界的图斑进行合并。与影像分割类似，手动调整合并阈值，并在预览区内观察合并效果，设定在预览区内能将泥石流危害范围图斑 95%合并在一起的阈值为合并阈值（实验中设置合并阈值为 90）。

通过对比观察获取的 19 期陆地卫星影像可以发现，在泥石流扇形地危险区，由于其物质为泥石流浆体，泥沙含量大，从颜色上来看，新产生的泥石流扇形地危害区呈现灰色，与周围有植被覆盖的山地、水体差别明显。同时，泥石流冲出山口在堆积区内淤埋形成的危害范围的泥沙较其他旧泥石流沉积的地方的泥沙含水量高，在遥感影像上亮度较高。据此设置特征提取规则，并依次添加光谱、纹理和空间类的属性信息，设置数据存储位置，将分类结果输出。具体解译过程见图 5-33，蒋家沟和大白泥沟不同时期泥石流扇形地危害范围解译结果如图 5-34 和图 5-35 所示。

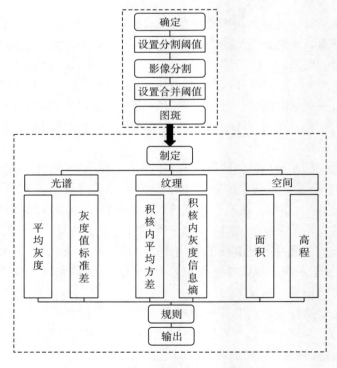

图 5-33 堆积扇危害范围解译流程图

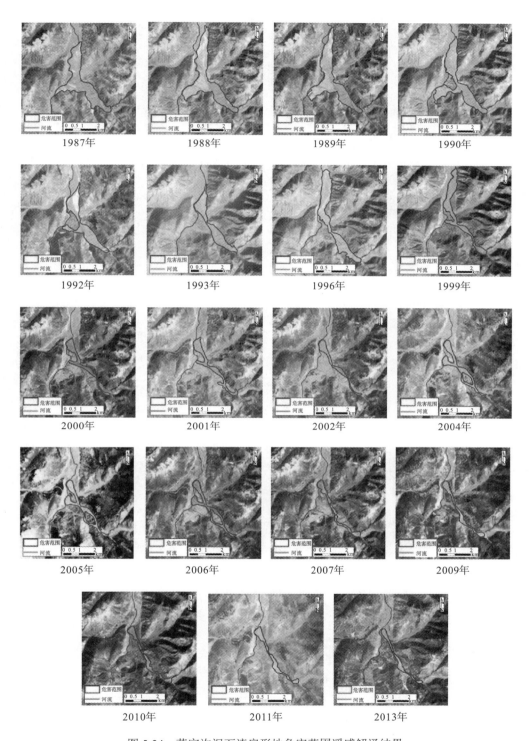

图 5-34　蒋家沟泥石流扇形地危害范围遥感解译结果

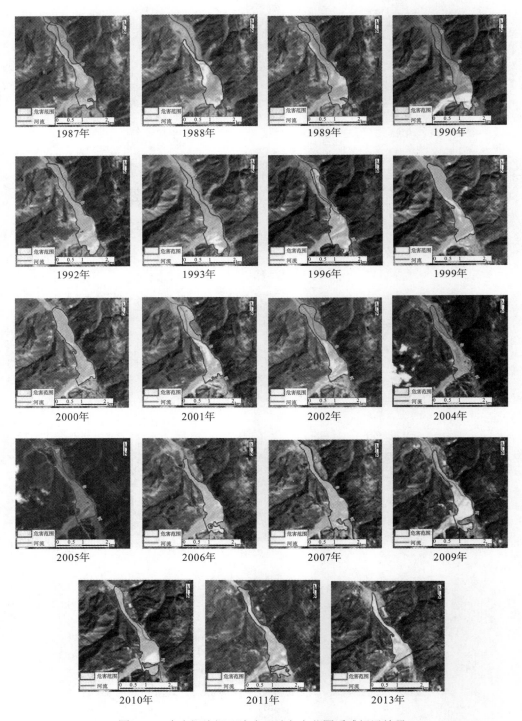

图 5-35　大白泥沟泥石流扇形地危害范围遥感解译结果

2. 泥石流堆积扇危害范围演变特征

1) 蒋家沟泥石流堆积扇危害范围演变特征

泥石流冲出沟后形成的扇形地是泥石流危害最直接的表现。扇形地的形态可以反映泥石流规模大小及其潜在危害程度，通过对扇形地规模和形态的分析，可反演泥石流性质、运动过程等与泥石流活动相关的参数。大量野外调查和实地勘测研究发现，泥石流扇形地并不是一成不变的，泥石流性质、规模和暴发持续时间的不同都会导致泥石流扇形地形态的不同，扇形地危害范围也随之发生变化。

本书通过解译 1987～2013 年 19 期陆地卫星影像，提取不同时间段蒋家沟泥石流扇形地危害范围，并统计其危害面积，结果见表 5-20。

表 5-20　蒋家沟泥石流扇形地危害面积

年份	实际影像获取时间	面积/km²	年份	实际影像获取时间	面积/km²
1987	1988 年 5 月 1 日	3.857	2002	2003 年 4 月 9 日	0.793
1988	1989 年 3 月 17 日	4.435	2004	2004 年 6 月 30 日	1.320
1989	1990 年 4 月 21 日	4.275	2005	2005 年 8 月 4 日	1.313
1990	1991 年 2 月 19 日	3.660	2006	2007 年 4 月 20 日	1.275
1992	1992 年 8 月 16 日	2.576	2007	2008 年 4 月 6 日	0.844
1993	1993 年 12 月 25 日	2.090	2009	2009 年 8 月 31 日	0.828
1996	1996 年 10 月 30 日	3.144	2010	2010 年 12 月 24 日	0.880
1999	1999 年 12 月 2 日	2.080	2011	2011 年 7 月 20 日	0.932
2000	2001 年 4 月 3 日	1.003	2013	2013 年 10 月 13 日	0.706
2001	2002 年 4 月 6 日	1.226			

对表 5-20 综合分析可知，在近 30 年内，蒋家沟泥石流堆积扇危害范围总体呈现退缩的变化趋势，面积最大为 4.435km²（1988 年），最小为 0.706km²（2013 年）。蒋家沟泥石流扇形地危害范围变化波动大，最大面积与最小面积相差 3.729km²。特别在进入 21 世纪后，蒋家沟泥石流扇形地危害范围退缩变化显著，近几年危害面积基本在 1km² 以内。分析

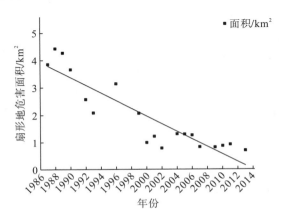

图 5-36　蒋家沟泥石流堆积扇危害范围面积变化

表 5-20 数据变化趋势，得到蒋家沟泥石流堆积扇危害范围面积变化图(图 5-36)。从图中可以发现，从 20 世纪 80 年代末期以来，蒋家沟泥石流扇形地危害面积逐渐减小，特别在 2000 年左右减小趋势明显。结合野外调查发现，近几年蒋家沟泥石流扇形地危害范围仍在减小，但变化速度相对较慢。

通过对收集到的资料进行整理分析后发现，近年来，蒋家沟虽然每年仍有泥石流暴发，但暴发规模、冲出泥沙量相较于 20 世纪末明显减少。20 世纪 70～80 年代，小江流域泥石流频发，沿线公路、铁路等基础设施被毁坏，随着时间的推移，蒋家沟河床被抬高，河流沟床比减小，泥石流暴发必要的地形条件受到了限制，加之物源补给量减少，大量泥石流还未运动到达与主河的汇口就停止，在沟道内形成新的泥石流扇形地。蒋家沟泥石流堆积区发生溯源后退，历史上的泥石流流通区逐渐成为新的泥石流堆积区。曾经的泥石流堆积区由于没有充足的泥石流物源补充，危害范围逐渐变小。在自然状态下，逐渐长出草本植物甚至是低矮灌木。

野外调查发现，在蒋家沟泥石流流通区向下、靠近堆积区的地方，为了防治泥石流，人工修筑了排导槽，使得能到达蒋家沟下游的泥石流沿着排导槽流走，不再对其他堆积部分产生危害。排导槽加速了蒋家沟泥石流扇形地危害范围的退缩。扇形地上近年来没有泥石流危害的区域被人类开发、利用。在 21 世纪早期，蒋家沟泥石流堆积扇上种植了花生、水稻等农作物。近年来，蒋家沟泥石流堆积扇上也出现了厂房等工业设施。

2) 大白泥沟泥石流堆积扇危害范围演变特征

与蒋家沟相比，大白泥沟流域面积小，泥石流暴发规模小，形成的扇形地危害范围也较小。但从泥石流活动规模来看，近年来，大白泥沟每年仍能观测到泥石流活动，泥石流堆积范围也不断发生变化，通过解译计算不同时期大白泥沟泥石流堆积扇危害面积，结果见表 5-21。

表 5-21　大白泥沟泥石流扇形地危害面积

年份	实际影像获取时间	面积/km²	年份	实际影像获取时间	面积/km²
1987	1988 年 5 月 1 日	1.865	2002	2003 年 4 月 9 日	1.585
1988	1989 年 3 月 17 日	1.209	2004	2004 年 6 月 30 日	1.423
1989	1990 年 4 月 21 日	1.866	2005	2005 年 8 月 4 日	1.357
1990	1991 年 2 月 19 日	1.815	2006	2007 年 4 月 20 日	1.193
1992	1992 年 8 月 16 日	1.744	2007	2008 年 4 月 6 日	1.503
1993	1993 年 12 月 25 日	1.448	2009	2009 年 8 月 31 日	1.256
1996	1996 年 10 月 30 日	1.556	2010	2010 年 12 月 24 日	1.445
1999	1999 年 12 月 2 日	1.606	2011	2011 年 7 月 20 日	1.483
2000	2001 年 4 月 3 日	1.527	2013	2013 年 10 月 13 日	0.928
2001	2002 年 4 月 6 日	1.419			

分析表 5-21 发现，在近 30 年内，大白泥沟泥石流扇形地危害范围总的危害范围呈现逐渐减小的趋势。危害面积最大出现在 1989 年，为 1.866km²，最小出现在 2013 年，为 0.928km²，波动小，最大危害面积与最小危害面积之差为 0.938km²。对比表 5-20 和表 5-21

发现，大白泥沟泥石流扇形地危害范围和蒋家沟泥石流扇形地危害范围在近 30 年内都是退缩的，但总的来看，蒋家沟泥石流扇形地危害范围退缩速率比大白泥沟大。将表 5-21 数据进行变化趋势分析，得到如图 5-37 所示的大白泥沟泥石流扇形地危害范围面积变化趋势图，从图上可以发现，大白泥沟泥石流扇形地出现线性退缩趋势。

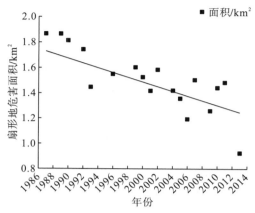

图 5-37　大白泥沟泥石流扇形地危害范围面积变化

　　通过结合分析收集整理的野外资料发现，近年来大白泥沟泥石流暴发仍很频繁，泥石流在堆积扇上形成的危害范围也在不断变化。分析近 30 年的变化情况发现，大白泥沟泥石流扇形地危害范围总体趋势是退缩，但退缩速度较蒋家沟退缩速度小。大白泥沟泥石流冲出沟口后，由于正对岸山体阻挡，沿原有方向运动延伸受阻，沿主河向下游扩展延伸较快。泥石流暴发后，大白河河床位于大白泥沟以下部分被抬升，主河被阻断，形成堰塞湖。大白河上游来水淤满，堰塞湖溃决，新的河道形成。因此，通过遥感影像解译，能明显发现近 30 年间，大白泥沟下游的大白河主河河道呈游荡性变化。

　　大白泥沟泥石流冲出沟口形成的冲积扇沿主河下游扩展范围大，是很好的河滩地土地资源。野外调查发现，近年来，在大白泥沟泥石流堆积扇上靠近主河上游区域，人工移植了很多低矮灌木，并开垦出了一定面积的土地用于农业生产。同时，为了保护这些设施，人为利用大白泥沟扇形地上的泥沙，沿泥石流出山口至主河汇口建起约 2m 高的挡墙，人为引导泥石流运动；在大白泥沟沿主河向下扩展形成的滩地也被开发利用，开垦出大面积农田，并建设了房屋设施，发展农业、牧业；建设了农家乐等旅游设施，开发泥石流滩地旅游资源。同时，为了保护这些设施，在滩地靠近主河地区，人为建起约 2m 高的水泥挡墙，在挡墙内移种了大量桉树，形成了一定规模，对滩地起到保护作用。

5.7.3　堆积扇危害范围演变的影响因素

1. 气候变化对堆积扇危害范围演变的影响

　　气候变化对泥石流灾害的形成具有重要影响，这影响主要来自降雨。降雨是触发泥石流灾害最重要的因素(赵俊华，2004)。短历时的突发的暴雨、长时间的连绵不断的小雨都能触发泥石流(陈宁生等，2011)。降雨量的多少影响泥石流物质的来源和形成泥石流的径流量大小。目前，关于降雨和泥石流关系的研究较多，包括分析前期降雨量、24h 降雨量或平均降雨量对泥石流形成的贡献（崔鹏等，2003b；Cui et al.，2008；Cannon and Gartner，2008），以及降雨的空间分布与泥石流沟的分布关系（高克昌等，2007）等。庄建琦等（2009）通过对蒋家沟 30 场泥石流观测资料的分析得出，在计算泥石流总量时，降雨特征是必须要考虑的因子。

为了研究泥石流扇形地危害范围的变化与其相关影响因子之间的关系，考虑年降雨量对危害范围的影响，选用东川气象站 1987～2013 年测量的新村地区年降雨数据，分析降雨与蒋家沟、大白泥沟泥石流危害范围变化的关系。

近年来，全球气候逐渐变暖，极端天气出现频率变高。根据新村气象站观测资料，近30 年，小江流域东川地区气温呈升高趋势，降雨明显减少，地表年蒸发量增大。特别是在 2009 年，云南地区遭受严重干旱，地下水补给受到影响，地表蒸发大，地下水水位下降明显。充足的水源是泥石流发生的重要因素，因此，随着气候的变化，特别是降雨量的减少，小江流域泥石流暴发次数在减少，规模也在减小。图 5-38 和图 5-39 分别描绘了1987～2013 年蒋家沟和大白泥沟泥石流堆积扇危害范围与小江流域年降雨量的变化趋势。

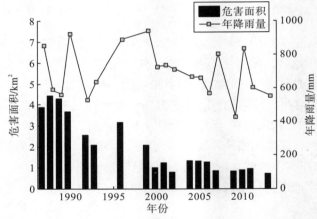

图 5-38　蒋家沟泥石流堆积扇危害范围面积与年降雨量变化图

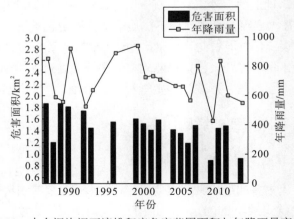

图 5-39　大白泥沟泥石流堆积扇危害范围面积与年降雨量变化图

从图 5-38 可以明显看出，蒋家沟泥石流危险范围是在逐渐减小的，但在这段时期内，小江流域降雨量整体呈增减相交的波动变化，局部减小变化明显。2000 年后的年降雨量总体少于 2000 年前的年降雨量；2000 年后泥石流堆积扇危害范围面积也小于 2000 年前泥石流堆积扇危害范围面积。分析图 5-39 发现，大白泥沟泥石流扇形地危害范围变化趋势与小江流域年降雨量变化趋势接近，呈现增减交替变化。可见，年降雨量对泥石流扇形地危害范围发育变化产生了影响。

　　进一步分析蒋家沟泥石流、大白泥沟泥石流扇形地危害范围面积与年降雨量的关系，并计算它们之间的相关性，结果如图 5-40 和图 5-41 所示。由图 5-40 结果计算可知，蒋家沟泥石流扇形地危害面积与年降雨量相关性差，为 0.179；由图 5-41 结果计算可知，大白泥沟泥石流扇形地危害面积与年降雨量呈正相关关系，相关系数为 0.545。年降雨量的大小影响泥石流暴发的规模和频率。降雨丰沛的年份，泥石流暴发频繁，泥石流在堆积区形成的危害范围不断变化，特别当出现极端暴雨时，会暴发较大规模的泥石流灾害，下游区堆积扇被淹没，严重时主河被阻断，形成堰塞湖。此时，扇形地上的人类生产活动用地被严重破坏，造成巨大的经济、财产损失。在降雨较少的年份，泥石流活动性减弱，泥石流暴发频率降低，暴发规模减小，冲出的泥石流物质对扇形地影响小，形成的破坏范围也较小，甚至很难到达堆积区。

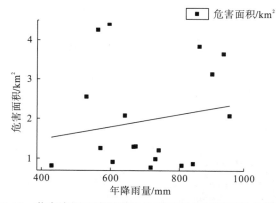

图 5-40　蒋家沟泥石流堆积扇危害面积与年降雨量变化趋势

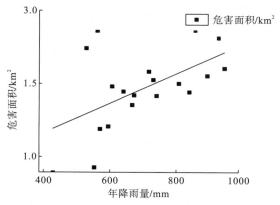

图 5-41　大白泥沟泥石流堆积扇危害面积与年降雨量变化趋势

通过数据分析发现,蒋家沟泥石流和大白泥沟泥石流扇形地危害范围与年降雨有相关关系,但两条沟危害范围与年降雨量的相关性差别大。野外实地调查发现,近年来蒋家沟泥石流活动处于休眠期,泥石流暴发规模较小,很多泥石流活动在中上游沟内就逐渐停止、淤积,很少有泥石流物质冲出沟口,对堆积扇产生破坏。原有的泥石流扇形地在自然状态下,逐渐生长出低矮灌木,使得扇形地上的危险性和危险范围减小。同时,长期不受泥石流破坏的扇形地也是山区人类活动的重要土地资源。从 20 世纪末蒋家沟泥石流活动减弱开始,人类在蒋家沟泥石流扇形地上的生产活动逐渐增多。近年来,蒋家沟泥石流扇形地的开发利用已形成一定规模。大白泥沟是位于小江流域中游的一条活跃的泥石流沟,近年随着气候变暖,泥石流暴发频率降低,规模减小,但每年仍有泥石流灾害发生,下游泥石流堆积扇仍受到泥石流灾害的威胁,泥石流扇形地的开发利用较少。

2. 人类活动对堆积扇演变的影响

泥石流扇形地是山区人类生产生活的重要场所,山区居民在泥石流扇形地上开垦农田,种植庄稼,建造房屋,很多交通要道也经过泥石流扇形地。人类在开发、利用泥石流扇形地土地资源的同时,也影响着泥石流的活动。通过建造拦挡坝、修筑排导槽等防治工程,人为引导泥石流活动,减弱了泥石流灾害对人类活动的影响,保护了在泥石流扇形地上开发的土地资源。

小江流域泥石流灾害频繁,给东川地区的农业生产和交通建设带来很大威胁。从 20 世纪末开始,在泥石流频发的大小白泥沟、老干沟、蒋家沟等进行了泥石流防治和封山育林、"长防"林建设工程、天然林保护工程、部分退耕还林还草工程等水土保持措施。在泥石流常发生的沟道建设排导槽,人为引导泥石流运动,降低泥石流危害(图 5-42)。对林地实行禁牧禁伐,对大面积的荒山荒坡实行封禁治理管护和防护林建设,对自然坡度大于 25°的部分耕地实施退耕还林还草等。

图 5-42　泥石流沟内的工程防护措施

近几年,小江流域泥石流暴发频率降低,破坏性减小,可见,前期的泥石流治理工程取得了一定实效。对泥石流扇形地土地资源的开发与保护也取得了收益。本书野外调查发现,在蒋家沟扇形地、大白泥沟扇形地上,周围居民建立起了房屋,开垦出了农田(图 5-43),在取得经济收益的同时,也对泥石流扇形地进行了保护,使得小江流域泥石流扇形地危害范围出现明显的退缩。

图 5-43 大白泥沟扇形地上开垦的农田

5.7.4 堆积扇危险性评估模型计算

根据上文提出的泥石流扇形地危险性评估模型对大白泥沟泥石流堆积扇进行危险性评估。为了便于运算，所有评估参数均统一到同一坐标系下，且所有要素均采用统一的数据结构、统一的格网，使其空间综合转化为可用于计算的多维矩阵。具体过程如下。

（1）理想状态下扇形地危险性分布。以 ArcGIS 为平台，选取泥石流出山口两山山脚连线与其垂直平分线的交点位置作为扇顶，利用栅格计算器计算扇形地极径长和极角，建立理想状态下大白泥沟扇形地危险性分布，然后利用 resample 工具将计算结果重采样为像元大小 30m 的栅格数据，利用颜色变化表示理想状态下大白泥沟扇形地危险性关系（图 5-44），距离扇顶越近，危险性越大，反之，危险性越小。

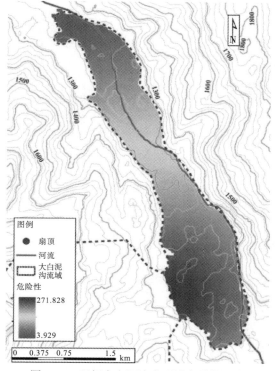

图 5-44 理想大白泥沟扇形地危险性分布

(2)扇形地泥石流危害频率计算。获取大白泥沟地区 1987～2013 年的遥感影像，剔除不可用数据，较均匀地选取 19 期可利用 TM 遥感影像，对影像进行正射校正和辐射校正处理，将其统一到同一坐标系下，以 ENVI5.2 遥感处理软件为平台，利用面向对象图像分类技术，通过定义扇形地特征，对遥感影像进行图像分割和分块合并，分别从 19 期影像上提取大白泥沟扇形地泥石流危害区域。结果发现，1987～2013 年，大白泥沟泥石流扇形地发生了动态变化。将提取的泥石流扇形地动态变化结果进行叠加，根据式(5-7)计算扇形地每个位置受泥石流危害的频率，最后将计算结果在 ArcGIS 中重采样为像元大小 30m 的栅格数据(图 5-45)。

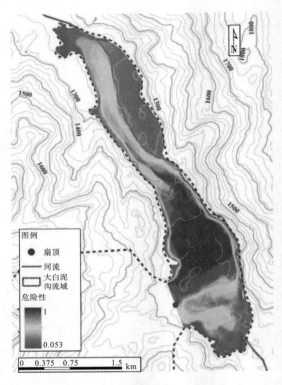

图 5-45　大白泥沟泥石流危害频率分布

(3)扇形地泥石流危险性修正。将上述理想状态下泥石流扇形地危险性分布计算结果与扇形地泥石流受灾概率计算结果利用 ArcGIS 栅格计算器进行代数乘积运算，修正泥石流扇形地危险性计算公式，所得结果利用 resample 工具重采样为像元大小 30m 的栅格数据(图 5-46)。

扇形地上植被生长情况能定性反映该泥石流沟泥石流暴发频率高低，同时可间接反映扇形地受泥石流危害的大小。泥石流扇形上若有稀疏植被，说明该区域很长时间内没有受到泥石流灾害威胁，同时，如果长出的植被茂盛，说明其受泥石流灾害影响较小。反之，对于没有植被覆盖的区域，说明其受泥石流灾害威胁较严重。归一化植被指数(normalized difference vegetation index，NDVI)通过增加近红外波段范围绿叶的散射和可见光红波段范围叶绿素吸收的差异来反映植被生长情况。因此，可通过计算大白泥沟扇形地 NDVI 来间接验证本书扇形地危险性评估模型。

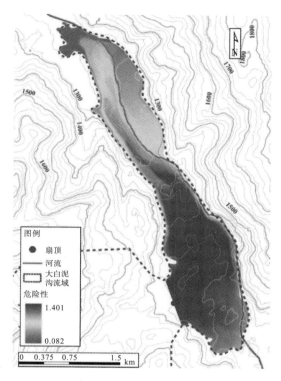

图 5-46　修正后的大白泥沟扇形地危险性分布

利用 ENVI5.2 软件，计算获取的 1987～2013 年的 19 期遥感影像中大白泥沟扇形地区域的 NDVI，通过 ArcGIS 软件分析工具计算出 19 期影像的平均 NDVI（图 5-47）。通过对比图 5-46 和图 5-47，结果基本吻合，即对于大白泥沟扇形地，出山口右岸 1987～2013 年平均 NDVI 较大，说明受泥石流危害较小；出山口左岸 1987～2013 年平均 NDVI 较小，说明受泥石流危害大。同时，对于大白泥沟扇形地左岸距泥石流出山口较远地区，1987～2013 年平均 NDVI 比距出山口较近的区域大，这说明提出的模型与实际的情况比较吻合。

为了进一步对本书危险性评估模型进行验证，2015 年作者进行了实地勘察，并结合实际情况对大白泥沟扇形地平均 NDVI 计算结果进行了分类（图 5-48）。NDVI＜0 的区域，没有植被生长，危险性最高；0＜NDVI≤0.2 的区域，在一段时间内没有受到泥石流浆体淹没，地表长出酸浆草等草本植物；0.2＜NDVI≤0.3 的区域，很长一段时间内没受到泥石流灾害威胁，出现半米高的低矮灌木；0.3＜NDVI≤0.5 的区域，是人类开发利用泥石流扇形地土地资源的主要区域，出现了大量人工移栽的人工林，并形成了一定规模。

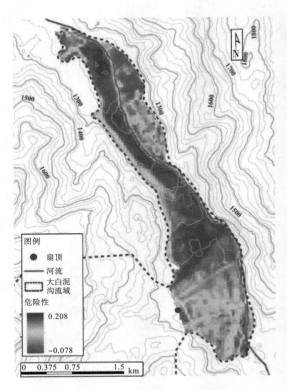

图 5-47　大白泥沟扇形地平均 NDVI

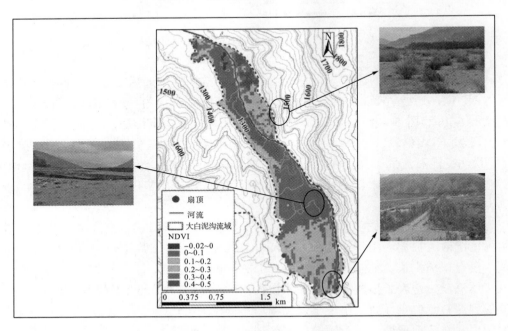

图 5-48　大白泥沟扇形地平均 NDVI

　　结合图 5-46 和图 5-47 分析发现，对于大白泥沟泥石流扇形地，高危险性区域集中在泥石流出山口附近，且左岸危险性大于右岸，下游区域危险性高于上游。受小江主河的影响，泥石流物质出山后偏向下游运动，使得下游冲淤明显，危险性较高。随着距离泥石流出山口位置变远，泥石流危险性逐渐减小，泥石流物质逐渐堆积形成台地，可用于农业生产。另外，近年来由于西南地区干旱少雨，大白泥沟泥石流暴发频率降低，大白泥沟扇形地人类活动加剧，在泥石流出山口右岸，周围村民种植了大量庄稼和树木，合理利用了泥石流扇形地土地资源。

5.8　小　　结

　　本章整合了小江流域内与泥石流的发生息息相关的各类数据和资料，基于当地多年雨季降雨量数据对当地的危险性进行评价，为流域内泥石流的预测与防护提供依据。分析了引起泥石流发生的静态因子条件与动态因子条件，将这两项数据归一化并利用灰色关联度法计算其权重值，得到小江地区动态泥石流危险性等级分区图。主要结论如下：

　　(1) 对比了层次分析法和信息量法对小江地区静态因子所做的静态易发性的差异，通过对静态易发性结果的 ROC 曲线判断，发现信息量法相较于层次分析法 AUC 值更小，因此本书将信息量模型的结果作为静态易发性的结果，从而使评价结果客观、合理。

　　(2) 选择降雨因子作为泥石流危险性评价的动态因子，选择雨季降雨量作为小江流域动态易发性判断的动态因子，开展了泥石流动态危险性评价。选取了人口密度、GDP 密度和土地利用方式三个因子分别代表当地的人口、经济和环境承载体，利用三年的数据对当地的易损性进行了动态评估。将动态危险性与动态易损性结合，最终得到小江流域 2005 年、2010 年、2015 年的动态风险性评价结果。结果显示小江流域中部与北部地区的风险性较高，这与当地人口分布密集、经济发达有直接关系，而南部地广人稀，风险性相对较低，以中低风险地区为主。从时间角度上来看，小江流域的风险性分布受降雨、人口密度、GDP 密度与土地利用方式影响明显，当地的风险性会随着时间的变化而产生较大的差异，尤其是流域南部地区。

　　(3) 基于扇形地几何特征和遥感影像解译结果，建立了泥石流扇形地危险性评估模型，应用于小江流域蒋家沟和大白泥沟的扇形地危险性评价研究中。结果显示泥石流扇形地上越靠近扇顶的地方危险性越大。除此之外，结合遥感影像解译结果，泥石流扇形地上的危险性随着每次泥石流冲出山后在旧堆积扇上的展布范围而变化。长时间无泥石流堆积的地方，泥石流危险性逐渐减小，甚至随着时间的推移，危险性较小的扇形地上长出了草本植物、低矮灌木等。

第6章 小流域泥石流风险分析

6.1 崩滑体稳定性分析方法

泥石流物源主要由土源或砂石组成，而我国震区小流域内崩塌和滑坡堆积体(统称崩滑体)为主要物源。崩塌和滑坡本是两种不同类型的地质灾害，但在地震作用下，崩塌与滑坡灾害时常相伴而生，形成丰富的松散固体物质，为泥石流的发生和补给提供充足的物源。崩滑体在补给泥石流的过程中，流动和滑动是最常见的方式，其补给过程可划分为"突发型"和"缓慢型"两种(郭晓军，2016)。"突发型"因崩滑体形成的大量松散物源直接液化形成泥石流，具有补给迅速的特点。"缓慢型"发生前流域内已分布有大量崩滑体松散物源，因降雨初期，累积降水量不足导致水动力小，崩滑体松散物源大多堆积于沟道内。随着降水量逐渐增大，汇水动力段汇水面积及沟谷坡降大，流域坡面径流迅速汇流至沟道中，并形成洪峰。高速行进的洪流不断冲刷淘蚀沟道内大量松散堆积物，诱发崩滑体失稳补给沟道泥石流，其特点是形成泥石流需要较长时间，且多为低频泥石流。

在斜坡体失稳方面，大量研究表明斜坡体失稳的过程与降雨引起的土体内部孔隙水压力变化息息相关(Iverson and Major，1986；Polemio and Petrucci，2000；Rahardjo et al.，2008；周云涛等，2016；郭晓军，2016；Ibrahim et al.，2018)。国内外诸多学者通过研究斜坡体失稳的力学过程对其机理进行深入研究，主要采取现场检测、模型试验或数值模拟手段进行，目的在于揭示斜坡体失稳的机理。Iverson 等(1997)通过水槽试验得知斜坡体内部的孔隙水压力突变是导致斜坡体失稳的主要原因之一；Tecca 等(2003)和陈晓清等(2006)通过原位试验也证实了该观点。部分学者通过数值模拟研究了土体入渗时水分的实时动态情况，研究表明土体水分变化是引起土体基质吸力减小的主要原因，进而降低土体抗剪强度诱发斜坡体失稳(Blatz et al.，2004；Collins and Znidarcic，2004)。部分学者还通过相关案例研究斜坡体失稳时的稳定性变化过程，如 Bordoni 等(2015)对非饱和土壤的水文特性进行连续监测，应用浅层滑坡失稳预测(Shallow Landslides Instability Prediction，SLIP)模型分析含水率、孔隙水压力和水文滞后现象对斜坡体安全系数的影响，得出斜坡体失稳与土壤有效内聚力有关，是触发斜坡体失稳的关键因素之一。

为了预测由降雨引起斜坡失稳而形成的崩滑体，研究者提出了几种知名的物理模型，包括稳态水文模型 SHALSTAB(Shallow Landslide Stability Model)(Montgomery and Dietrich，1994)和 SINMAP(Stability Index Mapping)(Pack et al.，2005)、准稳态水文模型 dSLAM(A distributed, physically based slope stability model)(Wu and Sidle，1995)和 IDSSM(Integrated Dynamic Slope Stability Model)(Dhakal and Sidle，2003)、瞬时水文模型 TRIGRS(Transient Rainfall Infiltration and Grid-based Regional Slope-stability)(Baum et al.，2002)。SHALSTAB 模型和 SINMAP 模型都是基于假定稳态水文条件提出的针对浅层滑坡

稳定性，并未考虑降雨入渗引起瞬态孔隙压力变化的影响。Zhuang 等(2017)对 TRIGRS 模型和 SINMAP 模型进行比较分析，TRIGRS 模型预测结果与实际观察基本一致，且误报率较低，而 SINMAP 模型准确率高达 71.4%，但其误报率较高，导致模型可靠度很低。同时，TRIGRS 模型的最大优势在于结合了理查兹(Richards)方程解析与无限边坡稳定性分析的方法，可以模拟计算不同降雨时空尺度下坡体任意深度处的稳定性。该模型对降雨入渗过程和斜坡体失稳过程进行了耦合，可以较好地预测由降雨引起斜坡的失稳过程。但是，该模型假设入渗率恒定使得模拟结果产生较大的压力水头，并过高地预估了潜在的土壤破坏性，因此，需要对 TRIGRS 模型采取进一步的改进措施。

6.1.1　TRIGRS 模型简介及模型的基本方程

TRIGRS 模型是美国地质调查局开发的基于栅格的降雨诱发型斜坡稳定性计算模型 (Baum et al.，2002)，它不但可以分析地层饱和或张力饱和时的浅层滑坡，而且可以分析非饱和地层雨水入渗造成地下水位线抬升时产生的浅层滑坡。相较于其他崩滑体稳定性分析模型，结果均显示 TRIGRS 模型是评估区域尺度上降雨诱发滑坡稳定性的优选模型 (图 6-1)。

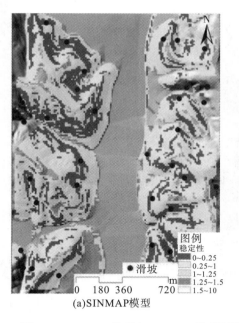
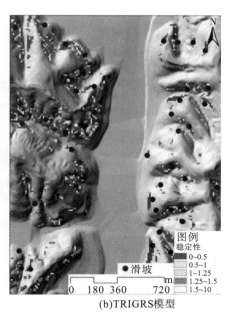

图 6-1　SINMAP 模型和 TRIGRS 模型预测滑坡稳定性对比图(Zhuang et al.，2017)

在泥石流危险性分析中，物源的补给决定着泥石流的规模大小，而 TRIGRS 模型可以有效解决崩滑体何时何地补给多少固体物质汇入泥石流中的问题。该模型以无限边坡为基础，基于栅格的降雨诱发型滑坡稳定性计算模型。其最大优势在于结合了 Richards 方程解析解与无限边坡稳定性分析的方法，可以模拟计算不同降雨时空尺度下坡体任意深度处的稳定性。Richards 方程为

$$\frac{\partial \psi}{\partial t}\frac{\mathrm{d}\theta}{\mathrm{d}\psi} = \frac{\partial}{\partial x}\left[K_{\mathrm{L}}(\psi)\left(\frac{\partial \psi}{\partial x}-\sin\alpha\right)\right] + \frac{\partial}{\partial y}\left[K_{\mathrm{L}}(\psi)\left(\frac{\partial \psi}{\partial y}\right)\right] + \frac{\partial}{\partial z}\left[K_{\mathrm{Z}}(\psi)\left(\frac{\partial \psi}{\partial z}-\cos\alpha\right)\right] \quad (6\text{-}1)$$

式中，ψ 为地下水压力水头（m）；θ 为土壤体积含水量（%）；K 为导水率（m/h），其中 K_{L} 表示横向方向的导水率，K_{Z} 是坡面法线方向的导水率；t 为时间（h）；α 为坡角（°），$0°\leqslant$ $\alpha<90°$。

$$\psi(Z,t) = [Z-d]\beta + 2\sum_{n=1}^{N}\frac{I_{nz}}{K_{\mathrm{Z}}}\left\{H(t-t_n)\left[D_1(t-t_n)\right]^{1/2}ierfc\left[\frac{Z}{2\left[D_1(t-t_n)\right]^{1/2}}\right]\right\}$$
$$-2\sum_{n=1}^{N}\frac{I_{nz}}{K_{\mathrm{Z}}}\left\{H(t-t_{n+1})\left[D_1(t-t_{n+1})\right]^{1/2}ierfc\left[\frac{Z}{2\left[D_1(t-t_{n+1})\right]^{1/2}}\right]\right\} \quad (6\text{-}2)$$

$$ierfc(\eta) = \frac{1}{\sqrt{\pi}}\exp\left(-\eta^2\right) - \eta erfc(\eta) \quad (6\text{-}3)$$

$$F_{\mathrm{s}}(Z,t) = \frac{\tan\phi'}{\tan\delta} + \frac{c'-\psi(Z,t)\gamma_{\mathrm{w}}\tan\phi'}{\gamma_s Z\sin\delta\cos\delta} \quad (6\text{-}4)$$

式中，ϕ' 是有效内摩擦角；$Z=z/\cos\delta$，Z 在地面以下沿纵坐标方向（正向下）的深度（以水平面为 x 轴的直角坐标系），z 是与坡面垂直向下方向（以坡面为 x 轴的直角坐标系），δ 为坡度角（°）；ψ 为地下水压力水头（m）。

$$\frac{\partial \psi}{\partial Z}(0,t) = \frac{-I_z}{K_{\mathrm{sat}}} + \cos^2\alpha \quad 如果 \quad \psi(0,t)\leqslant 0 \quad 且 \quad t<T \quad (6\text{-}5)$$

$$\psi(0,t) = 0 \quad 如果 \quad \psi(0,t)>0 \quad 且 \quad t<T \quad (6\text{-}6)$$

$$\frac{\partial \psi}{\partial Z}(0,t) = \cos^2\alpha \quad 如果 \quad t>T \quad (6\text{-}7)$$

式中，T 是降雨持续时间。

　　地下水压力水头和边坡稳定性模型均进行了相应的简化假设、近似和其他基础理论缺陷的限制。TRIGRS 模型基于瞬态垂直入渗模型和简单的边坡稳定模型，受到了模型中固有的限制。

　　（1）TRIGRS 模型假定在均质、各向同性土壤中流动，因此，应用于具有明显土壤各向异性或水文性质不均匀性的区域可能会导致解中的误差。

　　（2）TRIGRS 模型只能用于模拟一维垂直入渗，导致模型不适用于模拟降雨和蒸发交替作用下的长期影响。

　　（3）TRIGRS 模型对初始条件十分敏感，因此在参数输入时需要提供合理的参数值，错误的输入必将导致结果存在较大误差。

　　（4）TRIGRS 模型在进行径流演算时，未考虑地表蒸腾作用，且径流是瞬时发生的，因此径流仅考虑地表径流，不考虑地下水的补给作用。

　　（5）TRIGRS 或 TopoIndex 不包括用于校正和预处理 DEM，因此在地形参数和流向参数输入时，需要采用 ArcGIS 软件对 DEM 进行填注等预处理。

　　（6）TRIGRS 模型不推荐用于大于 60°的斜坡稳定性的预测，主要受斜坡稳定性模型的限制，当坡度大于 50°时，由于滑块厚度 $\delta\cos Z$ 随坡度变陡而减小，安全系数反而增大。

6.1.2　模型参数设置

在 TRIGRS 模型中，参数输入是重要的一环，所需要输入的参数较多，主要包括模型的控制参数、力学及水文参数、降雨参数、土层厚度等。该模型对参数十分敏感，其中模型的控制参数、力学及水文参数通过勘察工作和原位试验确定（表 6-1）。在此假设土层有效厚度与地形高程和坡度有关，其关系式如下：

$$m_i = m_{max} - \left(\frac{m_{max} - m_{min}}{z_{max} - z_{min}} \right) \cdot \left(z_i - z_{min} \right) \tag{6-8}$$

式中，m_{min} 和 m_{max} 为区域有效土层的最小深度和最大深度（m）；z_{min} 和 z_{max} 为区域最小高程和最大高程（m）；m_i 和 z_i 为区域中 i 点处的有效土层深度和高程（m）。

表 6-1　TRIGRS 模型需要确定的参数

参数	意义	说明	确定方法
DEM	数字高程模型	需确定栅格尺寸、行数、列数、分区	ArcGIS 软件预处理
力学参数	反映土壤力学性能的参数	土的黏聚力、内摩擦角、容重	原位试验、室内试验以及参考文献
水文参数	反映含水层或透水层水文地质性能的指标	入渗系数、水力扩散系数、降雨时空分布、水的容重、空隙水压等	原位试验、室内试验以及参考文献

上述参数，除了可参考《土工试验方法标准》（GB/T 50123—2019）、《岩土工程勘察规范》（GB 50021—2001）等传统手段获取，还可进一步采用原位土体入渗特征试验以及岩土体性质测定原位试验获取更为理想的数据，进而提高模型预测精度。

1. 原位土体入渗特征试验

原位土体入渗特征试验主要目的为确定流域内主要土地利用类型的土体下渗特征，需获取的参数为土壤渗透率 K_s 和孔隙水压变化率，其具体试验方法见图 6-2。实验设备主要为：①测量装置，即钢尺、秒表、记号笔、同心双环入渗仪（由直径为 35cm 和 50cm 的两个内外金属圆环组成，内外环高度均为 20cm）；②供水装置，即供水桶；③挖掘装置，即铁铲；④取样装置，即环刀 Φ61.8mm×20mm；⑤称重装置，即电子计重秤。

实验步骤为：①挑选合适的土地类型进行原位试验，并在选取点处进行 GPS[①]定位；②在该点附近挑选采样点进行采样，并进行编号标记，以便进行后期室内试验测量土样的天然密度（湿容重）、孔隙度、前期含水率、土体干容重；③用铁铲铲去测量点处的表层土体，露出目标层；④将内外两个圆环同心打入土中约 10cm，并在内外环距土体表面 3cm 处用记号笔标注；⑤试验前在环刀内铺 3～4cm，其目的是防止注水时将底部的沙层冲走；⑥两同心环同时注水，注水深度控制在距土体表面 3cm 处；⑦外环的作用是抑制内环水体测渗，需要时刻加水，而内环的作用是试验测量；⑧内外环分别用两个带刻度尺的水桶

---

① GPS 指 global positioning system，即全球定位系统。

供水，按照设定的时间间隔记录内环下渗的水量，连续记录内环供水量；⑨试验采用统一的时间标准，前 2min 每 30s 记录一次，2～30min 每 1min 记录一次，30min 以后每 2min 记录一次直至下渗率稳定，试验结束；⑩试验过程中按照表 6-2 进行记录。

图 6-2　原位土体入渗特征试验

表 6-2　试验数据记录表

时间 t/min	0	0.5	1	1.5	2	3	......	n
供水桶高度 H/cm								

2. 岩土体性质测定原位试验

本试验主要为原位推剪试验，用于测定岩土体本身的抗剪强度。选取不同土地类型进行试验。按照《土工试验规程——原位直剪试验》（SL 237—043—1999）规范要求进行试验改进（图 6-3），并基于极限平衡法推导岩土体的黏聚力 c 和内摩擦角 φ 的计算公式[式（6-9）、式（6-10）]。其中，剪切板尺寸选定为 50cm×30cm，试样体尺寸为 50cm×50cm×30cm。千斤顶的推力最大为 120kN，游标卡尺有效量程为 200mm，测量精度小于等于 ±0.5%F·S，压力传感器的量程为 20kN，测量精度小于等于 ±0.2%F·S。

其中，岩土体的黏聚力 c 和内摩擦角 φ 根据极限平衡法计算确定，公式如下：

$$c = \frac{F_{\max} - F_{\min}}{\sum\limits_{i=1}^{n} l_i \cos \alpha_i} \tag{6-9}$$

$$\tan \varphi = \frac{(F_{\max}/W)\sum\limits_{i=1}^{n} w_i \cos \alpha_i - \sum\limits_{i=1}^{n} w_i \sin \alpha_i - c\sum\limits_{i=1}^{n} l_i}{(F_{\max}/W)\sum\limits_{i=1}^{n} w_i \sin \alpha_i - \sum\limits_{i=1}^{n} w_i \cos \alpha_i} \tag{6-10}$$

式中，$F_{\max}$ 为最大水平推力（kN）；$F_{\min}$ 为峰值后最小水平推力（kN）；l_i 为第 i 条块土体沿破块面的长度（m）；α_i 为第 i 条块破坏面与水平面的夹角（°）；W 为破坏面上层土体的重量（kN）；w_i 为第 i 条块土体的重量（kN）。

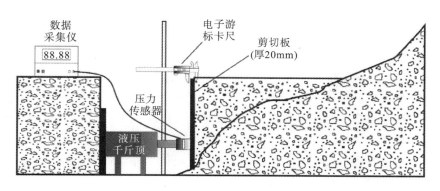

图 6-3　岩土体性质测定原位试验

本试验目的是通过原位推剪试验研究岩土体性质特征，为模型的数值模拟计算提供合理的参数值。具体试验方法如下。

（1）原位试验点位确定：对全流域主沟道进行踏勘后，选择比较方便且具代表性的试验点位，并用 GPS 定点。

（2）试坑开挖：铲除试验点位处的表层土体，并根据试验要求进行试样开挖，形成三个临空面（50cm×50cm×30cm）。

（3）仪器安装：于试验正面依次安装高强度剪切板、千斤顶、枕木、游标卡尺等，左右两侧用钢筋固定木板。

（4）预先加力：安装完毕后，摇动千斤顶进行预加力，使剪切板固定于试样表面。

（5）设备调试：对压力传感器和位移测量仪器进行调试并进行归零处理，调试完后，均匀摇动千斤顶开始试验。

（6）数据记录：用摄像机记录压力传感器和游标卡尺读数变化，直至压力传感器读数变化稳定时结束试验；结束试验后，测量破裂面的倾角，并对照压力读数视频和位移读数视频读取相对应的数值。

6.2　小流域泥石流水文计算模型

水文模型主要分为集总式水文模型与分布式水文模型，在泥石流水文计算中以分布式水文模型为主。分布式水文模型的概念最初于 1969 年首次提出，随着 3S 技术日新月异，模型逐渐发展到与数字高程模型相结合，通过分布式水文模型计算求解模型偏微分方程来定量描述水文循环的过程和时空变化情况。目前具有代表性的分布式水文模型有 SHE 模型（System Hydrological European）、IHDM 模型（Institute of Hydrology Dirstributed Model）、SWAT 模型（Soil and Water Assessment Tool）、HEC-HMS 模型（The Hydrologic Engineering Center's-Hydrologic Modeling System）等（徐宗学和程磊，2010）。因地形地貌因子和水文因子的空间异质性，在分布式水文计算过程中，需要对数字高程模型进行离散化，主要将其划分成规则网格或不规则的三角形网格或曲面网格，并假设网格内物质以流体的形式在各网格之间转移，这种假设符合自然界中因下垫面的迥异和降雨时时空异质性导致的流域产汇流高度非线性的特征。相较于集总式水文模型，分布式水文模型所具备的物理意义更接近于客观世界，可以更好地描述和模拟水文循环过程(徐宗学和程磊，2010；Devia et al.，2015)。因此在气候水文响应、水资源管理、洪水淹没模拟、面源污染等重大科学问题上，首选分布式水文模型进行解决，并获取了良好的效果。

分布式水文模型的主体模块可以分为降雨损失模块、产流模块和汇流模块三种。产流模块一直都是水文模型的核心研究内容，其基本模式分为与降雨强度无关的蓄满产流和与降雨强度有关的超渗产流两种模式，这均与土壤入渗息息相关。Horton(1935)提出产生地面径流的必要条件是降雨强度大于土壤入渗能力。目前，在水文模型中应用较多的入渗模型有 Green-Ampt 模型(Green and Ampt，1911)、Richards 模型(Richards，1931)、Horton 入渗模型(Horton，1941)和 SCS 模型(Mishra and Singh，2003)。山区沟道内常年干涸，其孔隙结构复杂多变，导致其入渗特征与一般土壤不同。同时，山区平均坡度超过 40°，土层较薄，导致现有的模型(如 Green-Ampt 模型和 Horton 模型)不能较好地应用于山区。而 Richards 根据达西定律和质量守恒规律推导出了描述非饱和渗流问题的严格数学物理模型，可较好地应用于山区沟道内的土壤入渗计算，但其困难在于模型的数值解算。对此，众多知名学者采取了不同方法对其进行求解，如张华等(2003)选取 Philip 和 Parlange 提出的数解对非饱和土入渗进行了数值模拟，结果良好；Gottardi 和 Venutelli(1993)提出了 Richards 模型的非线性数值求解；Iverson(2000)提出了两种不同的线性数值求解方法等。SCS 模型由美国农业部土壤保持局提出，该模型是比较常用的产流模型，其简单易懂，输入的参数少，应用十分广泛。SCS 模型作为产流计算的核心模型，应用于风靡全球的 SWAT 模型中，奠定了该模型的通用基础。

根据物理过程描述的不同，汇流计算方法总体上可分为以下两类(刘昌明，1978；郭晓军，2016；申红彬等，2016)。①水文学方法。将所需计算的研究区域视作黑箱或灰箱系统，通过一系列的分析方法来构建输入与输出之间的响应函数，如径流系数法、单位线法、线性水库法及非线性水库法。水文学方法尚未将流域汇流的时间序列及其物理过程考虑周全，尽管数值模拟结果与实际相符也无法说明其内在机理，应用于泥石流汇流过程时，无法确定泥石流物质补给量、补给时间等，将给数值计算带来一系列困难。②水动力学方法。其主要采取圣维南(Saint-Venant)的连续方程(简称 Saint-Venant 方程组)和动力方程(Toupin，1965)，对其进行求解获取方程的析解，进而描述坡面流过程。根据不同的简化形式，Saint-Venant 方程组可分为动力波方程、运动波方程及扩散波方程(Woolhiser and Liggett，1967)。Saint-Venant 方程组可以很好地阐述流域汇流的物理过程，其方程推导基于质量守恒和动量守恒定律，可应用于泥石流运动过程，其难点在于该方程的数值解法。目前，Saint-Venant 方程组的数值求解方法有很多，如近似解、解析解、有限元法、离散化法、霍顿-依泽德法等，众多方法各有优劣。

目前，小流域泥石流水文计算模型还处于探索阶段，还存在着一些亟待突破的问题，尤其是地震灾区的泥石流汇流过程与常见的泥石流汇流过程相差巨大。Lin 等(2006)指出1999 年集集地震的发生对后续台风期间泥石流的发生具有显著的影响；Zhu 等(2011)指出2008 年汶川地震的发生对后续强降雨期间泥石流的规模和频率具有显著的影响。地震往往诱发大量崩滑体，在泥石流汇流过程中，通过重力侵蚀的作用补给泥石流，对泥石流逐级放大(胡凯衡等，2010a)。纵观国内外研究现状，少有考虑崩滑体补给泥石流的汇流模型。Chiang 等(2012)提出了一种耦合模型，用以模拟台湾地区强台风引起的山体滑坡及泥石流，通过假定均匀流动条件、忽略回水效应，以及侵蚀和沉积的单元格模型，导致对泥石流的数值模拟结果精度较低，且不能很好地描述泥石流的汇流过程。Gregoretti 等(2016)基于 GIS 栅格模型和分布式计算方法模拟了泥石流在堆积扇上的运动过程，该模型能较好地解决陡坡和不规则地形条件下的突变问题，且计算时间短，可以很好地应用于泥石流淹没范围的预测分析。但是，该模型仅考虑了泥石流在堆积扇上的运动过程，并未考虑泥石流的汇流过程。为填补该领域的空白，综合前人的研究成果，笔者基于崩滑体失稳和分布式水文模型计算的方法，建立考虑侵蚀分区的泥石流汇流模型，该模型可综合考虑崩滑体、坡面物源及沟道物源对泥石流汇流过程的影响。

　　基于第 5 章可知，坡面补给方式中崩滑体补给泥石流是本次研究的核心内容，因此展开崩滑体稳定性分析是泥石流汇流模型研究的前提。在崩滑体失稳方面，如今普遍认为崩滑体失稳的过程与降雨引起的土体内部孔隙水压力变化有关。国内外学者为了预测由降雨引起崩滑体失稳，提出了诸多知名的物理模型。在 1.2.1 章节中对目前的研究现状进行讨论，如 SHALSTAB、SINMAP、dSLAM、IDSSM 和 TRIGRS 等模型，均是目前常用的水土耦合模型，可以较好地模拟坡体稳定的变化。不少学者对上述模型进行对比分析，如 TRIGRS 模型与 LISA(Morrissey et al.，2001)、SHALSTAB(Sorbino et al.，2010)、SLIP(Montrasio et al.，2011)及 SINMAP(Zhuang et al.，2017)模型进行对比，结果均显示 TRIGRS 模型是评估区域尺度上降雨诱发滑坡稳定性的优选模型。Zhuang 等(2017)对 TRIGRS 模型和 SINMAP 模型进行比较分析可知，TRIGRS 模型预测结果与实际观察基本一致，且误报率较低，而 SINMAP 模型准确率高达 71.4%，但其误报率也同样高，导致模型可靠度很低。许多知名学者还以 TRIGRS 模型为例，分析了降雨对浅层滑坡启动的瞬态影响，应用到不同区域进行案例分析验证，均得到了十分理想的结果。Godt 等(2008)将其应用于美国西雅图地区；Kim 等(2010)将其应用于韩国 Gyemyeong(高兴郡)山区。

　　综上所述，TRIGRS 模型不仅可以预测分析地层饱和时浅层滑坡的稳定性，而且可以预测分析张力饱和时浅层滑坡的稳定性。因此，本书进行崩滑体稳定性分析时，主要选取 TRIGRS 模型对其进行预测分析，以此获取崩滑体补给泥石流的深度和时间，有关 TRIGRS 模型详情见 6.1 章节。

6.2.1　模型假设

1. 模型构建的主要部分

(1)基于圣维南(Saint-Venant)方程组构建泥石流汇流模型的质量守恒方程。

(2)考虑水力侵蚀、重力侵蚀及沟道侵蚀的影响，即坡面漫流及泥沙、崩滑体物源和沟道物源对泥石流的补给量，建立泥石流汇流模型的入流量方程。

(3)基于 Saint-Venant 方程组构建泥石流汇流模型的动量守恒方程。

(4)考虑流速的时空尺度变化下的泥石流汇流模型的出流量方程。

目前，Saint-Venant 方程组的数值求解方法有很多，如近似解、解析解、有限元法、离散化法、霍顿-依泽德法等，众多方法各有优劣。本模型主要是基于 GIS 的网格模型，故笔者主要采取离散化法的有限差分方法对模型进行求解，该方法同样是将网格划分成规则的网格，可使其划分的网格大小与 DEM 单元格的大小相匹配，进而大大缩短其计算时间，提高数值模拟的效率。

2. 模型的基本假设

泥石流汇流模型是基于 Saint-Venant 方程组而建立的，其基本方程为质量守恒方程和动量守恒方程，推导 Saint-Venant 方程组的基本假设及推导泥石流汇流方程中其他方程的基本假设如下。

(1)假设沟床的高程仅随沿程变化而不随时间而变化。

(2)假设固液混合物为单相连续体。

(3)假设流体在断面处沿宽度方向上水平一致，即流动表面为水平的。

(4)假设流体高程和沟床底部高之差的坡度很小，仅考虑沟床底部坡度的影响，可以忽略流体高差变化的影响。

(5)假设相邻单元格之间的流体交换同时发生，且流动截面被认定为规则的矩形截面。

(6)假设计算单元格内流体体积是基于流深的函数。

(7)假设计算方法是显式的，且计算的时间步长确保满足 CFL（Courant-Friedrichs-Lewy）条件（Courant et al.，1967）。

(8)假设模型只考虑八个流动方向，且每个单元格仅有一个流出方向和多个流入方向（至多七个）。

(9)假设单位时间步长中的沉积体积不能大于减去流出后单元格内的固液混合物的体积。

(10)假设沟床低坡重力项与运动阻力项相等，可将 Saint-Venant 方程组中的动量守恒方程进行简化。

6.2.2　泥石流汇流模型基本方程

基于上述基本假设，为方便读者理解模型，在此采用离散化后的 Saint-Venant 方程组进行表述。其质量守恒方程的有限差分格式为

$$h_{i,j}^{m+1} = h_{i,j}^{m} + \frac{\Delta t}{l^2}(Q_{\text{in}i,j}^{m} - Q_{\text{out}i,j}^{m}) \tag{6-11}$$

式中，i 和 j 分别为单位格编号（图 6-4）；l 为单元格的宽度（m）；Δt 为时间间隔（s）；m 为计算时间步长（s）；$Q_{\text{in}i,j}^{m}$ 为 (i, j) 单元格总的入流量（m³/s）；$Q_{\text{out}i,j}^{m}$ 为 (i, j) 单元格总的出流量（m³/s）；h_{ij}^{m+1}、h_{ij}^{m} 分别为在 $m+1$ 时刻和 m 时刻 (i, j) 单元格内流体的深度，其中崩滑体失稳深度通过 6.2.1 节获取。

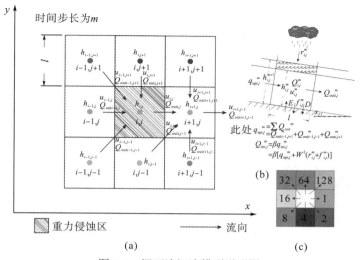

图 6-4　泥石流汇流模型说明图

对泥石流而言，不同区域对泥石流补给量不同，如林地产生径流时仅提供清水或不产生径流时泥石流补给量为零，相较于林地，崩滑体堆积物提供的固体物源远多于林地或草地等（Wichmann and Becht，2004）。因此，可将流域划分为清水区或非侵蚀区、水力侵蚀区、重力侵蚀区、沟道侵蚀区，其中清水区或非侵蚀区定义为仅为泥石流补给清水的区域；水力侵蚀区定义为因降雨径流而产生泥沙的区域；重力侵蚀区定义为不仅为泥石流补给泥沙，还为其补给松散固体物质的区域；沟道侵蚀区定义为因泥石流运动而对沟床下蚀的区域。考虑到流域内各侵蚀区的空间异质性，式（6-11）中的总的入流量可以写成

$$Q_{\text{in}i,j}^{m} = \begin{cases} q_{\text{in}i,j}^{m} & \text{I} \\ \alpha \cdot q_{\text{in}i,j}^{m} & \text{II} \\ \beta \cdot q_{\text{in}i,j}^{m} & \text{III} \\ \gamma \cdot q_{\text{in}i,j}^{m} & \text{IV} \end{cases} \tag{6-12}$$

式中，$q_{\text{in}i,j}^{m}$ 为 (i,j) 单元格在 m 时刻总的清水入流量（m³/s）；α 为水力侵蚀引起的泥沙增量系数；β 为重力侵蚀引起的崩滑区松散固体物源转化为泥石流的补给量；γ 为沟道侵蚀引起的泥石流增量系数；Ⅰ代表清水区或非侵蚀区；Ⅱ代表水力侵蚀区；Ⅲ代表重力侵蚀区；Ⅳ代表沟道侵蚀区。

该模型完全在数字高程模型上实现，同时应用 O'Callaghan（奥卡拉汉）提出的 D8 算法来确认数字高程模型内每个单元的流动方向。对于 D8 算法，每个栅格有且只有一个流出方向，但可以有多个流入方向［图 6-4（a）］。

通过 6.2.1 节的第（10）条假设，可将 Saint-Venant 方程组的动量守恒方程进行简化，方便该方程的求解。因此，(i,j) 单元格在 m 时的清水总入流量等于降水量（$r_{i,j}^{m}$）、入渗量（$f_{i,j}^{m}$）及上流单元格的径流量（$q_{\text{up}i,j}^{m}$）之和［图 6-4（b）］。得到简化后的动量守恒方程为

$$q_{\text{in}i,j}^{m} = q_{\text{up}i,j}^{m} + l^{2}(r_{i,j}^{m} - f_{i,j}^{m}) \tag{6-13}$$

式中，$q_{\text{up}i,j}^{m}$ 为 (i,j) 单元格上流单元格的总流出量，$q_{\text{up}i,j}^{m} = \sum Q_{\text{out}}^{m}$（m³/s）。

此外，式(6-11)中总的出流量 $Q_{\text{out}i,j}^{m}$ 可表示为

$$Q_{\text{out}i,j}^{m} = u_{i,j}^{m} A_{i,j}^{m} = u_{i,j}^{m} h_{i,j}^{m} W \tag{6-14}$$

式中，W 为相邻单元格间流向方向的断面宽度(m)；$u_{i,j}^{m}$ 为 $(i,\ j)$ 单元格在 m 时刻流体的平均流速(m/s)；$A_{i,j}^{m}$ 为 $(i,\ j)$ 单元格在 m 时刻的横断面面积(m^2)。

在选取 D8 算法进行计算时,因其具有八个流向(1、2、4、8、16、32、64、128)[图 6-4(c)]。当流向为垂直或水平方向(即 1、4、16、64)时,流体在流向方向上的流动宽度(W)等于单元格宽度(l)；当流向为对角线方向(即 2、8、32、128)时,流体在流向方向上的流动宽度(W)等于单元格宽度(l)的 $\sqrt{2}$ 倍。因此,流体在流向方向上的流动宽度(W)在式(6-13)和式(6-14)中可以表示为

$$W = \begin{cases} l & \text{当流向为1、4、16、64时} \\ \sqrt{2} \times l & \text{当流向为2、8、32、128时} \end{cases} \tag{6-15}$$

平均流速可用曼宁公式进行描述,曼宁公式为

$$u = \frac{\xi}{n} R^{\frac{2}{3}} \times S_{\text{f}}^{\frac{1}{2}} \tag{6-16}$$

对于坡面流或沟道流,其水力半径(R)可表示为

$$R = \frac{h}{1 + 2h/B} \tag{6-17}$$

式中,采用国际单位制时 $\xi=1$,采用英制单位时 $\xi=1.49$；R 为水力半径(m)；S_{f} 为坡度(‰)；B 为沟道宽度(m)；n 为曼宁糙率,可通过现场调查或水力经验方法确定。由于 h/B 的值远小于 1,故假设水力半径(R)等于流深(h)。因此,(i,j) 单元格在 m 时刻的流速方程(6-16)可改写为

$$u_{i,j}^{m} = \frac{1}{n_{i,j}} (h_{i,j}^{m})^{\frac{2}{3}} \times (S_{\text{f}_{i,j}}^{m}) \frac{1}{2} \tag{6-18}$$

对泥石流汇流过程及其特征详细的野外考察研究加深了泥石流形成过程的认知,归纳了泥石流物源的来源,判断了泥石流物源补给的方式,为泥石流汇流模型的建立提供了科学的依据。泥石流汇流过程是一个多级系统的演化过程,该过程囊括了形成过程、补给过程等,清晰地认识此过程是建立泥石流汇流模型的基础条件。笔者基于上述的认知,从系统性的角度构建了泥石流汇流模型,该模型主要由式(6-11)～式(6-14)四个有限差分格式的方程组成,依次为质量守恒方程、侵蚀分区模型、动量守恒方程、总出流量计算方程。其中值得注意的是,因 D8 算法的限制,在计算流体的流量时,其断面面积并不一定等于单元格宽度,而是根据其流向的方向而定,具体见式(6-15)。泥石流汇流模型总共包含 10 条基本假设,每条假设都是将复杂的泥石流汇流过程进行合理简化,以此实现模型的可行性和模型求解。

6.2.3　泥石流汇流模型求解

泥石流是水和固体物质混合而成的固液两相流,其水源一般来自降雨产生的地表径流,固体物质主要包含泥沙和碎石块,其来源有坡面补给、崩滑体补给和沟道补给三种补

给方式，作用类型分别为水力侵蚀、重力侵蚀和沟道侵蚀。在式(6-12)中将流域划分为四个不同的侵蚀区以方便计算，并采用贡献率系数 α、β、γ 分别表示水力侵蚀引起的泥沙增量系数、重力侵蚀引起的崩滑区松散固体物源转化为泥石流的补给量、沟道侵蚀引起的泥石流增量系数。

清水或非侵蚀区域被定义为仅补给泥石流清水的径流区域，该区域等于水流汇流区域，其增量系数即为水的增量，取值为 1。水力侵蚀区被定义为由于降雨飞溅和降雨径流侵蚀而产生泥沙的区域。假设用系数 α 表示水力侵蚀对泥石流峰值流量的影响，其计算公式为

$$\alpha = (V_{\mathrm{w}} + V_{\mathrm{s}})/V_{\mathrm{w}} \tag{6-19}$$

式中，V_{w} 为降雨径流体积，由净降雨深度乘以流域面积得到(m^3)；V_{s} 为单次降雨径流侵蚀产生的泥沙体积，由单次降雨径流侵蚀产生的泥沙量(S_{y})和密度计算得到(m^3)，S_{y} 可由 MUSLE 公式(Williams and Berndt，1977)得到

$$S_{\mathrm{y}} = 11.8(V_{\mathrm{w}} + q_{\mathrm{p}})^{0.56} K \cdot C \cdot P \cdot L \cdot S \tag{6-20}$$

$$V_{\mathrm{s}} = \rho_{\mathrm{s}} \cdot S_{\mathrm{y}} \tag{6-21}$$

式中，q_{p} 为清水峰值流量(m^3/s)；K、L、S、C、P 分别为土壤可蚀性因子、地形坡长因子、地形坡度因子、覆被管理因子、侵蚀控制因子；ρ_{s} 表示泥石流密度，通过实地调查和室内试验获取。与一般的 MUSLE 相比，式(6-18)中忽略覆被管理因子(C)和侵蚀控制因子(P)的影响。同时，K 可依据土壤类型和土地利用类型取值，L、S 可基于 ArcGIS 中地表工具对 DEM 计算获取。

重力侵蚀区被定义为不仅补给泥石流清水和泥沙，还补给松散固体颗粒(图 6-5)。通过前面章节统计分析可知，影响崩滑体补给泥石流方量大小的主要因子为崩滑体的坡度和崩滑体到沟道的距离。

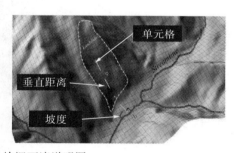

图 6-5　崩滑体补给泥石流说明图

在此，φ 定义为单元格梯度(θ_{g})和单元格到流域流网的最短垂直距离(d_{v})的函数，该函数可表示为

$$\varphi = f(\theta_{\mathrm{g}}, d_{\mathrm{v}}) \tag{6-22}$$

同时，统计分析表明，崩滑体坡度与补给指数呈现良好的正相关性，与位置指数呈现一定的负相关性。因此，各个变量与 φ 具有以下关系：

$$\varphi \sim \theta_{\mathrm{g}} \tag{6-23}$$

$$\varphi \sim 1/d_{\mathrm{v}} \tag{6-24}$$

假设重力侵蚀区 x 中的栅格 (i, j) 到流网的垂直距离最短，则认定该栅格补给泥石流的贡献率为100%。基于相似性原理，重力侵蚀区 x 中的其他栅格与栅格 (i, j) 有如下关系：

$$\beta = \frac{V_w + \varphi V_1}{V_w} \tag{6-25}$$

$$V_1 = h_{di,j}^x l^2 \tag{6-26}$$

$$\phi = \left(\frac{d_{v100\%}^x}{d_{vi,j}^x} \frac{\theta_{gi,j}^x}{\theta_{g100\%}^x} \right)^\lambda \tag{6-27}$$

式中，V_l 为崩滑体的体积；$\theta_{g100\%}^x$、$d_{v100\%}^x$ 分别为重力侵蚀区 x 中补给泥石流的贡献为100%栅格的梯度和其到流网的最短垂直距离；$\theta_{gi,j}^x$、$h_{di,j}^x$、$d_{vi,j}^x$ 分别为重力侵蚀区 x 中栅格 (i, j) 的梯度、失稳深度及其到流网的垂直距离；x 的范围为 $1 \sim N$，N 表示流域中崩滑体的总数量；λ 为相似系数。

计算栅格到流网的垂直距离 (d_v) 的方法对于本书研究十分重要，影响到模型结果的精确度。主要计算方法基于 ArcGIS 平台，其步骤为：①提取每个栅格的坐标信息和高程信息；②单独提取出崩滑体区域；③利用"流网点"工具分配唯一值给流网的各个交叉点；④使用"流网转矢量"工具获取流网的矢量特性，其具体方法参照 Hu 等(2016)提出的方法；⑤采用"加密"工具将提取的矢量流网进行分段处理；⑥确定崩滑体区域所对应的相应流网段，并根据坐标信息和高程信息计算崩滑体与流网相对应河段的垂直距离 (d_v)，具体见图6-6。图中 D 表示崩滑区中任意栅格沿斜坡表面到达流网的垂直距离，L_r 表示与崩滑区对应的流网段。

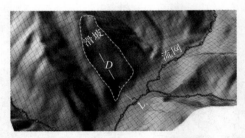

图6-6　崩滑区内栅格到流网垂直距离计算说明图(流网各段距离≤50m)

沟道侵蚀区被定义为泥石流在流域沟道内流动时对沟床下蚀的区域。沟道侵蚀主要表现为龙头侵蚀加深沟床，龙身及龙尾出现淤积效应增厚沟床。因此，沟道侵蚀引起的泥石流增量系数 γ 可表示为

$$\gamma = \frac{V_w + V_c}{V_w} \tag{6-28}$$

式中，V_c 为泥石流对沟床的侵蚀量，即

$$V_c = (E_\gamma - D_\gamma) \cdot \Delta t \cdot W^2 \tag{6-29}$$

式中，E_γ 为泥石流对沟床物质的侵蚀率；D_γ 为泥石流在沟道内运动时的沉积率，当 $\gamma > 0$ 时表示泥石流对沟床物质的侵蚀率大于其沉积率，反之则小于沉积率，表示泥石流在沟道内逐渐淤积。

　　对于泥石流侵蚀率的计算,泥石流沟道补给主要以泥石流巨大的冲击力、搬运力冲刷泥石流沟道内堆积物,对沟道进行侵蚀的方式不断增加自身规模。与普通挟沙水力侵蚀相比,泥石流沟道侵蚀作用有明显区别。同时,泥石流在沟道的运动过程中不断侵蚀底床物质,其过程具有时空作用特性。通过实际调查发现,泥石流沟道侵蚀过程与其流速关系呈一定的负相关性,泥石流高流速情况下侵蚀量较小,反而泥石流低流速区域的侵蚀量较大,说明泥石流侵蚀是一个复杂的过程。

　　泥石流沟道侵蚀是在水力冲刷和重力侵蚀共同作用下的混合侵蚀,不同于普通水流对沟道的侵蚀。目前国内外对其研究较为深入,建立了相应的泥石流侵蚀演算模型,该模型主要由质量守恒方程和动量守恒方程构成。例如,Medina 等(2008)建立了侵蚀演算模型,Hsu 等(2014)对泥石流沟道建立了侵蚀率计算模型。

　　Medina 侵蚀演算模型(简称 Medina 模型)的连续性控制方程和动量控制方程为

$$\frac{\partial h}{\partial t}+\frac{\partial (hu)}{\partial x}=\frac{E}{c^*} \tag{6-30}$$

$$\frac{\partial \psi}{\partial Z}(0,t)=\cos^2\alpha \qquad 如果 \quad t>T \tag{6-31}$$

式中,h 为泥石流深度(m);u 为基于深度平均情况下的泥石流流速(m/s);E 为沟床侵蚀率;c^* 为底床颗粒浓度(g/L)。其中各参数的详细计算方法在此不作赘述,详情参考 Medina 等(2008)。

　　Hsu 泥石流沟道侵蚀模型(简称 Hsu 模型)在连续性控制方程中加入了颗粒相连续控制方程,具体如下。

　　连续性控制方程为

$$\frac{\partial h}{\partial t}+\frac{\partial (hu)}{\partial x}=\frac{E}{c^*} \tag{6-32}$$

　　颗粒相连续控制方程为

$$\frac{\partial (c_{\mathrm{d}}h)}{\partial t}+\frac{\partial (c_{\mathrm{d}}hu)}{\partial x}=E \tag{6-33}$$

　　基于深度平均的动量控制方程为

$$\frac{\partial (hu)}{\partial t}+\beta\frac{\partial}{\partial x}(hu^2)=-gh\frac{\partial \eta}{\partial x}=\frac{\tau_{\mathrm{bx}}}{\rho_{\mathrm{m}}} \tag{6-34}$$

式中,h 为泥石流深度(m);u 为基于深度平均情况下的泥石流流速(m/s);E 为泥石流对沟床的侵蚀速率;c^* 为沟道的底床颗粒浓度(g/L);c_{d} 为泥石流颗粒的体积浓度(g/L);β 为考虑实际垂向速度的差异而引进的动量修正系数;η 为泥石流自由表面高程;τ_{bx} 为 x 方向的沟床剪切力;ρ_{m} 为泥石流容重(g/cm^3)。其中各参数的详细计算方法在此不作赘述,详情参考 Hsu 等(2014)。

　　Medina 和 Hsu 均是基于无限边坡物理模型而提出的泥石流侵蚀模型,从力学角度阐述了泥石流侵蚀的机理,均适用于泥石流沟道侵蚀过程的模拟。李浦(2017)以水槽试验和文家沟泥石流沟道为案例,对 Medina 模型和 Hsu 模型进行了详细的比较验证,得出二者的模型均能较好地反映泥石流对沟道的侵蚀过程,但是二者的模型均未考虑沟床坡度形态变化对侵蚀率的影响。因此,在后续构建泥石流汇流模型时,笔者将借鉴前人的研究,忽略泥石流沟床坡度形态变化对侵蚀率的影响，以此构建相应的泥石流沟道侵蚀补给模型。

在此，本书将借鉴 Hsu 等(2014)的研究，忽略泥石流沟床坡度形态变化对侵蚀率的影响，以此构建相应的泥石流沟道侵蚀补给模型。其形式为

$$\frac{E_\gamma - D_\gamma}{|u|} = c^*(\tan\theta - \tan\theta_e) \tag{6-35}$$

式中，c^*为沟床物质浓度；θ_e为与沟床物质容重相对应的沟道坡度；θ为沟道平均坡度。

6.2.4　泥石流汇流模型的主要参数

模型参数对模型结果起着决定性作用，其参数值的选取是否合理将直接影响模型输出结果的准确性。模型中各个模型参数均具有相应的物理意义，因此需要选取相应的方法获取各个参数值的准确值。同时，笔者建立的泥石流汇流模型是基于分布式水文计算方法构建的，导致许多参数具有时空分布不均的特点，详细的遥感解译是必需的。笔者建立的泥石流汇流模型需要的主要参数如表 6-3 所示。

表 6-3　泥石流汇流模型需要确定的参数

参数	意义	说明	确定方法
DEM	数字高程模型	地形数据是泥石流连续运动的基础	等高线转换
W	相邻单元格间流向方向的断面宽度	—	DEM 网格尺寸
$r_{i,j}^m$	降雨时空分布	具有空间异质性	气象站
$f_{i,j}^m$	土壤入渗率空间分布	具有空间异质性	原位试验
n	曼宁糙率系数	因下垫面不同而不同	现场调查或水力经验方法确定
ρ_s	泥石流密度	—	现场调查或参考文献
S_f	摩阻率	因下垫面不同而不同	现场调查或参考文献
K、L、S、C、P	MUSLE 公式所需参数	—	现场调查或参考文献
S_y	单次降雨径流侵蚀产生的泥沙量	—	MUSLE 公式计算
$\theta_{g,i,j}^x$	梯度	具有空间异质性	ArcGIS 地形分析
$h_{d,i,j}^x$	崩滑体失稳深度	具有空间异质性	第 4 章详细讲解
$d_{v,i,j}^x$	崩滑区单位元到流网的垂直距离	具有空间异质性	遥感解译和 Python 编程计算

6.2.5　泥石流汇流模型的定解条件

定解条件通常指微分方程获得某一特定问题的解的附加条件，该条件包含了初始条件和边界条件，是二者的统称。其中，初始条件是指模型中方程在初始时刻所需满足的条件，边界条件是指在运动边界上模型中方程组的解应当满足的条件。定解条件的模型中方程组有解的必要条件，与模型参数设置一样，定解条件选取的正确与否也将直接影响到模型输出结果的准确性。

6.2.1 小节中提出了 10 条假设，其中第(7)条指出，模型中的时间计算步长需满足 Courant-Friedrichs-Levi(CFL)条件(Courant et al., 1967)，该条件的主要目的是使模型在计算时稳定而不出现跳跃现象，即流体在单元格中连续运动时，直接跳跃过相邻单元格的计算。需满足的条件为

$$\frac{\Delta t}{W} \leqslant \frac{1}{u + \sqrt{gh}} \tag{6-36}$$

式中，g 为重力加速度(m/s^2)。

质量守恒方程[式(6-9)]的初始条件为

$$h_{i,j}^0 = Q_{\text{out}_{i,j}}^0 = 0 \tag{6-37}$$

边界条件为

$$Q_{\text{up}_{i,j}}^0 = 0 \tag{6-38}$$

$$h_{\text{outlet}_{i,j}}^m = h_{\text{outlet}_{I,J}}^m \tag{6-39}$$

式中，$h_{\text{outlet}_{i,j}}^m$ 为流域出水口；$h_{\text{outlet}_{I,J}}^m$ 为流域出水口流向的下一个栅格。

6.2.6　泥石流汇流模型的适用范围

1. 泥石流峰值流量计算

该模型主要用于模拟泥石流的汇流过程，通过泥石流的具体特征值的形式表现，如泥石流流量、流速、泥深、淹没范围等。胡凯衡等(2010a)对震区泥石流峰值流量的研究表明，常用的泥石流峰值流量已不适用于计算震区泥石流的峰值流量，主要是因为地震引起泥石流物源补给方式的改变，造成泥石流汇流过程存在放大效应。而泥石流峰值流量不仅是排导槽、拦沙坝、谷坊等泥石流防治工程设计的关键变量，也是非工程措施的关键参数，如泥石流危险分区和风险评价等。故该模型可应用于计算泥石流峰值流量，也可应用于泥石流危险分区。

通过动态的、面向对象的脚本语言 Python 进行编程计算泥石流峰值流量，主要包括四个流程：数据输入、水文分析、参数设置、模型建立和编程计算。主要流程图见图 6-7。在数据输入方面需要输入土壤入渗率数据，该数据通过原位试验获取。崩滑体空间分布规律及其稳定性的参数输入，也需要开展原位试验和遥感解译等工作来完成。

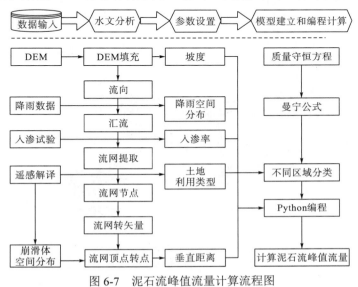

图 6-7　泥石流峰值流量计算流程图

2. 泥石流危险分区

泥石流危险分区是根据其危害程度将危害范围划分成若干不同等级的危险区域,可以为山区土地利用规划等提供详细的科学支撑。具体的分区见表 6-4。

表 6-4　危险分区指标取值区间

分区指标	取值区间			
	极高危险区	高危险区	中危险区	低危险区
u	$u>4.0$	$4.0\geqslant u>2.0$	$2.0\geqslant u>1.0$	$1.0\geqslant u>0$
h	$h>3.0$	$3.0\geqslant h>1.5$	$1.5\geqslant h>0.5$	$0.5\geqslant h>0$
$[h,u]$	$u>4.0$ 且 $h>2.0$	$4.0\geqslant u>2.0$ 且 $2.0\geqslant h>1.0$	$2.0\geqslant u>1.0$ 且 $1.0\geqslant h>0.5$	$1.0\geqslant u>0$ 且 $0.5\geqslant h>0$

注:u 表示流速(m/s);h 表示泥深(m)。

本书建立的模型在泥石流危险分区应用方面主要通过泥石流峰值流量的模拟结果获取泥石流淹没范围和流深,从而对泥石流危害程度进行分析。具体操作步骤如下。①使用 ArcGIS 中的"填充"工具对输入的 DEM 数据进行填充,消除因高程分辨率引起的误差,以此确保整个流域的连续性。②利用"水文分析"工具对流域进行水文分析,如流向分析和汇流分析。③提取流域的流网。④根据已完成填充的 DEM 提取断面面积(图 6-8)。⑤使用"特征顶点转点"工具提取流网的中间点或起始点。⑥根据泥石流汇流模型模拟计算的泥石流峰值流量作为初始值 Q_z^p,并导入流网栅格中。⑦采用迭代算法计算泥石流流深和流速,其中淹没区断面面积 A_{cz} 根据断面形态和流深计算得到,平均流速 u_z 根据式(6-16)计算。如果 A_{cz} 与 u_z 的乘积小于峰值流量 Q_z^p,则增加初始流动深度,反之降低,然后反复迭代计算,直至 A_{cz} 与 u_z 的乘积大于 Q_z^p,具体计算步骤见图 6-9。⑧一旦获取了泥石流流深的数值,则可得到沟道断面左右两侧宽度[图 6-8(b)],该区域即为泥石流淹没范围。⑨使用"缓冲""合并""融合""平滑"工具获取具体的淹没范围。⑩根据流深和淹没范围,对泥石流危害程度进行分析。

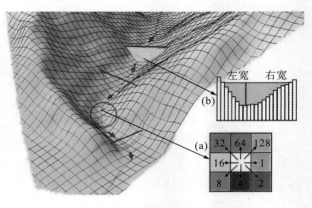

图 6-8　泥石流淹没面积和深度示意图

注:(a)为 D8 算法;(b)为截面面积(灰色区域)。

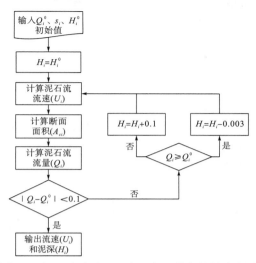

图 6-9　泥石流流速和深度迭代计算方法的流程图

3. 泥石流汇流模型的适用范围

笔者综合考虑了不同侵蚀区域对泥石流汇流过程的补给作用,使得模型具有较强的适用性,可普遍应用于预测震区降雨诱发的泥石流汇流过程。在泥石流汇流模型建立过程中提出了 10 条假设,模型的求解是基于 GIS 单元格模型进行, 导致模型具有一定的适用范围。主要适用范围如下。

(1)适用于降雨启动型泥石流的流域,即暴雨型泥石流。

(2)适用于计算规则网格划分流域的泥石流汇流流量过程线。

(3)适用于预测一次连续泥石流事件的汇流过程。

(4)模型基于侵蚀分区建立了式(6-12),不仅适用于预测震区泥石流汇流过程,还适用于常见的泥石流汇流过程,即使 β 等于零也可。

(5)基于第(4)条的适用性,该模型还适用于流域清水或山洪汇流过程,即使 β 和 γ 等于零也可。

泥石流汇流过程除了连续流外,还存在阵性连续流和阵性流,如蒋家沟流域存在典型的阵性流泥石流事件。该模型基于 Saint-Venant 方程组的连续方程和动量方程而建立,导致模型并不适用于阵性连续流和阵性流泥石流事件。泥石流汇流过程中还存在溃坝对其流量的影响,本书是基于崩滑体失稳而建立的泥石流汇流模型,故该模型也不适用于溃坝型泥石流流量的计算。

6.3　泥石流汇流模型验证与应用

6.3.1　模型验证

七盘沟位于汶川县城西南方向约 5km 处,该沟泥石流发育历史悠久,自 1933 年以来,有记录的泥石流事件共计 14 次(表 6-5)。从历史记录看,2013 年以前流域发生过 13 次小规模泥石流事件，其中最大的泥石流峰值流量约为 150m³/s，发生在灾难性的叠溪大地震之后。不幸的是，2013 年 7 月 8 日～7 月 12 日，汶川县遭受暴雨袭击，7 月 11 日凌晨 3 点发生特大泥石流灾害，相较于历史上 150m³/s 的最大峰值流量，此次泥石流事件的峰值流量在汶川地震后放大了 10 倍以上。此次泥石流事件为典型的地震诱发的崩滑体补给泥石流，导致泥石流规模巨大。同时，1993 年七盘沟泥石流事件也是发生在地震过后，其峰值流量高于其他泥石流事件。调查研究及颗粒分析试验结果表明，七盘沟"7·11"泥石流事件的物源主要为汶川地震诱发的大量崩滑体。由此可见，崩滑体对泥石流具有明显的放大作用，故选取七盘沟流域作为模型的典型案例研究。

表 6-5　七盘沟历史泥石流灾害事件

时间	降水量/mm				泥石流类型	峰值流量/(m³/s)	历时/min	冲出方量/(10⁴m³)
	3 日	日	小时	10 分				
1933 年	—	—			黏性泥石流	150	—	
1961 年 7 月 6 日	99.5	79.9				75	60	13.5
1964 年 7 月 23 日	48.3	41.7		1.2		65	50	9.1
1965 年 7 月 16 日	69.5	41.2			稀性泥石流	65	50	9.9
1970 年 7 月 28 日	56.5	33.0				60	60	5.8
1971 年 7 月 24 日	79.4	53.4				62	45	8.4
1975 年 7 月 29 日	—	32.5	9.6	3.8		81	40	9.8
1977 年 7 月 7 日	—	39.4	7.6	1.6		65	30	5.8
1978 年 7 月 15 日	79.5	66.7	36.4	17.0	黏性泥石流	90	50	13.5
1979 年 8 月 15 日	48.0	30.8	—	6.1		42	30	3.8
1980 年 7 月 26 日	—	—		4.4		65	20	5.4
1981 年 8 月 12 日	—	53.8	9.5	2.1	稀性泥石流	90	25	6.7
1983 年 7 月 19 日	—	31.3	8.1	1.7		50	15	2.3
2013 年 7 月 11 日	111.6	54.3	6.4	—		1745	30	78.2

1. 研究区概况

七盘沟位于中国四川盆地西北部汶川县威州镇七盘沟社区，汶川县城西南方向约 5km 处，为岷江左岸的一条支沟（图 6-10、图 6-11）。其流域面积为 52.4km²，主沟长为 15.8km，沟床纵坡较陡，平均沟床比降 170‰。沟口地理坐标为 103°32′44.30″E，31°26′51.31″N，海拔 1320m，流域最高海拔 4360m，最大高差为 3040m。该研究区内以中高山山地和深切峡谷地貌为主，地势自西北向东南方向逐级上升。七盘沟内共计发育 15 条超过 1km 长的支沟，分别为渔桃花沟、雪花潭沟、黄泥槽沟、麻地垭沟、干河沟、砂板沟、小沟、红石潮沟、板棚沟、小塘沟、马鞍槽沟、桐麻槽沟、长板沟、3#桥沟、土窑沟，整体形态呈叶脉状分布。冰蚀地貌是七盘沟流域内典型的地貌类型，其中角峰、鳍脊、悬谷、冰斗发育在海拔 3000m 以上区域，沟谷以 V 形为主。受新构造运动影响，主沟侵蚀下切比较严重，沟谷呈束状，宽窄谷相间发育。在海拔 1900～3000m，局部地方沟谷呈现 U 形，平均纵坡降约 188‰，中下游纵坡降为 125‰，谷底宽度为 20～30m，宽者可达 50～100m，沟谷两侧山坡较陡，平均坡度超过 40°。因地形地貌的影响，厚度从几米到几十米不等的黄土物质大量堆积在七盘沟流域内的缓坡台地上。受汶川地震的影响，沟谷中存在大量的崩滑体堆积物，主要堆积于缓坡坡脚和沟道中，为泥石流的形成提供了丰富的固体物质来源。

2008 年 5 月 12 日 14 时 28 分，四川省汶川县发生 8 级地震，震中位于映秀镇，震源深度 14km。汶川特大地震共造成 69227 人死亡，374643 人受伤，17923 人失踪。根据《中国地震动参数区划图》（GB 18306—2015）可知，七盘沟位于地震烈度Ⅷ度区域，地震动峰值加速度达到 0.20g，地震动反应谱的特征周期是 0.35s。最新研究结果表明，汶川地震共计触发了约 197000 处崩滑体，导致近年汶川地震灾区泥石流愈发频繁，且相同降雨条件下，震后泥石流规模远大于震前。通过野外详查和解译震前震后遥感图可知，汶川地震在汶川县七盘沟流域共计诱发多达 83 个不同规模的崩滑体（图 6-10、图 6-11），为七盘沟"7·11"泥石流事件的发生埋下伏笔。

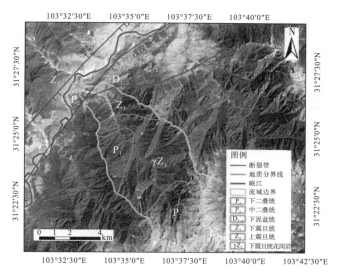

图 6-10　七盘沟流域震前遥感影像图（来自谷歌地球）

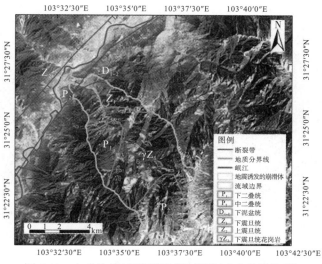

图 6-11　七盘沟流域震后遥感影像图（来自谷歌地球）

2. 七盘沟泥石流基本特征

在泥石流发生之前，阿坝州汶川县城已持续降雨多日（图 6-12），3 日累计降水量高达 118mm。当时，村民发现早期修建的排导槽内水体浑浊不清，且水流量远大于平时水流量，近乎溢满排导槽。因此，政府部门采用敲锣打鼓、呐喊及挨家挨户进门提醒等方式及时发出灾害预警信息，并用警车巡逻通过扩音器发出预警信息，同时将当地居民安置于汶川县中学进行避难。

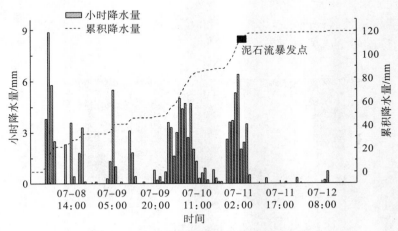

图 6-12　七盘沟泥石流发生前后的降水量

注：数据来源于四川省气象局汶川县七盘沟气象站。

在 2013 年 7 月 11 日凌晨 3 时，降水量达到 6.4mm/h 时激发大规模泥石流灾害（图 6-12），持续时长约 30min，最终至 8 时泥石流才完全停止。其间，泥石流峰值流量超过 2000m³/s，波及了七盘沟流域沟口处 90% 以上的村民房屋（图 6-13）。七盘沟主沟两侧的 9 家企业、3 座变电站、2 座拦沙坝、5 家工矿企业、驾校考场等均被泥石流冲毁。七盘沟村 1217 余户 4400 余人受灾，其中阳光家园四期社区居民受影响严重，共计 737 户 2800

图 6-13　七盘沟 7·11 泥石流事件破坏情况

余人受灾，285 户房屋被摧毁。泥石流还摧毁部分基础建设工程，如摧毁排导槽约 4km，淤埋损坏都汶高速 260m、213 国道 445m 和乡村道路约 15km（图 6-14）。该次泥石流共造成直接经济损失约 4.15 亿元。通过当地村民描述，该次泥石流造成伤亡的主要原因是七盘沟长期未发生泥石流，导致部分居民并不相信会发生泥石流而坚持回家居住，最终致使 14 人死亡或失踪。

(a)泥石流发生之前

(b)泥石流发生之后

(c)泥石流堆积于阳光家园小区

(d)泥石流摧毁原有排导槽工程

(e)泥石流毁坏213国道

(f)泥石流摧毁民房

图 6-14　七盘沟 7·11 泥石流损坏基础建设

注：(a)(b)(c)(d)(e)引自四川省蜀通岩土工程公司《阿坝州汶川县七盘沟泥石流应急治理工程勘查报告》。

通过勘查得知，七盘沟"7·11"泥石流为暴雨突发性沟谷型泥石流，主要因 7 月 8 日至 7 月 11 日短时间集中性降雨诱发启动形成泥石流。实地考察七盘沟流域 15 条支沟发现，泥石流暴发初期支沟泥石流比主沟泥石流先启动，在水力侵蚀、重力侵蚀和沟道侵蚀混合作用下，支沟泥石流汇集于主沟，主沟崩滑堆积体大量补给后形成灾难性泥石流，其形成机制及演化过程可分为不同阶段。①形成阶段：在上游红石潮崩塌、小塘沟崩塌处，因提供大量崩滑体松散固体物质，在强降雨作用下失稳形成泥石流，泥石流在该区段运动时夹带大量泥沙等松散物质，导致泥石流在此阶段容重最大。②运动阶段：泥石流在形成区形成后，其势能迅速转化为动能，导致泥石流在运动过程中流速迅猛，对沟道侵蚀作用十分明显，不断掏蚀主沟道两侧崩滑堆积体形成区沟岸坡脚，致使崩滑体大面积失稳补给泥石流，泥位不断升高，最深处可达 15m。③淤积阶段：泥石流在掏蚀沟道时，其动能被逐渐削弱，流速在流域出水口处明显降低，冲刷侵蚀能减弱，在流域宣泄口处不断淤积并掩埋大量房屋建筑，最终冲入岷江停止运动。

3. 泥石流峰值流量计算

清水流量是泥石流汇流模型中式(6-12)中流域侵蚀分区划分的关键，因此在模拟七盘沟"7·11"泥石流事件时，假设式(6-12)中 α、β、γ 系数为零，先模拟计算清水汇流过程。模型中入渗率等其他关键参数见表 6-6，将参数输入模型中。模型自 2013 年 7 月 10 日 21 时开始进行产汇流模拟计算，将模拟持续至 2013 年 7 月 11 日 20 时，进行时长 23h 的次洪模拟。由图 6-15 可见，沟口处洪峰于 7 月 11 日凌晨 3 时左右达到最大值 245.8m³/s，与七盘沟泥石流实际暴发时间一致。七盘沟流域常年流水，平水期一般流量为 5～15m³/s，洪期流量为 50～100m³/s，20 年一遇洪峰流量约为 167.72m³/s，50 年一遇洪峰流量为 212.71m³/s，100 年一遇洪峰流量达 246.58m³/s。据实地调查得知，"7·11"泥石流事件的频率为百年一遇，由此可见，该模型模拟的清水汇流量与实际情况相吻合。

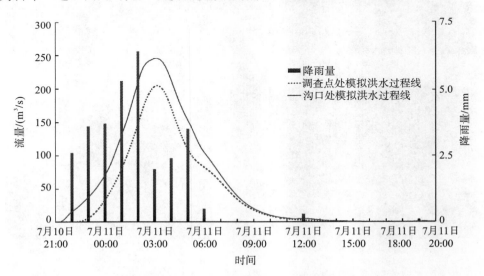

图 6-15　七盘沟流域降雨径流模拟过程线

表 6-6　不同土壤类型的最终稳定入渗速率(K_s)及曼宁系数(n)

土壤类型	林地	草地	田地	裸地	泥石流主沟道	崩滑体堆积区
K_s/(mm/s)	0.0083	0.0250	0.0283	0.0140	0.0417	0.0508
n	0.200	0.050	0.040	0.055	0.055	0.080

4. β 系数计算

汇流模型中,创新点主要在于重力侵蚀引起的崩滑区松散固体物源补给泥石流量的计算方法,即 β 函数的计算方法。在 β 函数中,栅格到流网的垂直距离(d_v)的计算十分重要,将直接影响模型结果的精确度。因此,确定流域内崩滑体的栅格梯度(θ_g)及其栅格到流网的垂直距离(d_v),是计算泥石流峰值流量的必要条件。通过上面章节所述的方法,计算出七盘沟流域内崩滑体的栅格梯度(θ_g)及其栅格到流网的垂直距离(d_v),如图 6-16 所示。

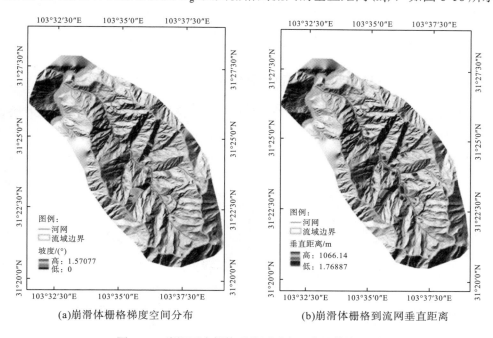

(a)崩滑体栅格梯度空间分布　　　　　　　(b)崩滑体栅格到流网垂直距离

图 6-16　崩滑区内栅格到流网垂直距离计算结果图

5. 泥石流峰值流量模拟

基于 ArcGIS 二次开发功能,利用 Python 软件编程,模拟计算 2013 年 7 月 10 日 22:00 至 7 月 11 日 03:00 的泥石流汇流过程。在前文中已获取 DEM 数据、水力参数、力学参数、降雨时空分布、曼宁糙率系数、崩滑区单位元到流网的垂直距离等本书泥石流汇流模型所需的参数。将参数输入 Python 程序,通过数值模拟得到不同断面的泥石流流量过程线,见图 6-17。图中仅列出调查断面和流域宣泄口处流量过程线,流域宣泄口处峰值流量发生于 17208s 处,即 4.78h 后在沟口达到最大值 2253.86m³/s。根据事后现场调查,K1 断面的峰值流量为 1745m³/s,平均流量深度为 5m。与调查结果相比,数值模拟 K1 断面的峰值流量为 1836.5m³/s,发生在 02:40 左右,持续近 33min。

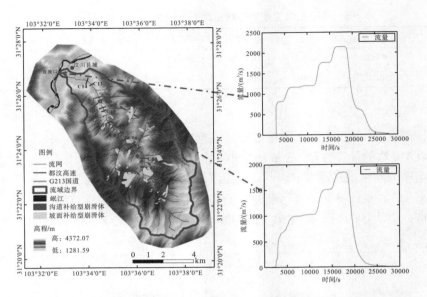

图 6-17 　七盘沟流域中两个不同断面处的泥石流流量过程线

通过图 6-17 可知，在 K1 调查断面处泥石流峰值流量模拟值与实际情况十分接近，模拟结果较理想。但是，仅对一个截面泥石流峰值流量模拟值进行验证无法令人信服。Hu 和 Huang（2017）采用形态调查法，实测了七盘沟"7·11"泥石流事件不同断面的泥石流峰值流量，详情参照表 6-7。

表 6-7 　实测量断面峰值流量与数值模拟结果比较表

断面编号	Q_c/(m³/s)	Q_p/(m³/s)	误差/%	断面编号	Q_c/(m³/s)	Q_p/(m³/s)	误差/%
C01	535.8	521.2	2.7	C08	1389.7	1524.9	9.7
C02	59.4	72.3	21.7	C09	1669.6	1798.3	7.7
C03	985.8	774.3	21.5	C10	1997.5	1651.0	17.3
C04	1218.3	1039.6	14.7	C11	1830.3	1710.4	6.6
C05	1068.2	1153.0	8.0	C12	2597.5	2344.7	9.7
C06	1011.7	1236.7	22.2	C13	2242.4	1887.4	15.8
C07	1124.6	1158.6	3.0	C14	1520.4	1784.3	17.4

注：Q_c 表示 Hu 等（2017）实测七盘沟"7·11"泥石流事件不同断面的泥石流峰值流量；Q_p 表示本书泥石流汇流模型对七盘沟"7·11"泥石流事件不同断面泥石流峰值流量的模拟值。

本书共选取 14 个断面实测结果与数值模拟结果进行对比（表 6-7），总体对比结果较理想，误差在 2.7%～22.2%。在断面 C04、C06、C09、C12 处泥石流峰值流量数值模拟结果与实测泥石流峰值流量均突增，这是由于地震诱发的崩滑体为泥石流提供的松散固体物质远大于其他区域。通过表 6-7 可知，在 C04 处存在撮箕槽崩塌（B31）、C06 处存在干河对岸崩塌（B24）和马鞍槽崩塌（B25）、C09 处存在三号桥 1#崩塌（B13）、C12 处存在老鹰岩崩塌（B3）。各崩滑体的方量分别为 12.6×10⁴m³（B31）、4.8×10⁴m³（B24）、28×10⁴m³（B25）、39.6×10⁴m³（B13）和 30×10⁴m³（B3）。由此可见，崩滑体对泥石流汇流流量的影响显著，且本书提出的模型将其考虑其中，可以解决地震灾区泥石流峰值流量估算偏小的问题。形态调查的方法存在不确定性，会影响泥石流峰值流量的测量结果（康志成等，2004），导致数值模拟结果的误差达到 20%以上。因此，还需采取其他措施，进一步验证泥石流汇流模型。

6. 泥石流危险分区

泥石流汇流模型已经在前文中得到良好验证，接下来基于笔者建立的泥石流汇流模型展开泥石流危险分区工作。泥石流危险分区方法共分为 10 个步骤，依次为：DEM 数据处理、流向和汇流分析、提取流网、提取断面、特征点转换、泥石流峰值流量数据输入、迭代计算、泥深获取、淹没范围获取、制图。所有步骤中，最为关键的一步为泥石流峰值流量的数据输入。前文已完成七盘沟流域各个断面处的泥石流峰值流量的计算，采用 ArcGIS 软件用加密、分段等手段处理流网，并将模拟计算的泥石流峰值流量赋值于各段流网的顶点或终点处（图 6-18）。完成此步骤后，按照图 6-8 和图 6-9 的方法，采用 Python 编程进行迭代计算，获取泥石流淹没范围、泥深（图 6-19）和流速（图 6-20）空间分布图。

图 6-18 七盘沟流网上各栅格点峰值流量

图 6-19 泥石流泥深空间分布图

图 6-20　泥石流流速空间分布图

通过图 6-19 可知，流域出水口处淹没范围实际调查值为 $63.07×10^4 m^2$，数值模拟结果为 $64.41×10^4 m^2$。调查断面 K1 处的实际泥深为 4～7m，数值模拟结果为 6.6m。此外，其他两处的数值模拟泥深分别为 4.0m 和 5.9m，而实际调查泥深为 4～6m 和 4～7m。可见，泥石流泥深的数值模拟结果与实际情况相吻合。同时，曾超(2014)对汶川县七盘沟泥石流事件进行了建筑物易损性案例研究，野外共计调查了 12 个不同断面的泥石流流速。对比泥石流流速的数值模拟结果与曾超野外调查的流速可知(表 6-8)：A～D 区段的平均误差在 15% 以内，表明泥石流泥深的数值模拟结果与实际情况相吻合；因本书模型并未考虑淤积作用，故 E 区段在流域出水口处流速模拟误差较大，高达 31.9%，但这并不影响模型对泥石流流量模拟的精度。综上所述，本书建立的泥石流汇流模型对泥石流峰值流量的估算具有较高的准确性和可靠性。

表 6-8　实测量断面峰值流速与数值模拟结果比较表

区段号	野外调查流速/(m/s)	模拟断面平均流速/(m/s)	平均误差/%
A 区段：V1～V4	7.8～11.6	7.2～14.1	13.2
B 区段：V4～V6	6.2～7.8	6.6～7.2	7.2
C 区段：V6～V8	4.6～7.5	5.3～8.6	13
D 区段：V8～V10	4.1～6.6	4.5～7.8	12.1
E 区段：V10～V12	0～4.28	3.2～11.8	31.9

采用表 6-4 中基于泥深和流速的危险区分区方法，将泥石流危害程度划分成若干不同等级的危险区域，以此获取泥石流泥深危险分区图(图 6-21)、流速危险分区图(图 6-22)和综合危险分区图(图 6-23)。对泥石流进行危险区划分，可为灾害预防、灾后重建、山区土地利用规划、灾害风险评估等提供相应的理论支撑和参考。

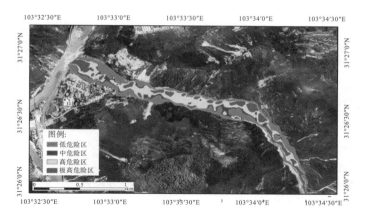

图 6-21　泥石流泥深危险分区图

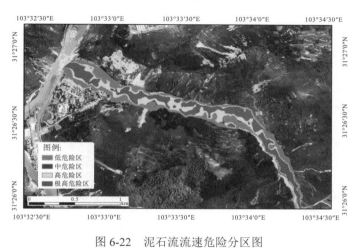

图 6-22　泥石流流速危险分区图

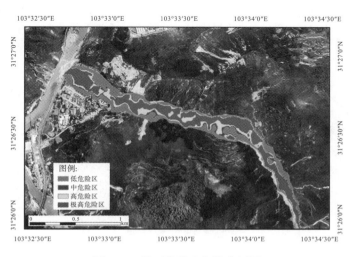

图 6-23　泥石流综合危险分区图

6.3.2 模型应用

下季节海子沟位于下季节海(九寨沟景区著名景点之一)左岸,该沟沟口有较大的老泥石流堆积扇,对下季节海子沟景点、公路和栈道构成一定威胁。通过调查下季节海子沟堆积扇和沟道形态可知,该沟泥石流活动历史久远。1976 年松潘—平武地震波及下季节海子沟流域后,同年发生了较大规模的泥石流。1983 年、1984 年相继发生多次泥石流,其中 1983 年泥石流规模较大(崔鹏等,2003a)。该沟历史泥石流多为黏性,容重为 2.1～2.2t/m^3。2012～2017 年,下季节海子沟泥石流活动历史详情见表 6-9。"8·8"九寨沟地震在下季节海子沟流域内诱发多处崩滑体,为震后泥石流事件提供大量的松散固体物源,导致震后泥石流频发。同时,九寨沟景区被列为世界自然文化遗产,泥石流灾害时刻威胁游客和自然景观。因此,选取下季节海子沟作为本书泥石流汇流模型的应用案例,结合本书提出的崩滑体补给方量计算公式和泥石流汇流模型的应用方法,对下季节海子沟未来泥石流可能的淹没范围进行预测。

表 6-9　下季节海子沟历史泥石流灾害事件

时间	泥石流活动概况
2012 年 7 月 21 日	下季节海子沟出现山洪,洪水携带大量泥沙冲出沟谷,对公路造成一定影响,下季节海子沟未受到影响
2013 年 7 月 3 日	下季节海子沟暴发山洪泥石流,规模小,携带少量泥水和石块堆积在公路上,造成下季节海子沟水体浑浊
2017 年 9 月 9 日	受降雨影响,下季节海子沟暴发泥石流,冲出公路的量体约200m^3,泥石流堆积于公路,阻碍交通
2017 年 9 月 14 日	受降雨影响,下季节海子沟再次暴发泥石流,冲出公路的量体约1300m^3。本次泥石流完全阻塞公路,无法通行,堆积厚度为 2～3m
2017 年 9 月 25 日	受降雨影响,下季节海子沟再次暴发泥石流,冲出沟谷的量体约10000 m^3,大部分泥石流冲积物流入下季节海,一部分覆盖公路路面长 150 m,泥石流完全阻塞公路,无法通行,堆积厚度为 4～5m

1. 下季节海子沟概况

下季节海子沟位于九寨沟景区的中部,地处九寨沟景区高中山地貌区(图 6-24),其流域上游山体地形陡峻,区域内最高点位于流域北侧,海拔为 4120m;最低点位于下季节海子附近,海拔为 2620m,相对高差达 1500m,整体呈西高东低,横向宽度约为 1.3km;流域下游主要为老泥石流堆积,平均坡度为 28°;堆积体上冲沟较发育。流域中上游山高坡陡,两侧山坡坡度一般为 35°～70°,上游为陡崖地貌(图 6-25)。下季节海子沟主沟道整体呈 V 字形,宽度约为 10m,沟道下切严重,切割深度为 0.5～1.0m。下季节海子沟流域内出露地层以第四系全新统崩坡积层和泥石流堆积层为主。

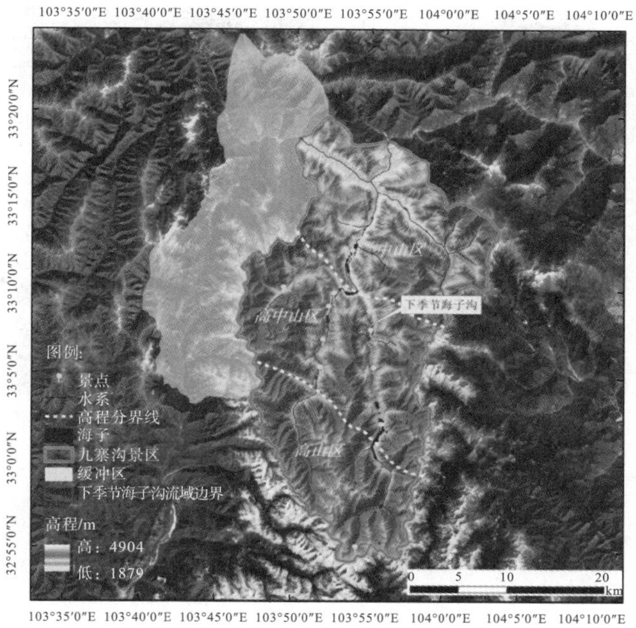

图 6-24　九寨沟景区地形地貌图

图 6-25　下季节海子沟上游陡崖地貌(柳金峰研究员于 2017 年 12 月 6 日拍摄)

2. 下季节海子沟泥石流基本特征

根据表 6-9 可知,"8·8"九寨沟地震前,下季节海子沟分别于 2012 年和 2013 年发生泥石流活动,2014～2017 年"8·8"九寨沟地震前无泥石流活动记录。2017 年"8·8"九寨沟地震在下季节海子沟共诱发 7 处崩滑体,导致该沟泥石流活动更加频繁,分别于次月 9日、14 日及 25 日相继发生 3 次不同规模泥石流事件。分析下季节海子沟泥石流的活动历史可知,该沟震后已经发展成为高频泥石流沟。

通过野外考察可知,下季节海子沟流域内沟道堆积物以块石为主,块石粒径一般为30～120cm,含量为 60%以上,岩性以灰黑色灰岩为主,结构松散,填充物为破碎灰岩岩块及粉质黏土,分选性差,呈棱角到次棱角状。由于流域内植被发育,崩滑堆积物中携带有沟道的树木残肢,直径多为 25～40cm(图 6-26)。

图 6-26　下季节海子沟流域内沟道堆积物质（赵万玉老师于 2017 年 12 月拍摄）

　　在野外踏查中，本书研究人员采集了泥石流堆积物样品和崩滑体样品，通过室内颗粒分析试验分析其颗粒组合，结果见表 6-10。通过表 6-10 可知，下季节海子沟泥石流堆积区的堆积物质以碎块石及粉质黏土为主，部分区位有漂木。堆积物总体结构松散，岩性主要为灰岩，分选差，石块多呈次棱角状。在降雨作用下，下季节海子沟的主沟道两侧崩滑体松散物质将会受大量水流的影响携带进入沟道。当水流与崩滑体松散物源持续汇流混合后，将会暴发大规模泥石流灾害。

表 6-10　下季节海子沟泥石流堆积物粒度分析

位置	不同粒径颗粒占总颗粒数量的比重/%									
	>60mm	60～40mm	40～20mm	20～10mm	10～5mm	5～2mm	2～0.5mm	0.5～0.25mm	0.25～0.075mm	<0.075mm
沟口	80.0	3.8	9.8	5.5	0.4	0.3	0.1	0.1	0	0
崩滑体	84.0	3.8	4.0	4.5	0.7	0.5	0.2	0.1	0.1	0.1

　　2017 年 9 月 25 日暴发泥石流之前，下季节海子沟每日均有局部暴雨现象。自 9 月 22 日凌晨起，下季节海子沟雨强加大，最大小时降雨量达 27.7mm/h，次日凌晨至 8 时时段内连续降雨 5 日。2017 年 9 月 25 日凌晨 2 时 5 日累计降雨量高达 580.2mm，泥石流激发过程最大雨量为 31.9mm/h（图 6-27）。该次泥石流事件共计冲出泥石流碎屑物 $1×10^4 m^3$，大部分泥石流冲积物流入下季节海子沟，一部分覆盖公路路面长为 150m，堆积厚度为 4～5m，造成公路阻塞，车辆无法通行。此次事件为黏性泥石流，容重为 $2.2 t/m^3$，事件并未造成人员伤亡。

3. 流域崩滑体稳定性分析

　　本书对研究区进行了详细的实地调查，利用激光测距仪、GPS 设备、无人机及 GIS 工具对研究区的空间尺度特征和物源空间分布特征进行了解，共计解译出 11 处坡面物源、7 处崩滑体物源及 8 处沟道物源（图 6-28），详情见表 6-11～表 6-13。

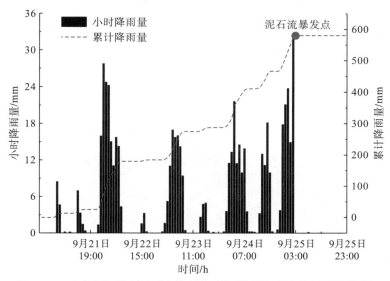

图 6-27　下季节海子沟泥石流前后降雨量(数据由九寨沟管理局提供)

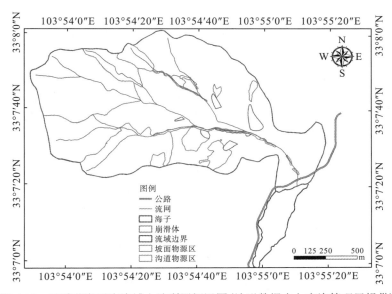

图 6-28　下季节海子沟流域土地利用解译图(地形数据由九寨沟管理局提供)

表 6-11　下季节海子沟坡面物源统计结果

编号	类型	面积/m²	厚度/m	物源总量/m³	动储量/m³	补给方式	补给条件
P01	坡面物源	5963	2.5	14908	1491		
P02	坡面物源	3559	2.0	7117	712		
P03	坡面物源	28537	2.0	57075	11415		
P04	坡面物源	25553	2.0	51106	5111	水力侵蚀	暴雨冲刷
P05	坡面物源	1392	1.0	1392	139		
P06	坡面物源	5509	2.0	11018	1102		
P07	坡面物源	183971	0.3	55191	11038		

编号	类型	面积/m²	厚度/m	物源总量/m³	动储量/m³	补给方式	补给条件
P08	坡面物源	152012	0.3	45604	4560		
P09	坡面物源	329597	0.3	98879	9888		
P10	坡面物源	58828	0.3	17648	1765		
P11	坡面物源	33523	0.3	10057	1006		
总量		828444	—	369995	48227	—	—

表 6-12　下季节海子沟崩滑体物源统计结果

编号	类型	面积/m²	厚度/m	物源总量/m³	动储量/m³	补给方式	补给条件
H01	崩滑体	650	6.0	3900	3120		
H02	崩滑体	2300	2.5	5750	6660		
B01	崩滑体	11100	6.0	66600	38400		
B02	崩滑体	4800	6.0	28800	14400	重力侵蚀	暴雨、洪水或泥石流冲刷
B03	崩滑体	4750	4.0	19000	3800		
B04	崩滑体	3200	15.0	48000	4600		
B05	崩滑体	1200	2.0	2400	1200		
总量		28000	—	174450	72180		

表 6-13　下季节海子沟沟道物源统计结果

编号	类型	面积/m²	厚度/m	物源总量/m³	动储量/m³	补给方式	补给条件
G01	沟道物源	880	5.0	4400	1320		
G02	沟道物源	1200	5.0	6000	1800		
G03	沟道物源	2100	5.5	11550	4200		
G04	沟道物源	4400	5.5	24200	11000	泥石流裹挟	泥石流冲刷
G05	沟道物源	2500	5.5	13750	8750		
G06	沟道物源	3700	6.0	22200	9250		
G07	沟道物源	1500	6.0	9000	3750		
G08	沟道物源	3900	6.0	23400	11700		
总量		20180	—	114500	51770		

　　九寨沟景区植被在空间上呈现出明显的垂直变化，可划分为三个植物分布带，由下而上分别为：针阔叶混交林带，分布于海拔 2800m 以下；亚高山针叶林带，分布于海拔 2800～3800m；高山灌丛草甸带，分布于海拔 3800～4200m。因下季节海子沟流域海拔为 2620～4120m，该区域内植被以亚高山针叶林和灌丛为主。图 6-28 中，未划分的区域均属于林地(清水区或非侵蚀区)，主要植物有冷杉、云杉、灌木、灌丛等。其他划分的区域主要分为坡面物源区(水力侵蚀区)、崩滑体(重力侵蚀区)及沟道物源区(沟道侵蚀区)。

　　通过实地考察发现(图 6-29)，坡面物源总量约为 369995m³，动储量约为 48227m³ (表 6-11)；崩滑体物源总量约为 174450m³，动储量约为 72180m³(表 6-12)；沟道物源总量约为 114500m³，动储量约为 51770m³(表 6-13)。这些物源分布在沟源、沟槽及两侧岸坡，并非同时参与一次泥石流活动，且一次参与泥石流活动的松散固体物质也并非会全部被冲出泥石流沟。

(a)P01坡面物源

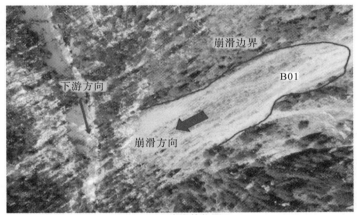

(b)B01崩滑体物源

图 6-29　下季节海子沟流域内物源调查照片

在暴雨或持续降雨作用下，才有可能启动形成泥石流。同时，泥石流物源(坡面、沟道、崩滑体)在同一场泥石流发生时，并不是全部参与形成泥石流，需要开展稳定性分析，对可能补给泥石流的区域进行分析，判断物源的失稳深度，进而获取某次降雨条件下下季节海子沟流域内物源参与泥石流的方量，为泥石流危险性分析提供合理的数据。因此，根据《四川省暴雨统计参数图集》，假设下季节海子沟百年一遇的泥石流触发降雨为44.4mm/h，模拟时长设置为6h，具体模拟结果将在后续章节中展现。

TRIGRS 模型已在前文详细介绍，本书采取 TRIGRS 模型分析下季节海子沟流域崩滑堆积体的稳定性。模型所需参数参考七盘沟流域原位试验结果及工程地质类比法，综合确定下季节海子沟流域内崩滑体的主要参数，详情见表6-14。

表 6-14　TRIGRS 模型各项参数输入值

区域名称	初始入渗率/(mm/s)	饱和入渗率/(mm/s)	初始含水率	残余含水率	土体有效内聚力/kPa	土壤内摩擦角/(°)
林地	0.02	0.0083	0.213	0.034	25.0	28
坡面	0.02	0.0250	0.033	0.067	21.2	25
沟道	0.05	0.0417	0.208	0.045	9.5	30
崩滑体	0.05	0.0508	0.117	0.078	6.3	31

与七盘沟流域相同，在 TRIGRS 模型中土层厚度也是关键参数之一，前文已详细讲解土层厚度获取方法。根据野外考察及实地测量，假设下季节海子沟流域有效土层的最小深度和最大深度分别为 0.1m 和 10m，按照土层有效厚度与地形高程的关系计算结果如图 6-30 所示。

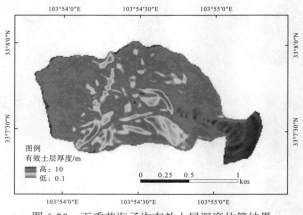

图 6-30　下季节海子沟有效土层深度估算结果

按照前文的方法，结合表 6-15 的参数设置，利用 TRIGRS 模型预测模拟下季节海子沟流域内崩滑体的稳定性。根据《四川省暴雨统计参数图集》，假设下季节海子沟百年一遇的泥石流触发降雨为 44.4mm/h，模拟时长设置为 6h。最终得到下季节海子沟流域崩滑体稳定性(安全系数)的预测结果及其失稳深度如图 6-31 所示。

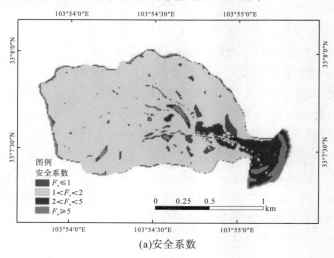

(a)安全系数

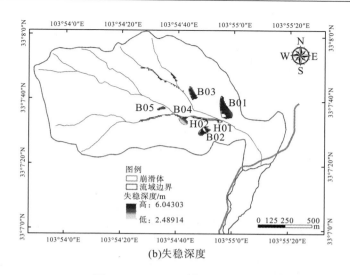

(b)失稳深度

图 6-31　TRIGRS 模型预测结果

　　分析发现，下季节海子沟流域内的物源并非同时参与一次泥石流活动，与实际调查结果一致。TRIGRS 模型模拟结果还表明，只有在足够的降雨径流作用下，泥石流不同类型的物源才会形成泥石流。同时，基于极限平衡方法可知，崩滑体最容易失稳补给泥石流；与实际调查体积（崩滑物源总储量 $17.4×10^4m^3$）对比可知，崩滑体在雨强 44.4mm/h 时，崩滑体全部补给泥石流，补给体积为 $19.07×10^4m^3$。在模拟崩滑体稳定性时，部分沟道物源也将失稳补给泥石流，这是导致最后模拟结果大于实际调查数据的主要原因，但是该情况对后续模拟结果影响甚微。由此可见，TRIGRS 模拟结果可为后续泥石流汇流模型计算提供合理的失稳时间和失稳深度等参数值。

　　4. 泥石流峰值流量模拟

　　清水流量是泥石流汇流模型式中流域侵蚀分区划分的关键，因此，假设式中 α 参数、β 参数及 γ 参数为零，先模拟计算清水汇流过程。通过分析下季节海子沟的气象水文过程（图 6-27），选取泥石流暴发前后的降雨过程线，进行时长达 24h 的次洪模拟，模拟结果见图 6-32。从模拟结果可见，在流域宣泄口处洪峰于 840min 左右达到最大值 $10.6m^3/s$，属于平水期流量。洪峰流量较小主要与下季节海子沟常年无地表流水有关。因 B01 崩滑体位于流网汇流点处，清水流量在 B01 崩滑体处变化较大。同时，这也是 B01 崩滑体对泥石流的补给量大于其他崩滑体的原因之一。

　　5. β 参数计算

　　前文中已着重强调 β 参数的重要性，在下季节海子沟流域泥石流流量精细化计算中，β 参数起到同样的关键作用。前文详细描述了 β 参数的计算方法，并反演七盘沟泥石流汇流过程，验证了该函数的可行性。因此，采用相同的方法，分别计算出下季节海子沟流域内崩滑体的栅格梯度及栅格到流网的距离（图 6-33），最后计算 β 参数，并将其应用到考虑侵蚀分区的泥石流汇流模型中，获取不同断面的泥石流峰值流量。

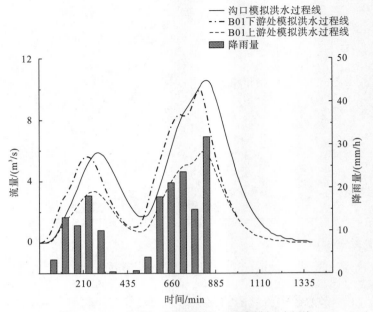

图6-32　下季节海子沟流域降雨径流模拟过程线

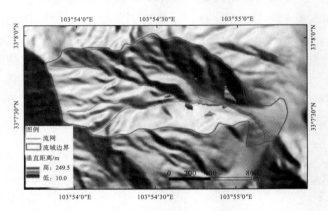

(a)崩滑体栅格梯度空间分布

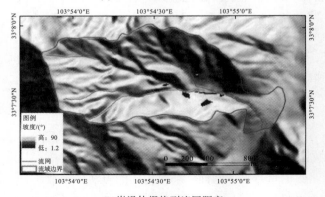

(b)崩滑体栅格到流网距离

图6-33　崩滑区内栅格梯度及栅格到流网距离计算结果图

6. 泥石流危险性评估

基于 ArcGIS 二次开发功能，利用 Python 编程，模拟泥石流汇流过程。在前文中已获取 DEM 数据、模型各项力学参数、崩滑体失稳深度、崩滑区单位元到流网的距离等本书泥石流汇流模型所需的参数。将参数输入 Python 程序，通过数值模拟得到不同断面的泥石流流量过程线，如图 6-34 所示。由沟口 C01 断面泥石流流量过程线可知，下季节海子沟流域宣泄口处峰值流量发生在 850min 左右，其峰值流量最高达 145.3m³/s，与流域清水峰值流量的发生时间和持续时间相近。通过对崩滑体（B01 和 H01）上下游不同断面泥石流流量过程线进行比较可知，C02 断面与 C01 断面，泥石流汇流至崩滑体 B01 和 H01 处后，崩滑体 B01 和 H01 同时补给泥石流大量松散固体物质，导致泥石流峰值流量突增。通过表 6-12 可知，崩滑体 B01 的物源总量远高于其他崩滑体，这也是泥石流峰值流量突增的原因。

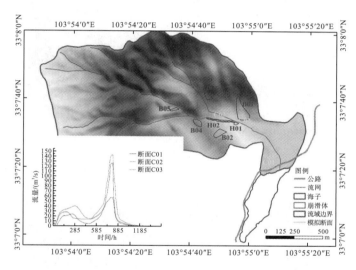

图 6-34　下季节海子沟流域中不同断面处的泥石流流量过程线

相较于其他崩滑体上下游断面的泥石流峰值流量，泥石流峰值流量在崩滑体 B01 和 H01 上下游两处的峰值流量突变十分明显。在崩滑体 B01 和 H01 上下游两处的峰值流量分别为 126.4m³/s（断面 C02）和 56.9m³/s（断面 C03），泥石流峰值流量激增约 2.2 倍。根据《"8.8"九寨沟地震灾后恢复重建九寨沟景区地质灾害治理项目九寨沟县九寨沟景区下季节海子沟泥石流治理工程勘查报告》可知，断面 C01 和断面 C03 处的泥石流流量形态调查法计算结果分别为 38.82m³/s 和 36.02m³/s。数值模拟的泥石流峰值流量远大于已发生的泥石流事件，这是由于 9 月 25 日泥石流事件一次冲出体积约为 $2×10^4m^3$，还有大量物源堆积于流域内，导致未来泥石流的规模可能会增强。同时，在崩滑体 B01 处泥石流突增，反映出本书的泥石流汇流模型能够较好地体现崩滑体对泥石流汇流的影响。

按前文的方法步骤，依次获得泥石流淹没范围和泥深(图6-35)。通过对比图可知，数值模拟结果表明下季节海子沟泥石流最大淹没范围为 $0.91 \times 10^4 \mathrm{m}^2$，其危险性将大于 9 月 25 日发生的泥石流灾害(淹没范围为 $0.58 \times 10^4 \mathrm{m}^2$)，将同样威胁到下季节海子沟(图6-35)。调查公路受损处的实际泥深为 $4 \sim 5\mathrm{m}$，数值模拟结果为 $5.5\mathrm{m}$ 左右。此外，下季节海子沟的主沟宽度可能增加至 $23.5\mathrm{m}$，主要是泥石流对沟岸的侧蚀导致。同时，泥石流灾害采用表6-4中泥石流泥深的危险区分区方法，将泥石流危险性划分成若干不同等级的危险区域，得到泥石流泥深危险分区图(图6-36)，可为灾后自然景观恢复、灾害防治、公路重建等基础建设提供指导性意见。

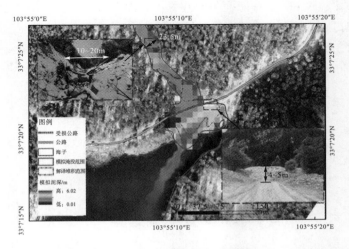

图 6-35 泥石流淹没范围和泥深(遥感图通过大疆悟 2 无人机拍摄)

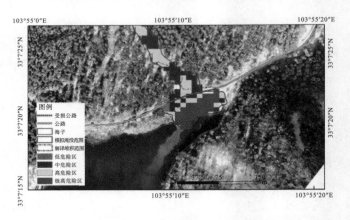

图 6-36 泥石流泥深危险分区图(遥感图通过大疆悟 2 无人机拍摄)

6.4 小　结

将考虑侵蚀分区的泥石流汇流模型应用于刚发生地震不久后的下季节海子沟。通过野外详查，采用工程地质类比法获取 TRIGRS 模型所需参数，判断下季节海子沟流域内崩滑体的稳定性。依据本书泥石流汇流模型的应用方法，分别开展泥石流流量精细化计算和泥石流危险分区。

　　结果表明，下季节海子沟泥石流的最大范围将达到 $0.91 \times 10^4 m^2$。同时，本书绘制的泥石流流深空间分布图和泥石流危险分区图，可为下季节海子沟沟口公路、栈道的重建提供指导性意见。当然，该模型主要考虑不同侵蚀区的影响，尚未考虑泥石流汇流过程中与障碍物(如树木、建筑物、拦挡坝等)产生的相互作用。因此，需进一步考虑障碍物与泥石流之间的相互作用。

第7章 村镇建筑物及人员风险定量评估

区域高风险村镇的识别可以有效保证区域泥石流防灾减灾措施规划的合理性与科学性。但在进行具体村镇泥石流防治措施的选择与实施时，需要进一步识别高风险建筑物及人员的空间位置及风险值。前文提出一种基于遥感大数据的村镇建筑物及人员风险计算方法，实现了区域高风险村镇的快速识别，可以为区域泥石流灾害防治措施的初步配置提供有效的决策支持，也为进一步开展高风险村镇的建筑物及人员风险定量计算奠定了基础。

建筑物破坏或淤积与人员在室是泥石流造成人员死亡的两个先决条件。其中，建筑物破坏或淤积与泥石流的危险性和建筑物的易损性有关，而人员在室情况与泥石流发生时间、节假日情况、村镇居民职业、村镇建筑物的功能等密切相关。因此，在具体村镇开展泥石流灾害风险定量评估时，一方面需要考虑泥石流灾害的动力过程，提出科学合理的建筑物易损性计算方法；另一方面需要依据不同村镇人员活动特点客观计算村镇人员在室率，从而精确地计算人员风险。

本书选择黑水河流域两个泥石流高风险村镇(普格县洛莫村、宁南县大花地村)开展建筑物单体及室内人员风险的定量评估。提出同时考虑泥石流动力强度参数及建筑物物理特性的建筑物易损性计算方法。考虑村镇人员活动特点及在室率对人员死亡的影响，改进了现有的建筑物及人员风险计算方法。通过对村镇建筑物及人员风险的定量计算，可以明确区分不同建筑物及人员风险等级，精确识别高风险建筑物及人员的空间位置，为精细的泥石流防治提供严谨的理论及数据支撑。

7.1　风险计算方法

尽管不同学者对泥石流灾害风险的定义有一定的差异，但目前泥石流灾害风险定量计算方法已经具有明确的流程(Dai et al.，2002；Corominas et al.，2014)。本书采用 Morgan 等(1992)提出的风险评估方法，得到村镇建筑物及人员风险计算方法如下：

$$R = P(H) \times P(SO) \times P(T) \times P(S) \times V \times E \tag{7-1}$$

式中，R 为泥石流每年可能造成建筑物破坏的经济损失或人员死亡的概率；$P(H)$ 为泥石流的年发生概率；$P(SO)$ 为泥石流发生的季节概率；$P(S)$ 为建筑物或人员暴露的空间概率；$P(T)$ 为建筑物或人员暴露的时间概率；V 为建筑物或人员易损性；E 为建筑物价值或人员数量。

当某一区域可能发生不同规模强度的泥石流灾害时，需要考虑不同规模强度的泥石流造成的风险，以不同规模强度的泥石流造成的风险之和作为最终的风险值(Fell et al.，2005)，计算公式如下：

$$R = \sum_{1}^{n} [P(H) \times P(SO) \times P(T) \times P(S) \times V \times E] \tag{7-2}$$

式中，n 为不同规模灾害数量。在实践计算中，n 一般为灾害对应的降雨重现期数量，如考虑两种重现期 T_1、$T_2(n=2)$，则建筑物及人员的风险值为两种重现期降雨激发的泥石流灾害造成的风险之和。

7.1.1　建筑破坏风险

因建筑物为静态，故建筑物暴露的时间概率 $P(T)=1$，建筑物风险计算方法如下：

$$R_b = P(H) \times P(SO) \times P(S) \times V_b \times E \tag{7-3}$$

式中，R_b 为建筑物破坏的相对风险；$P(H)$ 为灾害的年发生概率；$P(SO)$ 为泥石流发生的季节概率；$P(S)$ 为建筑物暴露的空间概率；V_b 为建筑物的易损性；E 为建筑物价值。

在具体的计算过程中，灾害年发生概率 $P(H)$ 根据激发雨量的重现期来确定，本书选择的普格县洛莫村与宁南县大花地村在历史上曾多次暴发泥石流灾害，因此选取重现期 T 为 2 年、10 年、50 年、100 年[对应泥石流年发生概率 $P(H)$ 为 0.5、0.1、0.02、0.01]计算最终的风险值；泥石流发生的季节概率根据历史泥石流统计，在第 3 章中已经对横断山区泥石流灾害发生的月份进行了统计，5～10 月发生的泥石流灾害次数占比高达 99.25%，因此本书 $P(SO)=0.5$；建筑物暴露的空间概率 $P(S)$ 根据泥石流灾害的冲出范围进行确定，当建筑物处于泥石流影响区时，$P(S)=1$，反之 $P(S)=0$；建筑物的易损性计算是目前研究的热点，本书提出了考虑泥石流动力强度及建筑物物理特性的建筑物易损性计算方法，详见下一节。考虑到村镇建筑物价值 E 的估算需要非常详细的调查资料，获取难度及误差较大，本书参考溪洛渡水电站移民赔偿标准，即框架结构、砖混结构、砖砌结构、土木结构建筑物单价（分别为 1200 元/m²、1000 元/m²、700 元/m²、600 元/m²）及建筑面积计算建筑物价值。

建筑物易损性不仅与泥石流强度有关，还与建筑物自身物理特性有关。采用 Silva 和 Pereira（2014）提出的计算方法：

$$V_b = I \times (1 - R_e) \tag{7-4}$$

式中，I 为泥石流强度；R_e 为建筑物抵抗泥石流破坏的能力，二者取值范围均为 0～1。Silva 和 Pereira（2014）在计算建筑物易损性时，对泥石流强度 I 直接赋值。这种直接赋值的方法忽略了不同空间位置泥石流动力强度的差异，无法真实反映建筑物对泥石流动力强度的动力响应。本书采取经典的以泥石流泥深及流速作为泥石流强度分级的方法。目前使用较多的分级方法见表 7-1，本书最终采用的泥石流强度定量分级见表 7-2。

表 7-1　泥石流强度分级方法

序号	低	中	高
1	$H<0.4$m 且 $V<0.4$m/s	$H<1.0$m 且 0.4m/s$<V<1.5$m/s	$H>1.0$m 或 $V>1.5$m/s
2	$H<0.5$m 且 $V<0.5$m/s	$H<1.5$m 且 0.5m/s$<V<1.5$m/s	$H>1.5$m 且 $V>1.5$m/s
3		$H<1$m 且 $V<1$m/s	$H>1$m 且 $V>1$m/s
4		$H<1.0$m 或 $VH<1.0$m²/s	$H>1.0$m 或 $VH>1.0$m²/s

表 7-2　本书采用的泥石流强度定量分级

强度分级	流速、泥深取值	I 取值
极高	$H>1.5\mathrm{m}$ 且 $V\geqslant1.5\mathrm{m}$	1
高	$H\geqslant1.0\mathrm{m}$ 或 $VH\geqslant1.0\mathrm{m}^2/\mathrm{s}$	0.7
中	$H<1.0\mathrm{m}$ 且 $VH<1.0\mathrm{m}^2/\mathrm{s}$	0.5
低	$H<0.5\mathrm{m}$ 且 $V<0.5\mathrm{m}$	0.2

建筑物的抵抗力 R_e 是建筑固有特性，反映了建筑物抵抗泥石流冲击或淤积作用的能力。在泥石流冲击作用下，不同建筑结构及不同围墙范围的建筑物其受力特征及破坏形式具有显著的差异（张宇等，2005）。雷雨等（2016）以墙体弯曲应力破坏准则为基础，通过计算指出传统 240mm 厚的墙体的砌体结构，当泥石流流速为 4m/s 时，一旦泥石流深度超过 0.4m，受到正面冲击的墙体将会发生破坏。例如，2017 年普格县耿底村被完全破坏的建筑物均为土坯房，砖混结构房屋仅被淤积；围绕建筑物的围墙可减小建筑物被泥石流破坏的概率及程度。同时，建筑物楼层数对建筑物破坏具有明显的影响，1 层建筑较 3 层建筑更易被淤积破坏。此外，建筑物距离泥石流沟所处的空间位置可以在一定程度上反映建筑物可能承受泥石流冲击力的大小及建筑物之间的遮蔽效应（胡凯衡等，2012b；Hu et al., 2012）。因此，本书选取建筑物结构、楼层数、建筑物距离泥石流沟空间位置及围墙范围四个指标计算建筑物抵抗力，并根据横断山区村镇建筑物特点提出各指标分级及得分取值。

建筑物抵抗力 R_e 计算方法如下：

$$R_e = a \times \mathrm{CS} + b \times \mathrm{NF} + c \times \mathrm{BR} + d \times \mathrm{BW} \tag{7-5}$$

式中，CS 为建筑结构得分；NF 为楼层数得分；BR 为建筑物距离泥石流沟位置得分；BW 为围墙范围得分，各指标分级得分取值范围为 0~1（表 7-3）；a、b、c、d 为四个指标对应的权重，权重之和为 1（表 7-4）。

表 7-3　建筑物特性分级得分

因素	分级	得分
建筑结构	钢结构	0.8
	砖混	1
	砖木或石木	0.4
	砖砌	0.6
	木或土	0.1
楼层数	1	0.3
	2	0.7
	$\geqslant3$	1
距离泥石流沟位置	第一排	0.1
	第二排	0.4
	第三排	0.6
	第四排及更远	1

续表

因素	分级	得分
围墙范围	整体建筑物	1
	一半建筑物	0.5
	无	0.1

表 7-4　建筑物特性权重取值

权重	a	b	c	d
取值	0.4	0.15	0.3	0.15

7.1.2　室内人员死亡风险

村镇人员风险的计算涉及室内、室外两类人员，考虑到我国泥石流灾害造成的人员伤亡大多位于室内，本书仅考虑室内人员风险。人员死亡主要由建筑物破坏造成，因此人员死亡概率与建筑物风险具有直接的关联。室内人员风险定量计算方法如下：

$$R_{pe} = P(H) \times P(SO) \times P(S) \times V_b \times P(T) \times V_p \times E \tag{7-6}$$

式中，R_{pe} 为室内人员风险；$P(H)$ 为泥石流的年发生概率；$P(SO)$ 为泥石流的季节发生概率；$P(S)$ 为建筑物暴露的空间概率；V_b 为建筑物的易损性；$P(T)$ 为人员暴露的时间概率，即人员在室率；V_p 为室内人员的易损性；E 为室内人员数量。

当多人处于室内几乎为同一时间段时，则室内多人死亡风险计算方法如下：

$$R_{pe} = P(H) \times P(SO) \times P(S) \times P(T) \times V_b \times V_p \tag{7-7}$$

式中，$P(H)$、$P(SO)$、$P(S)$、V_b 的确定方法同前文所述；人员的在室率 $P(T)$ 需要根据村镇人员活动特点进行详细分析统计，在 7.3 小节中进行详细论述；人员易损性 V_p 在本书中直接取值 0.9。

村镇单体建筑物及室内人员风险具体计算流程如图 7-1 所示。

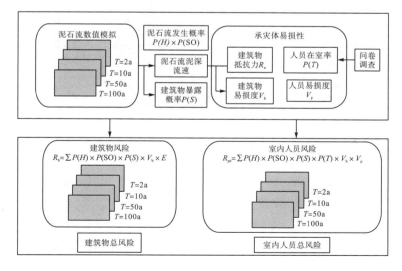

图 7-1　村镇建筑物及室内人员风险计算流程

7.2　典型泥石流沟及村镇介绍

7.2.1　普格县牛乃堵沟

牛乃堵沟位于凉山州普格县西洛镇(原洛乌乡)洛莫村,距普格县城约 40km,沟口坐标为 102°37′47″E,27°35′42″N。牛乃堵沟泥石流灾害频发,严重威胁位于堆积扇的洛莫村村民的生命财产安全。

牛乃堵沟流域为典型的中山峡谷地貌,平面形态呈近似长方形,主沟长约为 5.2km,流域面积为 7.47km²,流域最高海拔为 3412m,最低海拔为 1538m,相对高差为 1874m (图 7-2)。沟道总体纵坡降变化较大,上陡,中上平缓,中下陡,下游平缓,下游出山口至西洛河交汇段纵坡 150‰~180‰,中下游纵坡段纵坡 210‰~470‰,中上游纵坡 120‰[①]。泥石流形成区 2300m 以上高程范围内,沟谷内地质构造复杂,松散堆积体厚度相对较大,不良地质现象发育,大量崩塌、不稳定斜坡为泥石流的形成提供了大量松散固体物源。沟床纵比降相对较缓,沟床堆积物丰富,为泥石流的形成提供了大量沟道堆积物源。泥石流流通段位于 1600~2300m 高程段,泥石流堆积区位于泥石流出山口 1600m 以下区域。

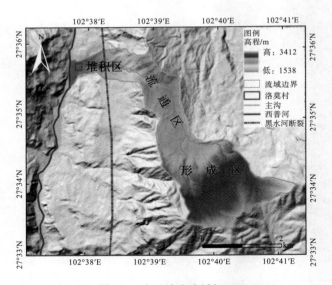

图 7-2　牛乃堵沟流域概况

该流域内地层岩性较复杂,地质构造较发育。流域内主要出露地层为第四系泥石流堆积物(主要分布于沟道、沟口及附近)、第四系全新统冲洪积层漂卵石土(主要分布在沟道内,两侧斜坡局部地段有少量分布)、第四系全新统崩坡积堆积物(主要分布于冲沟两侧斜坡中下部),基岩为燕山期至印支期的侵入岩。根据流域出露的地层岩性、物理力学性质

---

① 攀枝花陆零一地质工程有限公司,2019. 普格县洛乌乡莫村 1 组牛乃堵沟泥石流治理工程勘查报告。

等特征，流域岩土体包括松散岩类、半坚硬岩类及坚硬岩类三类[①]。流域发育的主要断裂从沟口及流域下游穿过的黑水河断裂（图 7-2），黑水河断裂沿南北方向延展，长约 75km，发育于黑水河背斜轴部。根据《中国地震动参数区划图》（GB 18306—2015），普格县西洛镇地震动峰值加速度为 0.30g，反应谱特征周期为 0.45s，地震基本烈度值为Ⅷ度。

牛乃堵沟流域无相关的雨量观测设施，其所在的普格县位于四川省低纬度地区，气候受西南季风和印度北部干燥大陆性气团交替控制，干雨季分明。普格县降雨主要分布在则木河流域、西洛河流域，随着地势的增高，降雨量也逐渐增大，多年平均降雨量为 1176.3mm，日最大降雨量为 157.5mm，小时最大降雨量为 51.2mm，10min 最大降雨量为 15.2mm，最大年降雨量为 1291.2mm，最小年降雨量为 601.5mm，相差达 689.7mm。降雨年际变化较大，年内分配不均，5～10 月为雨季，随着季风的进入，雨量剧增，出现较集中的降雨现象，降雨量占年平均降雨量的 89.2%。根据普格县年降雨等值线，牛乃堵沟流域多年平均降雨量为 900～1000mm。

牛乃堵沟泥石流松散固体物源较丰富，且物源分布较为集中，根据实地调查及遥感影像识别，物源类型主要包括崩滑堆积物、沟道堆积物、坡面侵蚀物源（图 7-3～图 7-6），主沟沟域内物源总量为 60.36 万 m^3，可能参与泥石流活动的动储量为 23.64 万 m^3[①]。

图 7-3　崩塌物源 1[①]

图 7-4　崩塌物源 2[①]

图 7-5　沟道松散物源[①]

图 7-6　坡面侵蚀物源[①]

---

① 攀枝花陆零一地质工程有限公司，2019. 普格县洛乌乡莫村 1 组牛乃堵沟泥石流治理工程勘查报告。

　　据实地走访调查，牛乃堵沟在 1987 年 7 月 2 日 2:30 左右发生过一次较大的泥石流灾害，冲毁了位于堆积扇的约 40 间护林厂房屋，因当时房屋内几乎无人居住，仅造成 1 人死亡。1997 年、2006 年、2016 年、2017 年又相继暴发了小规模的泥石流灾害，所幸未造成人员及财产损失。流域内现无任何泥石流防治措施，泥石流严重威胁洛莫村 1 组约 80 户 400 位村民的生命财产安全(图 7-7)。

图 7-7　位于牛乃堵沟堆积扇的洛莫村全景

7.2.2　宁南县碾房沟

　　碾房沟位于宁南县披砂镇(现宁远镇)大花地村，距离宁南县城约 8km，沟口坐标为 102°41′21″E，27°6′56″N。碾房沟曾多次发生泥石流灾害，并造成较多的人员伤亡与较大的经济损失。

　　碾房沟流域属于高中山地貌，流域面积为 11.23km²，流域内最高海拔为 2845m，最低海拔为 851m，相对高差为 1994m(图 7-8)。流域内地形切割强烈，地形陡峻，沟谷呈 V 形。流域主沟长约为 4.56km，左支沟为老虎沟，右支沟为龙潭沟，两支沟交汇于碾房沟。龙潭沟主沟长约为 3.86km，沟谷纵比降约为 375‰，老虎沟主沟长为 2.42km，沟谷纵比降约为 365‰，碾房沟沟长约为 0.7km，沟谷纵比降约为 100‰。

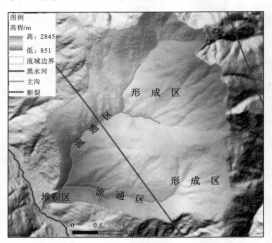

图 7-8　碾房沟地形地貌图

　　该流域主要包括震旦系、寒武系和第四系地层。震旦系主要出露灯影组，分布于泥石流沟中段；寒武系主要出露下统至中统，分布于流域北部和南西部，主要岩性为钙质砂岩、泥质砂岩、厚层块状白云岩、白云质灰岩、钙质页岩等；第四系主要包括晚更新统冰水堆积物和全新统冲洪积物、残坡积物、泥石流堆积物。晚更新统冰水堆积物主要分布于龙潭沟下游左岸、老虎沟下段两岸及碾房沟右岸，全新统冲洪积物主要分布于沟口堆积扇区，岩性为砂砾石土，残坡积物主要沿沟谷坡脚地带及形成区斜坡地带分布，泥石流堆积物主要分布于沟口泥石流堆积区。流域工程地质岩组主要包括松散岩类和坚硬岩类[①]。碾房沟流域主要构造为北西走向的则木河断裂，由于构造作用，流域内岩体较为破碎，风化强烈。根据《中国地震动参数区划图》（GB 18306—2015），区内地震加速度为 0.2g，地震基本烈度为Ⅷ度，1966～1980 年宁南县境内大于 4 级的地震有 8 次。

　　碾房沟所在宁南县由于受西风环流和西南季风气流、西太平洋暖湿季风气流影响，具有干湿季节明显的气候特征。宁南县年降雨量为 960mm，年最大降雨量为 1983mm，降雨主要集中在每年 6～10 月。

　　碾房沟流域具有丰富的松散固体物质。据勘查，可能参与泥石流活动的固体物质主要包括坡面侵蚀物源、崩塌物源及沟道松散堆积物源（图 7-9～图 7-12），物源总量约为40 万 m³[①]。

图 7-9　坡面侵蚀物源[①]

图 7-10　崩塌物源[①]

图 7-11　沟道松散堆积物源 1[①]

图 7-12　沟道松散堆积物源 2[①]

① 四川省地矿局成都水文地质工程地质中心，2010. 四川省凉山彝族自治州宁南县碾房沟泥石流应急勘查报告。

据实地调查，1997 年、2003 年碾房沟曾暴发泥石流灾害，但仅造成几户居民家中少量泥沙淤积，无较大经济损失。1997 年泥石流灾害发生后，当地政府在碾房沟主沟修建了导流堤。2007 年 6 月 6 日 6:00 碾房沟又暴发泥石流灾害（图 7-13、图 7-14），泥石流冲毁了导流堤，造成沟道旁一栋房屋倒塌，使得室内 5 人死亡，1 人重伤，泥石流还造成西巧公路中段、天久小学校园被泥沙淤积。2012 年，当地政府在龙潭沟和老虎沟修建了两座拦砂坝并重新修建了导流堤（图 7-15、图 7-16）。

图 7-13　泥石流堆积区地貌①

图 7-14　泥石流暴发现场情景
（图片来自四川新闻网）

图 7-15　龙潭沟泥石流拦挡坝

图 7-16　碾房沟导流堤

7.3　村镇建筑物及室内人员风险评估

7.3.1　泥石流动力过程模拟

泥石流冲出范围是确定建筑物暴露的空间概率的依据，泥石流强度是计算建筑物易损性的必需参数。选用 FLO-2D 模型开展不同重现期泥石流数值模拟，确定泥石流的冲出范围及动力强度。

1. FLO-2D 模型

FLO-2D 模型于 1986 年提出，其用非牛顿流体模式及中央有限差分的数值方法模拟高浓度泥沙运动（O'Brien，1986）。1988 年，美国联邦紧急事务管理署支持该模型的初步开发，并首次将其应用在科罗拉多州的特莱瑞德。

FLO-2D 模型主要控制方程如下。

（1）连续方程式：

$$\frac{\partial h}{\partial t} + \frac{\partial(uh)}{\partial x} + \frac{\partial(vh)}{\partial y} = i \tag{7-8}$$

式中，h 为流体深度；u、v 为在水平方向（x 方向）与垂直方向（y 方向）的流速；i 为产流降雨。

（2）运动方程式：

$$S_{\text{fx}} = S_{\text{ox}} - \frac{\partial h}{\partial x} - \frac{u}{g}\frac{\partial u}{\partial x} - \frac{v}{g}\frac{\partial u}{\partial y} - \frac{1}{g}\frac{\partial u}{\partial t} \tag{7-9}$$

$$S_{\text{fy}} = S_{\text{oy}} - \frac{\partial h}{\partial y} - \frac{v}{g}\frac{\partial v}{\partial y} - \frac{u}{g}\frac{\partial v}{\partial x} - \frac{1}{g}\frac{\partial v}{\partial t} \tag{7-10}$$

式中，S_{fx}、S_{fy} 为 x、y 方向的摩阻比降；S_{ox}、S_{oy} 为 x、y 方向的床面比降；g 为重力加速度。

（3）总摩阻比降：

$$S_{\text{f}} = S_{y} + S_{\text{v}} + S_{\text{td}} = \frac{\tau_y}{\gamma_{\text{m}}h} + \frac{K\eta\omega}{8\gamma_{\text{m}}h^2} + \frac{n^2\omega^2}{h^{4/3}} \tag{7-11}$$

式中，S_{y}、S_{v}、S_{td} 分别为屈服应力相、黏滞力相、紊动应力相；γ_{m} 为泥沙容重；K 为阻力系数；η 为刚度系数；τ_y 为屈服应力；ω 为流速。式（7-12）、式（7-13）描述了高浓度流体的流变特性，其中 η、τ_y 由经验公式计算：

$$\eta = \alpha_1 e^{\beta_1 C_\text{v}} \tag{7-12}$$

$$\tau_y = \alpha_2 e^{\beta_2 C_\text{v}} \tag{7-13}$$

式中，α_1、β_1、α_2、β_2 为经验系数；C_v 为体积浓度。

2. 模拟参数取值

FLO-2D 模型模拟泥石流时，需要提供的参数主要包括曼宁系数 n，流变参数 α_1、β_1、α_2、β_2，层流阻滞系数 K。

曼宁系数是表征床面阻力特性的重要参数，对泥石流流速等具有重要的影响。FLO-2D 模型建议的曼宁系数 n 取值见表 7-5。

表 7-5　曼宁系数建议取值表

床面条件	n 值
极茂密草地	0.17～0.80
茂密草地	0.17～0.48
灌木或牧草地	0.30～0.40
一般草地	0.20～0.40
覆被较差的粗糙床面	0.20～0.30
矮草覆盖	0.10～0.20

床面条件	n 值
稀疏植被地	0.05~0.13
无泥沙覆盖的稀疏牧场	0.09~0.34
20%泥沙覆盖的稀疏牧场	0.05~0.25
犁过的无农作物休耕地	0.008~0.012
传统耕地	0.06~0.22
已修整农地	0.06~0.16
梯田	0.30~0.50
无耕作无农作物	0.04~0.10
无耕作、覆盖农作物 20%~40%	0.07~0.17
无耕作、覆盖农作物 60%~100%	0.17~0.47
有块石分布的开阔地	0.10~0.20
沥青或混凝土地（含有 20~80cm 植被覆盖）	0.10~0.15
休耕地	0.08~0.12
无块石开阔地	0.04~0.10
沥青或混凝土地面	0.02~0.05

根据牛乃堵沟与碾房沟沟道概况及堆积扇地面覆盖条件，参考 Tecca 等（2007）、Sodnik 等（2013）、Chen 和 Chuang（2014）的文献，最终的曼宁系数取值见表 7-6。

表 7-6　牛乃堵沟及碾房沟曼宁系数取值

地点	曼宁系数取值
牛乃堵沟	0.09（沟道），0.12（乔木树林），0.2（建筑物），0.04（其他区域）
碾房沟	0.08（沟道），0.2（建筑物），0.04（其他区域）

层流阻滞系数（K）值表征泥石流运动表面粗糙度（Sodnik and Mikoš, 2010），当流体流态为层流或过渡流态时，K 值对泥石流计算结果具有显著的影响；当流体流态为紊流时，K 值影响较小。FLO-2D 手册建议 K 值见表 7-7。参考 Tecca 等（2007）、Chen 和 Chuang（2014）、Castelli 等（2017）的文献，本书取 $K=2285$。

表 7-7　层流阻滞系数（K）取值

床面条件	K 值
混凝土	24~108
裸露沙土	30~120
级配土	90~400
被侵蚀黏土	100~500
稀疏植被	1000~4000
矮草原	3000~10000
牧草草皮	7000~50000

　　泥石流流变特性是影响泥石流流速、流量、冲击力等动力学参数计算的重要因素。FLO-2D 手册建议的流变参数取值见表 7-8，部分公开发表的文献取值见表 7-9。

表 7-8　流变参数参考表

来源	$\eta = \alpha_1 e^{\beta_1 C_v}$ （dynes/cm²）		$\tau_y = \alpha_2 e^{\beta_2 C_v}$ （poises）	
	α_1	β_1	α_2	β_2
实验数据				
Aspen Pit 1	0.181	25.7	0.036	22.1
Aspen Pit 2	2.72	10.4	0.0538	14.5
Aspen Natural Soil	0.152	18.7	0.00136	28.4
Aspen Mine Fill	0.0473	21.1	0.128	12
Aspen Watershed	0.0383	19.6	0.000495	27.1
Aspen Mine Source	0.291	14.3	0.000201	33.1
Glenwood 1	0.03745	20.1	0.00283	23.0
Glenwood 2	0.0765	16.9	0.0648	6.20
Glenwood 3	0.000707	29.8	0.00632	19.9
Glenwood 4	0.00172	29.5	0.000602	33.1

注：dynes 即 dyn，达因。1dyn=10⁻⁵N。

表 7-9　文献流变参数取值

序号	地点	α_1	β_1	α_2	β_2	备注
1	蒋家沟(高黏性泥浆)	—	—	3.11	11.98	实验数据
2	蒋家沟(黏性泥浆)	—	—	0.3	16.56	
3	蒋家沟(亚黏性泥浆)	—	—	0.4	17.64	
4	蒋家沟	0.000142	17.98	0.02	19.64	实验数据
5	浑水沟	0.000247	15.48	0.03	14.42	
6	Val Canale Valley(意大利)	0.0000002	42.23	0.00005	42.01	
7	Val Canale Valley(意大利)	0.00002	31.52	0.00008	40.86	
8	Cheekye River(英国)高黏性	2.7	11	0.05	14.5	模拟参数
9	Cheekye River(英国)中等黏性	1	11	0.1	15	
10	Cheekye River(英国)低黏性	0.13	12	2.7	10.4	
11	Yosemite Valley(美国)	2.72	11	0.054	14.5	
12	Hrenovec torrential watershed	0.0248	22.1	0.0527	25.7	
13	Enna(意大利)	0.00707	29.8	0.066032	19.9	
14	Valtellina Valley(意大利)	0.00283	23	0.0345	20.1	

注：各数据对应的参考文献：1、2、3—(王裕宜等, 2014)，4、5—(王裕宜等, 2003)，6、7—(Boccali et al., 2015)，8、9、10—(Jakob et al.,2013)，11—(Bertolo and Wieczorek, 2005)，12—(Sodnik and Mikoš, 2010)，13—(Castelli et al., 2017)，14—(Quan Luna et al., 2011)。

由表 7-9 可知，目前尚无统一的流变参数取值，杨红娟等(2013)利用蒋家沟泥石流的浆体流变实验数据，对现有流变参数计算公式进行优选，发现 Mooney 公式与 Krieger-Dougherty 公式计算泥石流浆体的刚度系数精度较高，费祥俊公式和指数公式计算泥石流浆体的屈服应力精度较高。最终选用 Mooney 公式[式(7-14)]与指数公式[式(7-15)]分别计算泥石流浆体刚度系数与屈服应力，计算得到的流变参数取值见表 7-10。

$$\mu_r = \exp\left(\frac{[\eta]\phi}{1 - K\phi}\right) \tag{7-14}$$

$$\tau_y = A \cdot \exp(B\phi) \tag{7-15}$$

式中，μ_r 为相对黏滞系数；ϕ 为固体颗粒体积浓度；$[\eta]$ 为特征黏度，对于非黏性均匀球形颗粒 $[\eta]=2.5$；τ_y 为屈服应力；K、A、B 为拟合参数。

表 7-10　牛乃堵沟及碾房沟流变参数取值

地点	频率/%	α_1	β_1	α_2	β_1
牛乃堵沟	1	3.22	4.9419	0.0612	15.877
	2		4.1028		
	10		2.5143		
	50		2.5143		
碾房沟	1	3.22	7.8387	0.0612	15.877
	2		6.6066		
	10		4.3651		
	50		4.3651		

注：β_1 与泥石流体积浓度有关。

3. 泥石流流量过程

泥石流的流量过程也是 FLO-2D 数值模拟的必需条件。本书利用经验公式计算泥石流峰值流量及流量过程。

牛乃堵沟无水文观测集及降雨观测资料，参考《四川省中小流域暴雨洪水计算手册》计算不同频率下泥石流峰值流量。根据《2010 年四川省暴雨统计参数图集》，牛乃堵沟降雨特征见表 7-11。

表 7-11　牛乃堵沟降雨特征

时段	降雨等值线		频率/%			
	平均降雨 H/mm	变差系数 C_v	1	2	10	50
			H_{tP}/mm	H_{tP}/mm	H_{tP}/mm	H_{tP}/mm
$H_{1/6}$	12	0.35	25.32	23.04	17.64	11.16
H_1	30	0.40	69.30	62.40	45.90	27.30
H_6	40	0.40	92.40	83.20	61.20	36.40
H_{24}	60	0.40	138.60	124.80	91.80	54.60

注：H_{tP} 为设计频率最大 t 小时暴雨量，详细计算公式见《四川省中小流域暴雨洪水计算手册》。

根据《四川省中小流域暴雨洪水计算手册》的推理公式计算不同频率暴雨洪峰流量，进一步参考《泥石流灾害防治工程勘查规范(试行)》(T/CAGHP 006—2018)计算不同频率泥石流峰值流量，其中牛乃堵沟沟道堵塞系数根据调查取 $D_c=1.2$，泥沙修正系数 $\varphi=(\gamma_c-\gamma_w)/(\gamma_H-\gamma_c)$，$\gamma_c$、$\gamma_w$、$\gamma_H$ 分别为泥石流、清水、泥石流固体物质的容重(t/m³)，本书取 $\gamma_w=1$，$\gamma_H=2.65$，泥石流容重按照式(7-16)进行计算(陈宁生等，2011)。最终计算得到的牛乃堵沟不同频率泥石流峰值流量见表 7-12。

$$\gamma_c' = \gamma_c + 0.122\ln(P') \tag{7-16}$$

$$P' = 0.01P$$

式中，γ_c' 为不同频率泥石流的容重(g/cm³)；γ_c 为百年一遇泥石流容重(g/cm³)；P' 为暴发频率系数；P 为泥石流暴发周期(年)。根据实地勘察及现场配浆试验[①]，取牛乃堵沟 50 年一遇泥石流容重 $\gamma_c=1.662$t/m³。

表 7-12　牛乃堵沟沟口泥石流峰值流量

设计频率 P/%	暴雨洪峰流量 Q_P/(m³/s)	堵塞系数 D_c	泥石流泥沙修正系数 φ	泥石流峰值流量 Q_c/(m³/s)
1	69.54	1.2	0.83	152.47
2	60.06	1.2	0.67	120.42
10	38.58	1.2	0.39	64.52
50	16.86	1.2	0.39	28.21

根据《泥石流灾害防治工程勘查规范(试行)》(T/CAGHP 006—2018)，泥石流流量过程线可根据其峰值流量及持续时间概化为五边形。根据牛乃堵沟历史泥石流调查及流域概况，百年一遇泥石流持续时间取 30min，其余频率泥石流持续时间取 15min，概化后的不同频率泥石流过程线如图 7-17 所示。

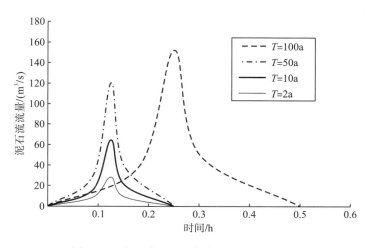

图 7-17　牛乃堵沟不同频率泥石流流量过程

---

① 攀枝花陆零一地质工程有限公司，2019. 普格县洛乌乡莫村 1 组牛乃堵沟泥石流治理工程勘查报告。

碾房沟降雨特征见表 7-13，参考牛乃堵沟泥石流流量计算过程，碾房沟沟口泥石流峰值流量见表 7-14。根据碾房沟泥石流调查及流域概况，百年一遇泥石流持续时间取 45min，其余频率持续时间取 30min，最终概化为五边形的不同频率泥石流过程线如图 7-18 所示。

表 7-13　碾房沟降雨特征值

时段	降雨等值线		频率/%			
	平均降雨 H/mm	变差系数 C_v	1	2	10	50
			H_{tP}/mm	H_{tP}/mm	H_{tP}/mm	H_{tP}/mm
$H_{1/6}$	12	0.35	25.32	23.04	17.64	11.16
H_1	30	0.40	69.30	62.40	45.90	27.30
H_6	50	0.40	115.50	104.00	76.50	45.50
H_{24}	70	0.35	147.70	134.40	102.90	65.10

表 7-14　碾房沟沟口泥石流峰值流量

设计频率 P/%	暴雨洪峰流量 Q_p/(m³/s)	堵塞系数 D_c	泥石流泥沙修正系数 φ	泥石流峰值流量 Q_c/(m³/s)
1	122.47	1.2	1.43	357.14
2	106.71	1.2	1.16	276.71
10	70.61	1.2	0.72	145.64
50	33.31	1.2	0.72	68.72

注：泥石流容重 50 年一遇取 1.886t/m³。

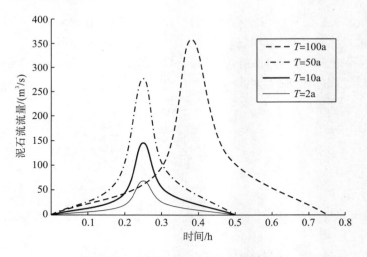

图 7-18　碾房沟不同频率泥石流过程线

4. 泥石流数值模拟结果

将上述参数输入 FLO-2D 模型，采用网格为 2m×2m 的数字高程模型（比例尺为 1∶2000），计算四种降雨频率下的牛乃堵沟及碾房沟泥石流堆积范围、流速及泥深。其中碾房沟考虑了无防治工程与有防治工程两种情况，由于碾房沟拦沙坝已经淤满，仅考虑导流堤对泥石流流动力强度的影响。

　　牛乃堵沟历史上多次发生泥石流,但并无详细的泥石流调查资料,根据现场调查,1987年暴发的泥石流对应的降雨频率约为50年一遇,泥石流堆积范围见图 7-19,数值模拟得到的泥石流堆积范围与 1987 年基本一致。2007 年碾房沟泥石流降雨频率约为 50 年一遇,无防治工程情况下泥石流实际堆积范围及数值模拟结果见图 7-20。数值模拟得到的泥石流堆积范围及泥深与野外调查实际情况较为接近。数值模拟结果显示泥石流泛滥区总面积为 3.22 万 m^2,野外调查结果为 3.4 万 m^2,模拟误差为 5.3%;根据堆积厚度的模拟结果计算得出的泥石流一次冲出总量为 2.5 万 m^3,野外调查结果为 2.9 万 m^3,模拟误差为 14%。考虑到近年牛乃堵沟及碾房沟村镇建设及土地种植引起的局部地形变化,认为数值模拟精度满足要求,能够较精确地计算泥石流各项指标。

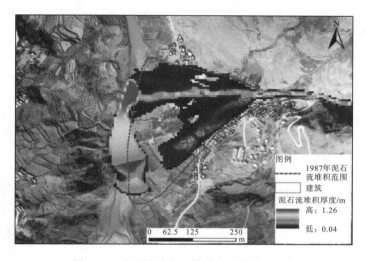

图 7-19　牛乃堵沟泥石流堆积范围(T=50a)

图 7-20　碾房沟泥石流堆积范围(T=50a)

牛乃堵沟不同降雨频率下泥石流最大流速及最大泥深见图 7-21、图 7-22。泥深、流速较大值主要分布在泥石流主沟及与主河交汇口附近区域，堆积扇上不同区域泥石流的最大泥深、流速具有较大的差异。

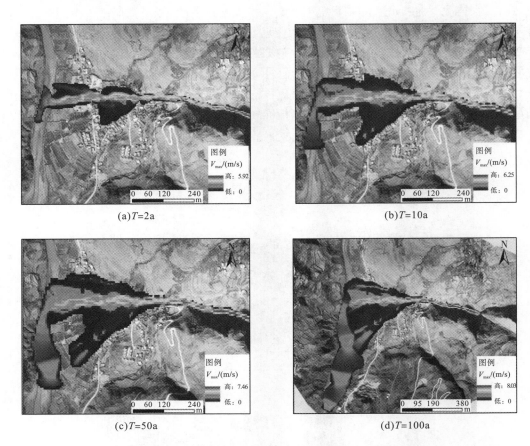

图 7-21   牛乃堵沟不同重现期泥石流最大流速

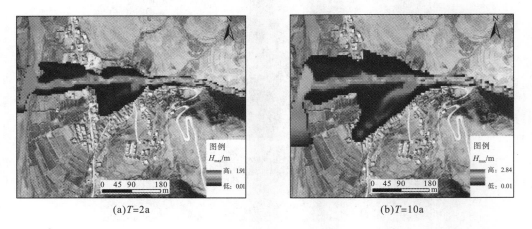

(c)T=50a　　　　　　　　　　　　　(d)T=100a

图 7-22　牛乃堵沟不同重现期泥石流最大泥深

　　无防治工程情况下，碾房沟不同降雨频率下泥石流最大流速及最大泥深见图 7-23、图 7-24。堆积扇下部靠近沟道一侧的建筑受泥石流的影响。泥深较大值主要分布在主河交汇段，流速较大值主要分布在堆积扇上。

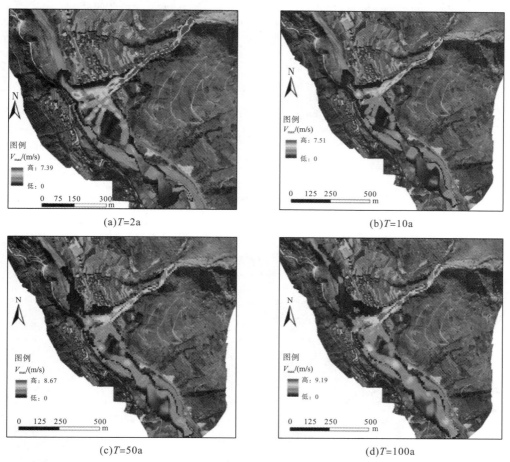

(a)T=2a　　　　　　　　　　　　　(b)T=10a

(c)T=50a　　　　　　　　　　　　　(d)T=100a

图 7-23　碾房沟不同重现期泥石流最大流速(无防治工程)

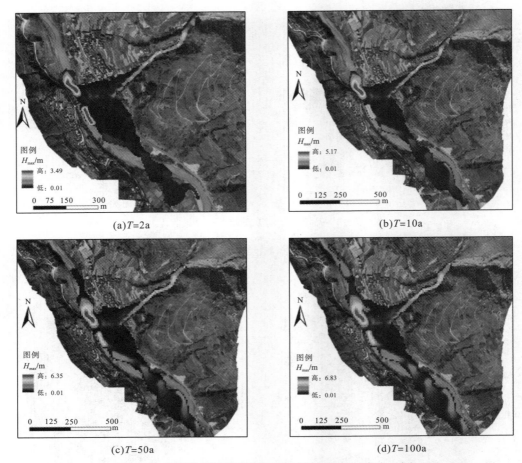

(a) T=2a

(b) T=10a

(c) T=50a

(d) T=100a

图 7-24　碾房沟不同重现期泥石流最大泥深(无防治工程)

　　考虑导流堤情况下,碾房沟不同降雨频率下泥石流最大流速及泥深见图 7-25、图 7-26。在 2 年一遇的降雨频率下,在导流堤的保护下,泥石流不会对村镇房屋造成影响;在 10 年一遇、50 年一遇、100 年一遇的降雨频率下,泥石流的淹没范围较无导流堤情况下明显减小,堆积扇上建筑物位置对应的最大泥深、流速也显著减小,说明导流堤可以显著降低泥石流的危险性。

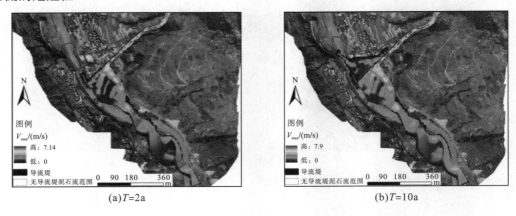

(a) T=2a

(b) T=10a

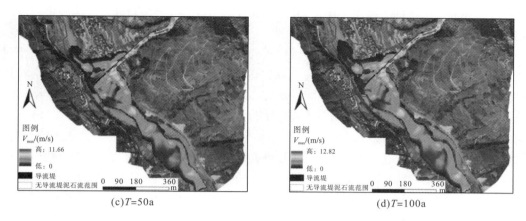

图 7-25　碾房沟不同重现期泥石流最大流速(考虑导流堤)

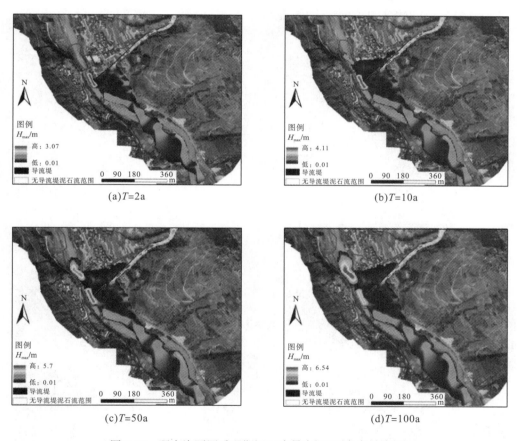

图 7-26　碾房沟不同重现期泥石流最大泥深(考虑导流堤)

7.3.2　建筑物易损性计算

使用 ArcGIS10.7 将建筑面转为点,利用空间分析模块下的采样工具,获得每个建筑物点的位置对应的不同重现期泥石流的最大泥深及最大流速，然后根据表 7-2 确定泥石流强度 I 的取值。

通过问卷调查获取洛莫村及大花地村建筑物结构、楼层数围墙范围，根据影像获得建筑物朝向泥石流沟的空间位置。两村建筑物结构、楼层分布见图 7-27～图 7-30，两村建筑物结构、楼层数、围墙范围分级统计见图 7-31～图 7-33。洛莫村房屋多为砖砌结构，房屋楼层多为 1 层且具有半圈围墙，大花地房屋多为 2 层的土木结构。根据式 (7-5) 计算建筑物抵抗力从而进行分级统计见图 7-34。总体上，洛莫村建筑物抵抗力值大于大花地村，这种差异可能主要由建筑结构不同造成。根据建筑物位置的泥石流强度与建筑物抵抗力，按照式 (7-4) 计算不同重现期泥石流影响下建筑物的易损性。降雨重现期为 100 年的泥石流影响下洛莫村及大花地村建筑物易损性 (无防治工程) 分别见图 7-35、图 7-36。洛莫村大多数建筑物易损性均大于 0，但易损性最大值仅为 0.315，易损性较大的建筑物主要分布在主沟两侧。大花地村大多数建筑物易损性为 0，即没有被泥石流破坏的风险，易损性最大值为 0.525，易损性较大的建筑物均靠近主沟，且呈聚集分布。

图 7-27　牛乃堵沟洛莫村建筑结构分布

图 7-28　牛乃堵沟洛莫村建筑楼层分布

图 7-29　碾房沟大花地村建筑结构分布

图 7-30　碾房沟大花地村建筑楼层分布

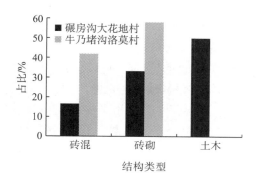

图 7-31　建筑物结构统计

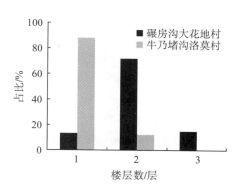

图 7-32　建筑物楼层数统计

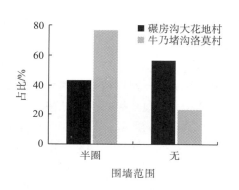

图 7-33　建筑物围墙范围统计

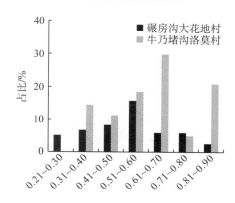

图 7-34　建筑物抵抗力统计

图 7-35　洛莫村建筑物易损性（T=100a）

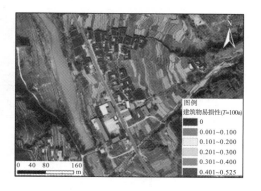

图 7-36　大花地村建筑物易损性（T=100a）（无防治工程）

7.3.3　人员在室率计算

　　泥石流发生时，人员的在室情况将直接影响最终的死亡人数。人员在室率与节假日情况、气候特点、家庭人员职业、年龄结构、建筑物功能等因素密切相关。例如，在夜间发生的泥石流由于村镇人员在室率高，更易造成大量的人员伤亡。在第 3 章中统计发现，造成人员伤亡的泥石流主要发生在 20:00～6:00，夜间人员风险远大于白天。另外，若村镇学龄儿童特别是住校学生较多,还需要考虑节假日与非节假日家庭人员风险的差异。因此,在对室内人员风险进行评估时,需要考虑具体村镇人员职业、活动特点,对人员在室率进行客观统计,以获得更精确的风险计算结果。

本书选取的两个村镇在人员年龄结构、活动特点等方面具有显著的差异。大花地村是一个汉族村,以桑蚕产业为支柱产业,经济水平较高,村镇基础设施完善,人居环境优美。常住村民以青年、中年为主,村民受教育程度较高,学龄及学龄前儿童占比不高。建筑物功能主要包括学校(具有 160 名师生的天久小学)、村卫生所、村活动室、商店兼居住、居住等。

通过调查发现,每年 5～10 月是宁南地区的养蚕季,在这段时间内,大花地村民几乎每天待在室内养蚕,较少外出活动。假设普通村民在室时长为 20h,则在室率 $P(T)=20/24=0.833$。针对天久小学 160 名师生,根据每天上学时长及凉山地区的寒暑假、法定节假日天数计算其在室率。大花地村常住村民年龄结构、职业特点等方面并没有显著的差异,人员在室率高,因此不考虑大花地村夜间与白天、节假日与非节假日的室内人员风险差异,以 5～10 月平均在室率计算每户家庭人员死亡风险。

与大花地村不同,洛莫村是一个彝族村,人口密度较大,村民以放牧或耕作为主要生计,青少年占比较高,每户村民的作息时间具有较大的差异。村里有每天前往乡镇上学的 175 名小学生及幼儿园儿童,占总人数的 46.2%;另外还有平时在普格县城读书的 34 名初高中生,占总人数的 8.9%,这些学生平时住校,节假日会返回家中。因此,洛莫村节假日与非节假日、夜晚与白天的人员在室率具有显著的差异,需要考虑不同时段的人员风险差别。本书针对洛莫村设计了村镇人员活动时间调查表(图 7-37),花费两天时间在洛莫村开展了逐户调查,获取了每户家庭常住成员 5～10 月在室内的总时长,计算了不同时段的人员在室比例。洛莫村村民节假日及非节假日不同时段平均在室比例见表 7-15,每天各时段平均在室比例见图 7-38。

村镇人员活动时间调查表　　　　　　　　（对应问卷编号）

序号	年龄	性别	受教育程度	是否行动不便	室内时间段																			室内总时长(h)
					5-6	6-7	7-8	8-9	9-10	10-11	11-12	12-13	13-14	14-15	15-16	16-17	17-18	18-19	19-20	20-21	21-22	22-23	23-0	0-6	

（1）受教育程度：1文盲，2小学，3初中，4高中，5大专及以上
（2）室内时间段用短划线"-"表示

图 7-37　村镇人员活动时间调查表

表 7-15　洛莫村节假日及非节假日不同时段人员在室比例统计（%）

时间段	22:00～06:00	6:00～9:00	9:00～12:00	12:00～14:00	14:00～16:00	16:00～18:00	18:00～20:00	20:00～22:00
节假日	100.00	74.93	72.55	67.94	68.33	86.93	99.47	99.60
非节假日	90.90	66.84	23.04	23.21	22.56	49.47	79.15	90.77
差值	9.10	8.09	49.51	44.73	45.77	37.46	20.32	8.83

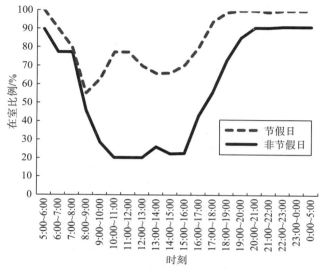

图 7-38　洛莫村人员在室比例随时间变化

　　洛莫村人员节假日与非节假日在室比例差异显著。节假日与非节假日人员在室比例平均值差值达 27.97%。根据前文统计，基于泥石流灾害人员死亡时段统计，将一天划分为白天（6:00～20:00）与晚上（20:00～6:00）两个时段，节假日与非节假日白天时段人员在室比例差值最大可达 50%，晚上时段人员在室比例差值最大可达 10%；白天与晚上时段人员在室比例具有明显的差异，二者在节假日的差值最大可达 70%。因此，洛莫村节假日与非节假日、白天与晚上人员风险值差异较大。需要分别计算洛莫村节假日与非节假日、白天与晚上人员在室率及风险，并对不同时段的人员风险差异进行讨论。

　　人员在室率计算方法如下：

$$P(T) = \left(\frac{t_1}{\mathrm{TI}} + \frac{t_2}{\mathrm{TI}} + \cdots + \frac{t_n}{\mathrm{TI}} \right) / n \tag{7-17}$$

式中，t_1、t_2、$\cdots$、t_n 分别为家庭常住第 1 位、第 2 位、$\cdots$、第 n 位成员在室内总时长，n 为家庭成员总数；TI 为时段时长，节假日及非节假日 TI=24，白天时段 TI=14（6:00～20:00），晚上时段 TI=10（20:00～6:00）。

7.3.4　建筑物及室内人员风险计算

　　基于式（7-2）、式（7-3）计算建筑物风险如下：

$$R_{\mathrm{b}} = \sum_{T=2}^{T=100} P(H) \times P(S) \times P(\mathrm{SO}) \times V_{\mathrm{b}} \times E \qquad (7\text{-}18)$$

考虑到大花地村与洛莫村家庭成员处于室内时间段相近，利用式(7-7)计算各建筑物室内家庭成员风险如下：

$$R_{\mathrm{pe}} = \sum_{T=2}^{T=100} P(H) \times P(S) \times P(\mathrm{SO}) \times V_{\mathrm{b}} \times V_{\mathrm{p}} \qquad (7\text{-}19)$$

式(7-18)、式(7-19)各参数详细介绍见 7.1 节。

1. 大花地村建筑物及人员风险

1)无防治工程时建筑物及人员风险

无防治工程时，大花地村建筑物风险结果见图 7-39。建筑物每年可能遭受的经济损失为 29.81 万元，其中风险最大的建筑物为天久小学，风险为 9.42 万元。风险大于 1 万元的建筑物有 9 栋，风险大于 2 万元的有 5 栋，这些建筑物主要位于沟道旁，在 2007 年泥石流灾害中都受到了泥石流的冲击或淤积影响，造成了较大的经济损失。在 2007 年泥石流灾害后，村民并没有对房屋进行特别加固处理，建筑物被破坏的风险仍然较高。

图 7-39　大花地村建筑物风险(无防治工程)

无防治工程时，大花地村室内人员风险分布见图 7-40。人员风险分级一般基于 F-N 曲线及 ALARP 准则划分可接受风险水平。ALARP 准则将风险划分为不可接受区(intolerable level)、警戒区(the ALARP region)及普遍可接受区(broadly acceptable region)。当风险值落入警戒区时，需要在实际可能的情况下尽量降低该风险(陈伟和许强，2012)，如果降低风险的成本超过收益、降低风险不切实际或成本与改进总体比例失衡，则可接受该风险。我国目前没有泥石流或其他地质灾害的可接受风险标准或曲线，本书参考香港土木工程署提出的滑坡灾害人员可接受风险曲线(Geotechnical Engineering Office，1998)对人员风险值进行分级(图 7-41)。

大花地村有 2 栋建筑物内人员风险处于警戒区，19 栋建筑物内人员风险处于不可接受区，其中包括天久小学。2007 年发生的泥石流造成天久小学校园严重淤积，泥石流发生在凌晨，没有师生在校园内，因此并没有造成人员伤亡。大花地村人员的高风险主要归因于建筑物的高易损性及较高的人员在室率。除了天久小学的人员死亡风险处于白天时段，其余高风险家庭人员死亡风险在白天与晚上并不会有明显的差别。2007 年泥石流发生前，居住于碾房沟流域的海子乡居民提前发现险情并电话通知大花地村住户做好戒备，但接到通知的住户忙于疏通房后排水沟，没有通知熟睡中的村民疏散，最后造成 5 死 2 伤的严重后果[①]。对于这种人员在室率较高的村镇，应同时加强白天与晚上的群测群防工作，进一步强化高风险人群的灾害宣传与避灾演练。

图 7-40　大花地村室内人员风险(无防治工程)

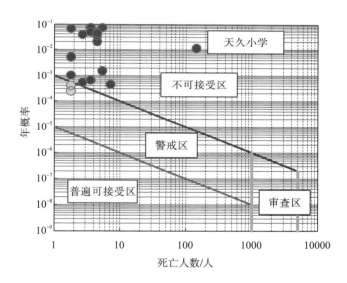

图 7-41　大花地村室内人员风险分级(无防治工程)

2)有导流堤时建筑物及人员风险

有导流堤时，大花地村建筑物及室内人员风险见图 7-42～图 7-44。修建导流堤后与无导流堤建筑物风险对比见表 7-16。修建导流堤后，建筑物每年可能遭受的经济损失为 3.28 万元，较无导流堤时降低 88.99%。其中，天久小学风险降低为 1.02 万元，风险减小 89.20%。

---

① 四川省地矿局成都水文地质工程地质中心，2010. 四川省凉山彝族自治州宁南县碾房沟泥石流应急勘查报告。

图 7-42 大花地村建筑物风险（有导流堤）

图 7-43 大花地村室内人员风险（有导流堤）

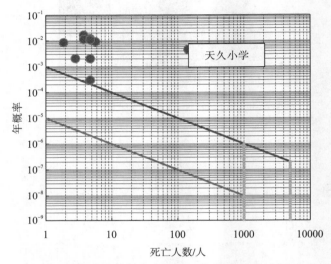

图 7-44 大花地村室内人员风险分级（有导流堤）

表 7-16 大花地村部分建筑物风险对比

建筑编号	风险：经济损失/元		减少损失/元	损失减少比例/%
	无导流堤	有导流堤		
1	94198.5	10175.8	84022.7	89.20
2	32052.7	7023.9	25028.8	78.09
3	20273.5	4442.6	15830.8	78.09
4	20285.9	2211.9	18074.1	89.10
5	19061.1	2117.9	16943.2	88.89
6	9943.5	2026.1	7917.4	79.62
7	9945.4	2013.9	7931.5	79.75
8	33182.3	1474.8	31707.5	95.56
9	24598.3	1077.3	23521.0	95.62
10	17304.6	256.4	17048.3	98.52

大花地村修建导流堤后与无导流堤建筑物风险对比见表 7-17。室内人员风险处于不可接受风险区的建筑物由无导流堤时的 19 栋减少为 10 栋。从风险值来看，有导流堤时，这 10 栋建筑物室内人员风险仅为无导流堤时的 1%～36%。

表 7-17　大花地村人员风险对比

建筑编号	人员风险		风险比值（有导流堤/无导流堤）
	有导流堤	无导流堤	
1	0.0040	0.0113	0.36
2	0.0086	0.0436	0.20
3	0.0097	0.0490	0.20
4	0.0068	0.0731	0.09
5	0.0063	0.0665	0.10
6	0.0137	0.0727	0.19
7	0.0091	0.0486	0.19
8	0.0011	0.0386	0.03
9	0.0011	0.0384	0.03
10	0.0003	0.0204	0.01

因此，导流堤对于大花地村建筑物及人员风险调控效应显著。但目前仍有 10 栋建筑物室内人员死亡风险处于不可接受风险区。需要进一步采取监测预警、群测群防等措施降低这些人员的风险。

2. 洛莫村建筑物及人员风险

洛莫村建筑物风险分布见图 7-45。洛莫村建筑物每年可能遭受的经济损失为 12.92 万元。单个建筑物风险最大值约为 1.22 万元，风险大于 5000 元的建筑物有 6 栋，风险大于 1 万元的建筑物有 1 栋。风险较高的建筑物主要分布在泥石流主沟附近，无风险的建筑物主要分布在村落的最外侧。

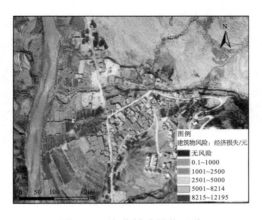

图 7-45　洛莫村建筑物风险

洛莫村节假日及非节假日室内人员风险分布分别见图 7-46、图 7-47，节假日与非节假日人员风险倍数见图 7-48，风险分级见图 7-49。从风险分级来看，节假日与非节假日

图 7-46 洛莫村节假日室内人员风险

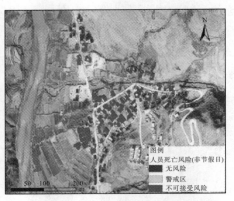

图 7-47 洛莫村非节假日室内人员风险

图 7-48 洛莫村节假日与非节假日室内人员风险倍数

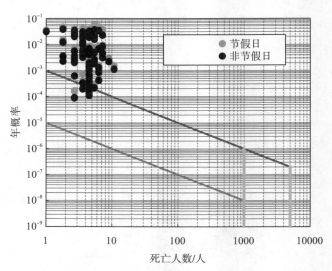

图 7-49 洛莫村节假日与非节假日室内人员风险分级

人员风险并无太大的差异。节假日有 3 栋房屋室内人员风险处于警戒区，69 栋房屋室内人员处于不可接受风险区；非节假日有 5 栋房屋室内人员风险处于警戒区，67 栋房屋室内人员处于不可接受风险区。但从风险值来看，节假日人员风险是非节假日人员风险的 1～1.86 倍，这主要是由节假日大量住校归来的青少年较高的在室率造成。

　　洛莫村白天及晚上室内人员风险分布分别见图 7-50、图 7-51，晚上与白天室内人员风险倍数见图 7-52，风险分级见图 7-53。从风险分级来看，白天有 7 栋房屋室内人员风险处于警戒区，65 栋房屋室内人员风险处于不可接受风险区；晚上有 3 栋房屋室内人员风险处于警戒区，69 栋房屋室内人员风险处于不可接受风险区。从风险值来看，晚上人员风险显著大于白天人员风险，晚上人员最大风险值为白天人员最大风险值的 7.1 倍。其中晚上与白天人员风险比值大于 1.5 的房屋数量占比为 61.1%，风险比值大于 2 的房屋数量占比为 19.4%。由此，晚上人员在室率高会使得其风险呈倍数放大，这也是在第 3 章中调查统计得出人员死亡主要发生在晚上的原因。目前洛莫村所在的牛乃堵沟流域内尚无相关的泥石流防治工程，加之近年来在泥石流堆积扇上修建房屋的外地村民越来越多，其面临的防灾形势十分严峻。

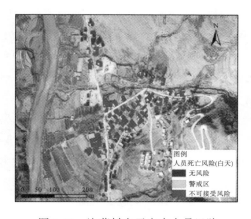

图 7-50　洛莫村白天室内人员风险

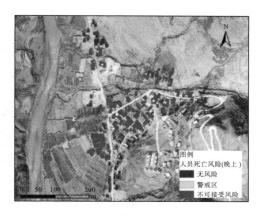

图 7-51　洛莫村晚上室内人员风险

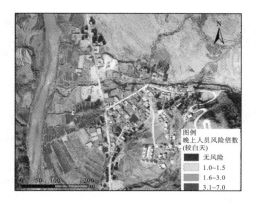

图 7-52　洛莫村晚上与白天室内人员风险倍数

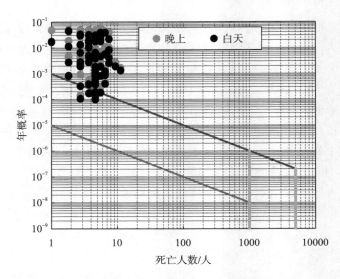

图 7-53　洛莫村晚上与白天室内人员风险分级

　　洛莫村较大花地村在人员年龄结构、职业、生计策略等方面都具有显著的差异。因此对于这种村镇，在实际的人员风险计算时需要考虑节假日与非节假日、白天与晚上人员在室率的差异，客观地评估不同时段人员风险值。在实际的群测群防工作中，应科学合理地编制针对晚上时段的泥石流灾害应急预案，特别加强节假日及晚上的避灾宣传工作。

7.4　小　　结

　　本章主要改进了现有泥石流风险定量评估方法，完善了室内人员风险定量计算流程。选择横断山区受泥石流严重威胁的村镇开展了单体建筑物及室内人员风险定量评估，主要结论如下。

　　(1)提出了基于泥石流动力强度(泥深、流速)及建筑物特性(建筑结构、楼层数、面向沟道位置、围墙范围)的建筑物易损性计算方法。

　　(2)泥石流发生时人员在室率是造成室内人员死亡的先决条件。村镇人员年龄结构、职业特点、生计策略等是影响村镇人员在室率的重要因素。针对村镇人员在室率差异较大的村镇，需考虑不同时段(如节假日与非节假日、白天与晚上)人员在室率的差异，分别计算不同时段室内人员风险。

　　(3)考虑不同村镇人员活动特点提出了人员在室率计算方法。

　　(4)改进了泥石流风险定量计算方法，完善了室内人员风险计算流程，并在两个村镇开展了实证研究。在宁南县大花地村分别开展了无防治工程及有防治工程的建筑物及人员风险定量计算，实现了防治工程风险防控效果的量化评估，可为防治工程的选择提供决策依据。考虑村镇人员活动特点，在普格县洛莫村开展了不同时段室内人员风险定量评估，为村镇高风险人群的精确识别及群测群防措施的科学制定提供理论支撑。

　　评估结果显示，导流堤对于大花地村建筑物及人员风险调控效应显著。导流堤使泥石流每年可能对建筑物造成的经济损失下降 88.99%，保护了 10 栋房屋内 37 人的生命不受泥石流灾害的威胁，使天久小学 160 名师生的死亡风险降低了 64.42%。但目前仍有 10 栋房屋内人员死亡风险处于不可接受风险区，需进一步采取监测预警、群测群防等措施降低这些人员的风险。

　　洛莫村建筑物每年可能遭受的经济损失为 12.92 万元。单个建筑物风险最大值为 1.22 万元。节假日及晚上时段有 69 栋房屋室内人员处于不可接受风险区，3 栋房屋室内人员处于警戒区。节假日室内人员风险是非节假日的 1～1.86 倍，晚上室内人员风险为白天的 1～7.1 倍。急需实施泥石流防治工程及非工程措施，且需要特别加强节假日及夜晚人员灾害宣传及避灾演练。

第8章　横断山区泥石流风险管理与对策

自然灾害风险管理是指通过人为的干预措施(包括工程措施和非工程措施),降低灾害的危险性,增强承灾体的抗灾能力,从而有效降低灾害风险的行为。工程治理措施仅仅是灾害风险管理的一小部分内容。目前,灾害风险管理的热点是通过社区自主减灾、灾害保险、宣传演练、灾害资源化、防灾减灾法律法规等非工程措施,系统建立有韧性的防灾减灾体系,实现灾害风险的韧性管理。人类虽然可以积极干预,去争取不同灾害环境下最有利的可能性,但是,由于灾害的发生和损失存在一系列的不确定性,将风险降低为零需要社会付出非常高的成本,有时候这种成本是整个社会无法承担的。因此,风险管理首先要确定与某种社会经济条件相适应的风险可接受水平。高于这个风险可接受水平,政府或者社会组织能够合理采取各类风险调控措施,降低灾害的危害规模和频率,增强人类自适应能力,以满足社会经济可持续发展需要(图 8-1)。风险管理一般可分成四大部分,即风险识别、风险分析、风险评价及风险处理决策(图 8-2)。灾害风险决策的主要原则是最低合理

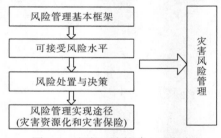

图 8-1　灾害风险管理主要任务

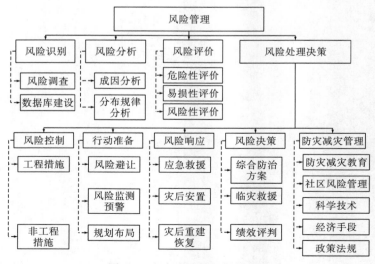

图 8-2　灾害风险管理框架体系

可行性,主要决策方案包括风险规避、风险抑制与损失控制、风险分散与风险转移(图 8-3)。

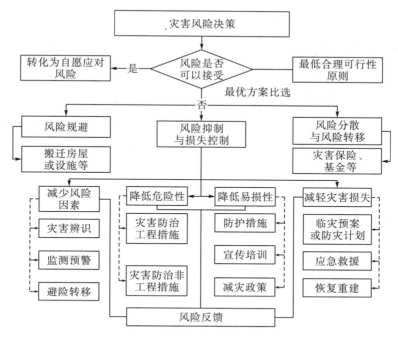

图 8-3　灾害风险决策框架

在前文所述横断山区村镇风险评估工作的基础上,本章结合横断山区的社会经济现状,分析横断山区村镇人员和建筑物受山洪泥石流危害特点,总结国内外的风险管理措施,提出适合横断山区山洪泥石流风险现状的风险管理对策与措施。

我国自 2000 年起投入大量资金开展地质灾害防治,在 2008 年、2010 年又大幅度增加投资,实施了一系列泥石流灾害防治措施(韩笑等,2016;Li et al.,2019)(图 8-4)。

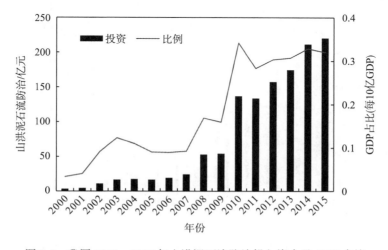

图 8-4　我国 2000~2015 年山洪泥石流防治投入资金及 GDP 占比

对受山洪泥石流灾害威胁的村镇主要实施了灾害调查、搬迁避让、工程治理、群测群防等工程与非工程风险管理措施(图 8-5)。2010 年以前我国泥石流灾害的防治以工程措施为主,辅以监测预警措施。"十二五"期间,国土部门及水利部门实施了一系列包括搬迁避让、群测群防等工程措施及非工程措施,有效提升了村镇的防灾减灾能力。2010 年后我国山洪泥石流灾害死亡人数较 2010 年以前大幅度降低,但占洪涝灾害死亡人数比例在 70%左右(图 8-6),说明山洪泥石流灾害是威胁人民群众生命财产安全的主要因素。村镇居民是山洪泥石流灾害的主要威胁对象,需要根据村镇人员风险评估结果采取更加精细的防治措施。

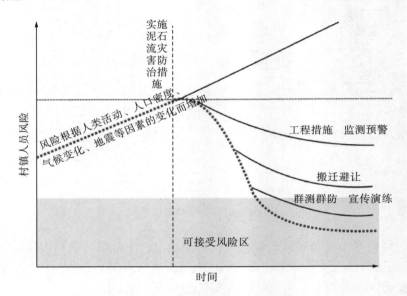

图 8-5 村镇人员风险管理示意图

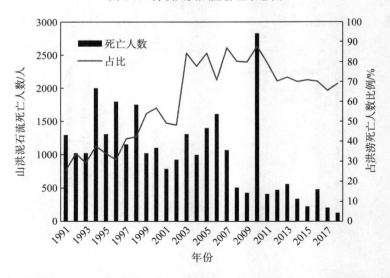

图 8-6 1991~2018 年我国山洪泥石流死亡人数及占洪涝灾害死亡人数比例

8.1　区域泥石流灾害防控措施

区域风险评估是开展灾害风险管理的主要依据，根据第 3 章横断山区区域风险评估结果，将横断山区泥石流灾害风险分为四个分区，分述如下。

1）极高风险区

极高风险区主要分布在横断山区东南部的金沙江中下游、安宁河，西南部的三江并流区域和元江流域，以及东北部的大渡河、岷江流域。如横断山区的西昌市、峨边彝族自治县、石棉县、冕宁县、越西县、宁南县、会理市、米易县等，该区人口稠密，农业发达，经济活动强烈，降雨丰沛，滑坡、泥石流、崩塌等山地灾害分布广泛，规模大，破坏力强，严重影响当地的农业生产及其他经济活动，灾害风险极高，必须采取严格的风险把控和监测机制，加强风险管理，实施综合减灾工程，积极防范灾害、降低风险。

2）高风险区

高风险区主要分布在横断山区南部、东北部及其他断裂带河流水系较为发育的三江并流地域、金沙江上游、雅砻江上游及大渡河上游龙门山区。如四川的甘孜县、九寨沟县、理县、汶川县，云南的会泽县、玉龙纳西族自治县、云龙县、永仁县等。该区人口分布较多，交通干线分布广泛，农业发达，受气候、地形、地质影响，滑坡、泥石流、山洪、雪灾等灾害分布广泛，规模较大，承灾体易损度较高，灾害危害较重，灾害风险水平为中等，影响当地的农业生产及其他经济活动，需布设灾害防治措施以保障生产和生活安全。

3）中风险区

中风险区主要分布在滇川藏交界区域及横断山区中部的四川西南部的小流域附近区域，如芒康县、得荣县、香格里拉市、理塘县等。该区人口分布较少，对人类经济活动的影响较小；其他灾害分布较少，规模相对较小，承灾体易损度较低，灾害综合风险值较低，遭受轻度危害，破坏小，灾害综合风险值较低，需要采取一定的预防措施。

4）低风险区

低风险区主要分布在横断山区西北部的西藏境内和横断山区北部的四川西部，该区人口稀少，经济活动极少，受地形、气候影响，该区各类灾害分布很少，规模很小，易损度很低，灾害综合风险最小，一般不影响正常生产和生活。针对不同风险区，需采取搬迁避让、工程治理、专业监测、群测群防、科普教育、防灾演练、社区管理等管理和防控对策。

我国的防灾减灾管理以行政区划为管理基础，一般以乡镇一级山地灾害风险管理为基本单元，乡镇居民点是山地灾害直接主要威胁对象。乡村人口是山地灾害主要的承灾体，其易损性与人口分布特征、受教育程度及经济水平有关。为了减少泥石流灾害造成人员伤亡与财产损失，在乡镇泥石流灾害防控措施布局时，在极高风险及高风险的乡镇应开展进一步的危险村镇泥石流调查，优先实施搬迁避让、工程治理等工程措施，并以专业监测、群测群防非工程措施进行补充，在低风险的乡镇优先考虑专业监测、群策群防等非工程措施。

　　在此基础上，以人口密度、农村居民年均可支配收入为分级指标，对不同的乡镇采取适宜的泥石流风险防控优先措施(表8-1)。需要指出的是，乡镇单元的山洪泥石流灾害人口风险评估结果仅能提供宏观视角的风险分布，可以为县一级政府管理机构提供风险管理决策参考，但无法作为精细化的泥石流防治措施实施的依据，需要进一步开展更精细的风险定量评估。

表 8-1　横断山区乡镇泥石流灾害防控优先措施

人口密度/(人/km²)	农村居民年均可支配收入/元	乡镇泥石流灾害防控优先对策建议
<5	—	搬迁避让
[5,10]	<10000	搬迁避让、群测群防
	≥10000	群测群防、专业监测
(10,20]	<10000	群测群防、专业监测
	≥10000	专业监测、工程治理
(20,50]	<12000	专业监测、工程治理
	≥12000	工程治理
>50	—	工程治理

8.2　建筑物破坏主要原因及防灾建议

　　由于山区建设用地的限制，许多村镇房屋都位于地势较平坦开阔的泥石流沟道两侧或正对泥石流沟口的老泥石流堆积扇上。这些房屋容易被泥石流破坏，从而造成大量的人员伤亡。根据对泥石流灾害事件的统计与野外调查发现，村镇建筑物破坏的主要原因如下。

　　(1)建筑物选址位于泥石流沟道内或距离泥石流沟道太近。调查分析发现，被泥石流损毁的山区村镇建筑物，大多修建在泥石流沟道内或距离泥石流沟道很近(大多不超过50m)。例如，2011年四川汶川县棉簇沟泥石流造成位于沟道一侧不足10m的化工厂宿舍淤积[图8-7(a)]；2013年四川汶川县七盘沟泥石流冲毁了所有沟道内及大部分位于沟道两侧约100m范围内的房屋[图8-7(b)]；2017年四川省普格县耿底村泥石流冲毁或淤埋了位于沟道内及两侧50m范围内的房屋。

(a)棉簇沟　　　　　　　　　　　　　　　　　(b)七盘沟

图 8-7　棉簇沟及七盘沟泥石流(图片来自中新网)

（2）建筑物选址位于泥石流堆积扇或正对泥石流沟口，泥石流巨大的冲击力和输沙能力造成建筑物被破坏或淤埋。例如，2013 年 7 月 4 日 20:00，石棉县广元堡马颈子沟暴发泥石流冲毁了位于堆积扇上的大量房屋，造成了巨大的财产损失［图 8-8（a）］（倪化勇等，2015）。2019 年峨边彝族自治县三岔河沟暴发泥石流冲毁或破坏了泥石流沟口附近的建筑物［图 8-8（b）］。

(a)马颈子沟 　　　　　　　　　　　　　　(b)三岔河沟

图 8-8　马颈子沟及三岔河沟泥石流灾害

（3）建筑物与泥石流沟道高差太小，泥石流弯道超高造成建筑物被冲毁。例如，2012 年四川省石棉县和平村泥石流冲毁沟道弯道处高差约 10m 的房屋（图 8-9）（谢洪等，2012；2013）。前述泥石流灾害建筑物选址同时存在距离沟道或沟口太近及高差太小的问题。

图 8-9　唐家沟泥石流弯道超高破坏建筑物

（4）建筑物结构强度不足及建筑物布局不合理。建筑物结构强度较差，不足以抵抗泥石流的冲击力，多层建筑一楼设计为封闭结构，极易造成泥石流淤积。例如，2017 年四川省普格县耿底村被泥石流完全冲毁的 5 栋房屋均为强度较差的土坯房，而相邻的钢筋混凝土建筑仅底楼淤积，导致底楼的居民遇难，2 楼的居民未受到直接伤害。调查分析还发现，垂直于泥石流流向的建筑物更容易因泥石流冲击而损毁。

为了提高村镇建筑物抵抗泥石流破坏的能力，根据上文分析提出以下几点建议。

（1）优化村镇居民建筑及公共设施的选址。政府可以根据泥石流灾害风险程度对村镇居民建筑及公共设施选址进行监督审核，科学合理地确定建筑物与泥石流沟道的安全距离及安全高差，用以指导高风险村镇建筑物选址。在泥石流沟道及沟口附近修建建筑物必须选用高强度的建筑物结构,避免选用强度较低的土、石或木等材料,建筑物外形尽量平整,靠近沟道及沟口一侧尽量设置围墙等拦挡措施,增强建筑物的抵抗能力;底楼可采用架空的立柱结构,且不作为日常居住场所,避免因泥石流淤积造成的人员伤亡。泥石流沟道及沟口附近的建筑物不宜作为人口密集场所(如学校、医院等),避免泥石流造成大量的人员伤亡。

(2)优化工矿企业及施工场所选址。工矿企业及施工场所选址应尽量避开泥石流沟道及沟口附近,重点选择工况、地质条件较好的区域,避免突发泥石流导致群死群伤及重大财产损失。特别应加强地质条件脆弱区施工企业监测预警体系建设,加强对外来流动人口特别是施工工人的防灾减灾培训及演练。

(3)强化对泥石流影响区避灾路线的设计。村镇建筑物、公共设施和重要工程项目应特别重视避灾路线的设计和演练,尽量满足夜间能见度低的情况下的避灾需求。泥石流沟道及沟口附近的建筑物应建设必要的拦挡设施及避灾通道,最大限度地减少突发泥石流伤亡及破坏。

8.3　人员风险应对策略

当室内人员风险超出可接受标准时,需要采取一系列有效的措施将人员风险降低至可接受风险范围内,否则泥石流灾害可能会造成大量的人员伤亡。建筑物倒塌或淤积以及有人员处于室内是泥石流造成室内人员死亡的两个必要条件。其中,建筑物倒塌或淤积受泥石流危险性及建筑物易损性的影响。人员在室情况则受泥石流发生时间、当地气候特点、节假日情况、村镇人员年龄结构、生计策略、职业特点、防灾意识、建筑物功能、室内人员数量等因素的影响(图8-10)。因此,为了降低泥石流灾害造成的村镇人员风险,需要同时降低建筑物的倒塌或淤积概率,以及泥石流发生时村镇人员在室率。减少建筑物的倒塌或淤积需要降低泥石流危险性,提高建筑物易损性。

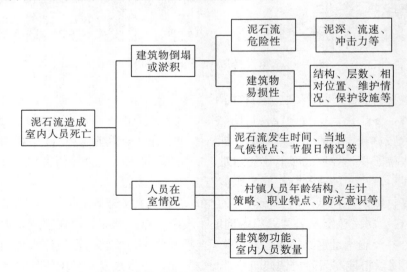

图8-10　泥石流造成室内人员死亡的成因图

　　村镇泥石流灾害风险管理需要基于高风险建筑物、高风险人群的精确识别开展有效的泥石流灾害防治工作。通过有效措施降低泥石流危险性、降低建筑物的易损性，提高泥石流监测预报精度，建立高效的泥石流群测群防体系，增强居民灾害意识，从而降低建筑物及人员风险，最大限度地减少建筑物破坏及人员伤亡。

　　降低泥石流危险性主要通过在流域内实施水土保持措施及泥石流防治工程措施构建防治泥石流发生、控制泥石流运动的体系，最终达到降低泥石流发生频率或动力强度等目的(周必凡等，1991)。在小流域可通过生态工程与岩土工程的有效配置达到最佳的泥石流防治效果(图 8-11、图 8-12)。

图 8-11　小流域泥石流防治技术体系

图 8-12　工程措施与水土保持措施示例

　　建筑物的易损性影响因素众多，在本书第 3 章中也进行了讨论。目前降低建筑物的易损性的措施主要包括搬迁避让、优化建筑物设计及选址、提高建筑物的结构强度、修建防护设施增强建筑物抵抗力等。通过建筑物风险的定量评估识别高风险建筑物的空间位置。对部分极高风险建筑物(如位于泥石流主流线位置的建筑物)需要采取易地搬迁以达到远离泥石流危险区、降低暴露概率的目的，对一般风险的建筑物可通过加强建筑物结构强度、增加房屋保护措施(如修建高强度的挡墙)等提高建筑物的抵抗能力(图 8-13)。在泥石流危险区新修建房屋时，须对建筑物选址进行严格审核，科学合理地确定建筑物与泥石流沟道的安全距离及安全高差。选用高强度的建筑物结构，底楼可采用架空的立柱结构(图 8-14)，靠近沟道一侧尽量不设置窗户，或者将窗户设置在更高的位置。通过对现有高风险建筑物的识别与管理、新建房屋选址的严格审核及指导，最大限度地降低建筑物的易损性，从而降低其被泥石流破坏或淤积的概率。

图 8-13 修建混凝土挡墙保护房屋（奥地利）（Fuchs et al., 2007）

图 8-14 房屋一楼架空结构（奥地利）（Attems et al., 2020）

泥石流暴发突然，流速、冲击力一般较大，在室人员逃生难度大。因此，在泥石流发生时，降低人员在室率是减少人员伤亡的有效手段。第一，需要加强泥石流的监测预警。通过提高泥石流监测预警的精度，健全泥石流监测预防体系，为村镇居民安全高效转移提供科学决策（崔鹏，2009）。第二，需要加强村镇居民特别是高风险人群的灾害宣传演练，增强居民的灾害防治及避难意识。应根据村镇家庭人员结构、受教育程度、职业特点、生计活动等因地制宜地开展灾害宣传演练，特别要加强对仅未成年人或仅老年人及未成年人常住家庭、外来租户、流动人口（如工厂工人）、人员密集场所（如工厂宿舍）、学校等的灾害宣传演练工作。根据村镇经济发展水平，采取多样化的宣传手段，强化村镇居民的灾害意识，必须对高风险人群进行避灾演练，加强避险体验度，增强正确避灾能力（何秉顺等，2017）。第三，应根据村镇建设用地条件尽可能设置结构强度符合要求、布局合理的应急避难场所（初建宇和苏幼坡，2012），以减少居民因对避难场所的结构强度不达标或对转移路线较远等的担忧而不愿转移的情况。

8.4　小　　结

本章从乡镇、村镇两个层次提出了山洪泥石流风险管理及防控对策，总结如下。

(1) 乡镇山洪泥石流风险防控要以乡镇尺度的风险评估结果为基础，在高风险乡镇建议以人口密度、农村居民年均可支配收入为参考确定优先防控措施。

(2) 村镇建筑物破坏的主要原因包括：建筑物选址位于泥石流沟道内或距离泥石流沟道太近；建筑物选址位于泥石流堆积扇内或正对泥石流沟口，泥石流巨大的冲击力和输沙能力造成建筑物被破坏或淤埋；建筑物与泥石流沟道高差太小，泥石流弯道超高造成建筑物被冲毁；建筑物结构强度不足及建筑物布局不合理。建筑物防灾主要建议包括：优化村镇居民建筑、公共设施、工矿企业、施工场所选址；强化对泥石流影响区避灾路线的设计。

(3) 为了降低泥石流灾害造成的村镇人员风险，需要同时降低建筑物倒塌或淤积概率，以及泥石流发生时村镇人员在室率。需要基于高风险建筑物、高风险人群的精确识别开展有效的泥石流灾害防治工作。通过有效措施降低泥石流危险性、降低建筑物的易损性，提高泥石流监测预报精度。需根据村镇人员活动特点建立高效的泥石流群测群防体系，增强居民灾害意识，从而降低建筑物及人员风险，最大限度地减少建筑物破坏及人员伤亡。

参 考 文 献

鲍叶静. 2004. 地震崩塌滑坡概率危险性分析及初步预测[D]. 北京: 中国地震局地球物理研究所.

边江豪, 李秀珍, 胡凯衡. 2018. 横断山区山地灾害的区域分布特征与动态演化规律研究[J]. 工程地质学报, 26(suppl.): 6-13.

陈炳蔚, 艾长兴. 1983. 试论横断山区印支旋回的构造特征[J]. 地球学报, (7): 25-40.

陈宁生, 黄娜. 2018. 普格县荞窝镇8.8泥石流灾害应急调查研究[J]. 山地学报, 36(3): 482-487.

陈宁生, 刘中港, 谢万银. 2003. 四川石棉2003-08-28泥石流灾害考察报告(摘要)[J]. 山地学报, 21(5): 639.

陈宁生, 杨成林, 周伟, 等. 2011. 泥石流勘查技术[M]. 北京: 科学出版社.

陈萍, 陈晓玲. 2010. 全球环境变化下人-环境耦合系统的脆弱性研究综述[J]. 地理科学进展, 29(4): 454-462.

陈田田, 彭立, 刘邵权, 等. 2016. 基于GIS的横断山区地形起伏度与人口和经济的关系[J]. 中国科学院大学学报, 33(4): 505-512.

陈伟, 夏建华. 2007. 综合主、客观权重信息的最优组合赋权方法[J]. 数学的实践与认识, 37(1): 17-22.

陈晓清, 崔鹏, 冯自立, 等. 2006. 滑坡转化泥石流起动的人工降雨试验研究[J]. 岩石力学与工程学报, 25(1): 106-116.

陈循谦. 1990. 云南小江流域的泥石流灾害[J]. 灾害学, 5(2): 53-57.

陈中学. 2010. 粘土颗粒含量对蒋家沟泥石流启动影响及成灾机理研究[D]. 北京: 中国科学院研究生院.

初建宇, 苏幼坡. 2012. 村镇应急避难场所规划技术指标的探讨[J]. 自然灾害学报, 21(5): 23-27.

褚胜名, 余斌, 李丽, 等. 2011. "8·13"碱坪沟泥石流形成机理及特征研究[J]. 中国水土保持, (8): 52-54, 69.

崔鹏. 2009. 我国泥石流防治进展[J]. 中国水土保持科学, 7(5): 7-13, 31.

崔鹏, 邹强. 2016. 山洪泥石流风险评估与风险管理理论与方法[J]. 地理科学进展, 35(2): 137-147.

崔鹏, 钟敦伦, 李泳. 1997. 四川省美姑县则租滑坡泥石流[J]. 山地研究, (4): 282-287.

崔鹏, 杨坤, 陈杰. 2003b. 前期降雨对泥石流形成的贡献: 以蒋家沟泥石流形成为例[J]. 中国水土保持科学, 1(1): 11-15.

崔鹏, 柳素清, 唐邦兴, 等. 2003a. 风景名胜区泥石流治理模式: 以世界自然遗产九寨沟为例[J]. 中国科学E辑:技术科学, 33(S1): 1-9.

崔鹏, 韦方强, 陈晓清, 等. 2008a. 汶川地震次生山地灾害及其减灾对策[J]. 中国科学院院刊, 23(4): 317-323.

崔鹏, 韦方强, 何思明, 等. 2008b. 5·12汶川地震诱发的山地灾害及减灾措施[J]. 山地学报, 26(3): 280-282.

崔鹏, 何思明, 姚令侃, 等. 2011. 汶川地震山地灾害形成机理与风险控制[M]. 北京: 科学出版社.

戴岚欣, 许强, 范宣梅, 等. 2017. 2017年8月8日四川九寨沟地震诱发地质灾害空间分布规律及易发性评价初步研究[J]. 工程地质学报, 25(4): 1151-1164.

邓慧平, 李秀彬. 2002. 地形指数的物理意义分析[J]. 地理科学进展, 21(2): 103-110.

邓书斌, 陈秋锦, 杜会建, 等. 2014. ENVI遥感图像处理方法(第二版)[M]. 北京: 高等教育出版社.

丁明涛, 王骏, 程尊兰, 等. 2015. 岷江上游土地利用类型对泥石流灾害的敏感性[J]. 山地学报, 33(5): 587-596.

丁明涛, 李昱陆, 庞金彪, 等. 2020. 泥石流胁迫下建筑物易损性评价: 以汶川县七盘沟为例[J]. 灾害学, 35(1): 144-149.

方一平. 2018. 横断山区精准扶贫的绿色思路与对策建议[J]. 决策咨询, (4): 7-10, 13.

扶小红. 2014. 洞庭湖区土地利用/覆盖变化及对洪涝灾害易损性影响分析[D]. 长沙: 湖南师范大学.

高克昌, 韦方强, 崔鹏. 2007. 降水空间特征与泥石流沟分布的关系[J]. 北京林业大学学报, 29(1): 85-89.

葛永刚, 宋国虎, 郭朝旭, 等. 2012. 四川彭州龙门山镇8·18泥石流灾害特征与成灾模式分析[J]. 水利学报, 43(增刊2): 147-154.

郭晓军. 2016. 基于产汇流和土体随机补给的泥石流形成过程[D]. 北京: 中国科学院大学.

郭晓军, 苏鹏程, 崔鹏, 等. 2012. 7月3日茂县棉簇沟特大泥石流成因和特征分析[J]. 水利学报, 43(增刊2): 140-146.

韩笑, 张会民, 李凤燕. 2016. 我国地质灾害防治投入效果评价[J]. 中国地质灾害与防治学报, 27(4): 114-119.

何秉顺, 杨文涛, 凌永玉. 2017. 受山洪灾害威胁人群负面心理与行动分析及对策[J]. 中国防汛抗旱, 27(2): 51-54.

何芝颖. 2016. 普格县居民点信息提取及空间布局研究[D]. 成都: 四川师范大学.

侯兰功, 崔鹏. 2004. 单沟泥石流灾害危险性评价研究[J]. 水土保持研究, 11(2): 125-128.

胡凯衡. 2014. 云南蒋家沟泥石流的动力学特征和分析[C]. 2014年全国环境力学学术研讨会.

胡凯衡, 韦方强. 2005. 基于数值模拟的泥石流危险性分区方法[J]. 自然灾害学报, 14(1): 10-14.

胡凯衡, 丁明涛. 2013. 滑坡泥石流风险评估框架体系[J]. 中国地质灾害与防治学报, 24(2): 26-30.

胡凯衡, 崔鹏, 葛永刚. 2012a. 舟曲 "8·8" 特大泥石流对建筑物的破坏方式[J]. 山地学报, 30(4): 484-490.

胡凯衡, 崔鹏, 游勇, 等. 2010a. 汶川灾区泥石流峰值流量的非线性雨洪修正法[J]. 四川大学学报(工程科学版), 42(5): 52-57.

胡凯衡, 崔鹏, 韩用顺, 等. 2012b. 基于聚类和最大似然法的汶川灾区泥石流滑坡易发性评价[J]. 中国水土保持科学, 10(1): 12-18.

胡凯衡, 葛永刚, 崔鹏, 等. 2010b. 对甘肃舟曲特大泥石流灾害的初步认识[J]. 山地学报, 28(05): 628-634.

胡凯衡, 崔鹏, 田密, 等. 2012c. 泥石流动力学模型和数值模拟研究综述[J]. 水利学报, 43(增刊2): 79-84.

胡凯衡, 陈成, 李秀珍, 等. 2018. 地震区降雨作用下泥石流易发性动态评估[J]. 中国地质灾害与防治学报, 29(2): 1-8.

胡凯衡, 魏丽, 刘双, 等. 2019. 横断山区泥石流空间格局和激发雨量分异性研究[J]. 地理学报, 74(11): 2303-2313.

胡凯衡, 崔鹏, 游勇, 等. 2011. 物源条件对震后泥石流发展影响的初步分析[J]. 中国地质灾害与防治学报, 22(1): 1-6.

胡明鉴. 2001. 蒋家沟流域暴雨滑坡泥石流共生关系研究[D]. 武汉: 中国科学院武汉岩土力学研究所.

黄大鹏, 刘闯, 彭顺风. 2007. 洪灾风险评价与区划研究进展[J]. 地理科学进展, 26(4): 11-22.

贾永红, 张春森, 王爱平. 2001. 基于BP神经网络的多源遥感影像分类[J]. 西安科技学院学报, 21(1): 58-60.

康志成. 1985. 云南东川蒋家沟粘性泥石流最大流量分析[G]//中国科学院兰州冰川冻土研究所集刊 第4号(中国泥石流研究专辑). 北京: 科学出版社: 119-123.

康志成, 李焯芬, 马蔼乃, 等. 2004. 中国泥石流研究[M]. 北京: 科学出版社.

雷雨, 崔鹏, 蒋先刚. 2016. 泥石流作用下砌体房屋破坏机理与结构优化[J]. 四川大学学报(工程科学版), 48(4): 61-69.

李炳元. 1987. 横断山脉范围探讨[J]. 山地研究, 1(2): 12-20.

李炳元. 1989. 横断山区地貌区划[J]. 山地研究, 7(1): 13-20.

李德华, 许向宁, 郝红兵. 2012. 四川汶川县映秀镇红椿沟 "8.14" 特大泥石流形成条件与运动特征分析[J]. 中国地质灾害与防治学报, 23(3): 32-38.

李鹤, 张平宇. 2011. 全球变化背景下脆弱性研究进展与应用展望[J]. 地理科学进展, 30(7): 920-929.

李吉均, 苏珍. 1996. 横断山冰川[M]. 北京: 科学出版社.

李阔, 唐川. 2007. 泥石流危险性评价研究进展[J]. 灾害学, 22(1): 106-111.

李浦. 2017. 泥石流对大型沟道松散堆积体的侵蚀机理研究[D]. 北京: 中国科学院大学.

李少丹. 2018. 农村建筑物震害信息遥感提取方法研究[J]. 地理与地理信息科学, 34(6): 134.

李淑松. 2019. 小江流域泥石流堆积扇演化特征及其综合利用[D]. 绵阳: 西南科技大学.

李秀珍, 王成华, 邓宏艳. 2010. 灰色关联度法和距离判别分析法在溪洛渡库区潜在滑坡判识中的应用[J]. 中国地质灾害与防治学报, 21(4): 77-81.

李彦稷, 胡凯衡. 2017. 基于扇形地形态特征的泥石流危险性评估[J]. 山地学报, 35(1): 32-58.

李泳, 刘晶晶, 陈晓清, 等. 2007. 泥石流流域的概率分布[J]. 四川大学学报(工程科学版), 39(6): 36-40.

李祖传, 马建文, 张睿, 等. 2010. 利用融合纹理与形态特征进行地震倒塌房屋信息自动提取[J]. 武汉大学学报(信息科学版), 35(4): 446-450.

刘昌明. 1978. 小流域暴雨洪峰流量计算[M]. 北京: 科学出版社.

刘光旭, 吴文祥, 张绪教. 2008. 昆明市东川区泥石流风险性评价研究[J]. 中国地质灾害与防治学报, (03): 29-33.

刘剑, 葛永刚, 张建强, 等. 2014. 北川湔江河段"7·10"特大山洪泥石流灾害特征与成因分析[J]. 中国水土保持科学, 12(4): 44-50.

刘江川. 2011. 泥石流数学模型构建及危险性评价研究[D]. 天津: 天津大学.

刘淑珍, 柴宗新. 1986. 横断山区地貌特征[J]. 大自然探索, 5(15): 139-143.

刘希林. 1988. 泥石流危险度判定的研究[J]. 灾害学, (3): 10-15.

刘希林. 2000. 区域泥石流风险评价研究[J]. 自然灾害学报, 9(1): 54-61.

刘希林, 唐川. 1995. 泥石流危险性评价[M]. 北京: 科学出版社.

刘希林, 陈宜娟. 2010. 泥石流风险区划方法及其应用: 以四川西部地区为例[J]. 地理科学, 30(4): 558-565.

刘希林, 唐林, 张松林, 等. 1992. 泥石流堆积扇地貌特征及其模型试验研究[J]. 中国地质灾害与防治学报, 3(4): 34-42, 20.

刘希林, 莫多闻, 张丹, 等. 2003a. 泥石流风险评价[M]. 成都: 四川科学技术出版社.

刘希林, 王全才, 张丹, 等. 2003b. 四川凉山州普格县"6·20"泥石流灾害[J]. 灾害学, 18(4): 46-50.

刘希林, 吕学军, 苏鹏程. 2004. 四川汶川茶园沟泥石流灾害特征及危险度评价[J]. 自然灾害学报, 13(1): 66-71.

刘希林, 李秀珍, 苏鹏程. 2005. 四川德昌县凹米罗沟泥石流成灾过程与危险性评价[J]. 灾害学, 20(3): 78-83.

刘宇, 曹国, 周丽存, 等. 2015. 基于多特征结合的损毁建筑物检测[J]. 计算机应用, 35(9): 2652-2655, 2660.

柳金峰, 欧国强, 游勇. 2006. 泥石流流速与堆积模式之实验研究[J]. 水土保持研究, 13(1): 120-121, 226.

罗君, 白永平. 2010. 嘉陵江流域经济空间分异研究[J]. 长江流域资源与环境, 19(4): 364-369.

罗元华, 张梁, 张业成, 等. 1998. 地质灾害风险评估方法[M]. 北京: 地质出版社.

骆剑承, 梁怡, 周成虎. 1999. 基于尺度空间的分层聚类方法及其在遥感影像分类中的应用[J]. 测绘学报, 28(4): 319-324.

马煜, 余斌, 吴雨夫, 等. 2011. 四川都江堰龙池"8·13"八一沟大型泥石流灾害研究[J]. 四川大学学报(工程科学版), 43(S1): 92-98.

毛刚, 胡月萍, 陈媛. 2014. 地质灾害频发山区聚落安全性探索: 以横断山系的集镇和村庄为例[J]. 西安建筑科技大学学报(自然科学版), 46(1): 101-108.

倪化勇, 宋志, 徐伟. 2015. 沟床侵蚀主导型泥石流形成机理与成灾特征: 以石棉县2013-07-04群发泥石流为例[J]. 自然灾害学报, 24(2): 97-106.

倪九派, 李萍, 魏朝富, 等. 2009. 基于AHP和熵权法赋权的区域土地开发整理潜力评价[J]. 农业工程学报, 25(5): 202-209.

欧阳云, 唐咸艳, 张海英, 等. 2014. 南宁市2010-2012年新发原发性高血压分布变动的空间特征分析[J]. 中国热带医学, (5): 549-551, 555.

潘裕生. 1989. 横断山区地质构造分区[J]. 山地研究, (1): 3-12, 75-76.

彭锐. 2019. 小江流域泥石流特征综合探测分析研究[D]. 昆明: 昆明理工大学.

彭永岸, 罗立山. 2000. 云南横断山区的民族文化多样性研究[J]. 资源科学, 22(5): 62-64.

浦欣成. 2013. 传统乡村聚落平面形态的量化方法研究[M]. 南京: 东南大学出版社.

申红彬, 徐宗学, 张书函. 2016. 流域坡面汇流研究现状述评[J]. 水科学进展, 27(3): 467-475.

沈寿长, 谢修齐, 项行浦, 等. 1993. 暴雨泥石流流量计算方法研究[J]. 中国铁道科学, 14(2): 80-89.

沈永平. 2019. 全国1∶25万三级水系流域数据集[EB/OL]. 国家冰川冻土沙漠科学数据中心(www.ncdc.ac.cn).

时振钦, 邓伟, 张少尧. 2018. 近25年横断山区国土空间格局与时空变化研究[J]. 地理研究, 37(3): 607-621.

舒和平, 刘东飞, 顾春杰, 等. 2014. 中小尺度区域泥石流灾害风险评价[J]. 山地学报, 32(6): 754-760.

苏鹏程, 韦方强, 谢涛. 2012. 云南贡山 8.18 特大泥石流成因及其对矿产资源开发的危害[J]. 资源科学, 34(7): 1248-1256.

眭海刚, 刘超贤, 黄立洪, 等. 2019. 遥感技术在震后建筑物损毁检测中的应用[J]. 武汉大学学报(信息科学版), 44(7): 1008-1019.

谭炳炎. 1986. 泥石流沟严重程度的数量化综合评判[J]. 铁道学报, (02): 74-82.

唐川, 刘琼招. 1994. 中国泥石流灾害强度划分与危险区划探讨[J]. 中国地质灾害与防治学报, 5(S1): 30-35, 52.

唐川, 刘洪江. 1997. 泥石流堆积扇危险度分区定量评价研究[J]. 土壤侵蚀与水土保持学报, 3: 63-70.

唐川, 朱大奎. 2002. 基于 GIS 技术的泥石流风险评价研究[J]. 地理科学, 22(03): 300-304.

唐川, 梁京涛. 2008. 汶川震区北川 9.24 暴雨泥石流特征研究[J]. 工程地质学报, 16(6): 751-758.

唐川, 刘希林, 朱静. 1993. 泥石流堆积泛滥区危险度的评价与应用[J]. 自然灾害学报, 2(4): 79-84.

唐川, 朱静, 段金凡, 等. 1991. 云南小江流域泥石流堆积扇研究[J]. 山地研究, 9(3):179-184.

铁永波. 2009. 强震区城镇泥石流灾害风险评价方法与体系研究[D]. 成都: 成都理工大学.

涂继辉, 眭海刚, 冯文卿, 等. 2018. 利用词袋模型检测建筑物顶面损毁区域[J]. 武汉大学学报(信息科学版), 43(5): 691-696.

万鲁河, 王绍巍, 陈晓红, 等. 2011. 基于 GeoDA 的哈大齐工业走廊 GDP 空间关联性[J]. 地理研究, 30(6): 977-984.

王佳佳. 2015. 三峡库区万州区滑坡灾害风险评估研究[D]. 武汉: 中国地质大学.

王劲峰, 徐成东. 2017. 地理探测器:原理与展望[J]. 地理学报, 72(1): 116-134.

王礼先. 1982. 关于荒溪分类[J]. 北京林学院学报, (3): 94-107.

王永斌. 2020. 小江泥石流高频-中小型-低搬运能力的约束机制[D]. 昆明: 昆明理工大学.

王裕宜, 詹钱登, 韩文亮, 等. 2003. 粘性泥石流体的应力应变特性和流速参数的确定[J]. 中国地质灾害与防治学报, 14(1): 9-13.

王裕宜, 詹钱登, 严璧玉, 等. 2014. 泥石流体的流变特性与运移特征[M]. 长沙: 湖南科学技术出版社.

韦方强, 谢洪, 钟敦伦. 2000. 四川省泥石流危险度区划[J]. 水土保持学报, 14(1): 59-63.

韦方强, 胡凯衡, Lopez J L. 2007. 泥石流危险性分区及其在泥石流减灾中的应用[J]. 中国地质灾害与防治学报, 18(1): 23-27.

韦方强, 胡凯衡, Lopez J L. 等, 2003. 泥石流危险性动量分区方法与应用[J]. 科学通报, 48(3): 298-301.

文传甲. 1989. 横断山区地形对水热条件的影响[J]. 山地研究, (1): 65-73.

谢洪, 刘维明, 赵晋恒, 等. 2013. 四川石棉 2012 年 "7·14" 唐家沟泥石流特征[J]. 地球科学与环境学报, 35(4): 90-97.

谢洪, 刘维明, 赵晋恒. 2012. 2012 年 7 月 14 日石棉县草科乡和坪村唐家沟泥石流灾害考察报告[R]. 中国科学院山地灾害与地表过程重点实验室, 中国科学院水利部成都山地灾害与环境研究所.

熊怡, 李秀云. 1989. 横断山区水文区划[J]. 山地研究, 7(1): 29-37.

徐飞, 贾仰文, 牛存稳, 等. 2018. 横断山区气温和降水年季月变化特征[J]. 山地学报, 36(2): 171-183.

徐瑞池, 李秀珍, 胡凯衡, 等. 2020. 横断山区山地灾害的动态风险性评价[J]. 山地学报, 38(2): 222-230.

徐宗学, 程磊. 2010. 分布式水文模型研究与应用进展[J]. 水利学报, 41(9): 1009-1017.

闫满存, 王光谦, 刘家宏. 2001. GIS 支持的澜沧江下游区泥石流爆发危险性评价[J]. 地理科学, 21(4): 334-338.

杨红娟, 胡凯衡, 韦方强, 等. 2013. 泥石流浆体流变参数的计算方法及其扩展性研究[J]. 水利学报, 44(11): 1338-1346.

杨天青, 姜立新, 杨桂岭. 2006. 地震人员伤亡快速评估[J]. 地震地磁观测与研究, 27(4): 39-43.

尹之潜. 1991. 地震灾害损失预测研究[J]. 地震工程与工程振动, 11(4): 87-96.

游代安, 蒋定华, 余旭初. 2001. GIS 辅助下的 Bayes 法遥感影像分类[J]. 测绘科学技术学报, 18(2): 113-117.

余斌, 马煜, 吴雨夫. 2010. 汶川地震后四川省绵竹市清平乡文家沟泥石流灾害调查研究[J]. 工程地质学报, 18(6): 827-836.

虞晓芬, 傅玳. 2004. 多指标综合评价方法综述[J]. 统计与决策, (11): 119-121.

张华, 陈善雄, 陈守义. 2003. 非饱和土入渗的数值模拟[J]. 岩土力学, 24(5): 715-718.

张杰, 李世凯, 甘云兰, 等. 2015. 云南贡山 8·18 特大泥石流灾害调查分析与启示[J]. 工程地质学报, 23(3): 373-382.

张楠, 方志伟, 韩笑, 等. 2018. 近年来我国泥石流灾害时空分布规律及成因分析[J]. 地学前缘, 25(02): 299-308.

张荣祖, 郑度, 杨勤业, 等. 1997. 横断山区自然地理[M]. 北京: 科学出版社.

张欣. 2019. 小江断裂中北段活动性及其致灾效应研究[D]. 成都: 成都理工大学.

张业成, 胡景江, 张春山. 1995. 中国地质灾害危险性分析与灾变区划[J]. 地质灾害与环境保护, 6(3): 1-13.

张永庆, 谢富仁. Gross S J, 2009. 利用1996年丽江地震序列反演震区应力状态[J]. 地球物理学报, 52(4): 1025-1032.

张宇, 韦方强, 崔鹏. 2005. 砖混建筑在泥石流冲击作用下的破坏形态模拟[J]. 自然灾害学报, 14(5): 61-67.

赵春霞, 钱乐祥. 2004. 遥感影像监督分类与非监督分类的比较[J]. 河南大学学报(自然科学版), 34(3): 90-93.

赵俊华. 2004. 舟曲县滑坡泥石流遥感影像判读与灾害防治[J]. 人民长江, 35(12): 1-2, 4.

赵忠生, 许万忠. 2013. 云南巧家县小河镇炉房沟泥石流灾害成因及防治措施探析[J]. 价值工程, 32(4): 291-293.

周必凡, 李德基, 罗德富, 等. 1991. 泥石流防治指南[M]. 北京: 科学出版社.

周云涛, 陈洪凯, 张勇, 等. 2016. 超孔隙水压诱发特大型近水平崩坡积层滑坡破坏研究[J]. 工程地质学报, 24(5): 732-740.

朱丽霞, 杨婷, 郑文升, 等. 2014. 武汉市生产性服务业空间特征及其发展演变[J]. 地域研究与开发, 33(2): 73-76, 98.

庄建琦, 崔鹏, 葛永刚, 等. 2009. 降雨特征与泥石流总量的关系分析[J]. 北京林业大学学报, 31(4): 77-83.

邹杨娟. 2016. 泥石流灾害风险定量评估: 以四川省为例[D]. 成都: 电子科技大学.

曾超, 崔鹏, 葛永刚, 等. 2014. 四川汶川七盘沟 "7·11" 泥石流破坏建筑物的特征与力学模型[J]. 地球科学与环境学报, 36(2): 81-91.

曾超, 贺拿, 宋国虎. 2012. 泥石流作用下建筑物易损性评价方法分析与评价[J]. 地球科学进展, 27(11): 1211-1220.

水山高久, 渡边正幸, 上原信司. 1980. 土石流の堆積形状[C]. 第十七回自然灾害科学総合ンツボッテム: 169-172.

足立胜治, 德山久仁夫, 中筋章人, 他. 1977. 土石流発生危険度の判定にフやて[J]. 新砂防, 30(3): 7-16.

Adger W N. 2006. Vulnerability[J]. Global Environmental Change, 16(3): 268-281.

Ahmad J H, Lateh H H. 2011. Awareness on landslide issues in Malaysia: a review in Paya Terubong, Penang[J]. Asian Journal of Environment and Disaster Management, 3(3): 275-284.

Akbas S, Blahut J, Sterlacchini S. 2009. Critical assessment of existing physical vulnerability estimation approaches for debris flows[C]//Malet J P, Remaitre A, Bogaard T. Proceedings of Landslide Processes: from Geomorphologic Mapping to Dynamic Modeling. France, Strasburg: 229-233.

Aleotti P, Chowdhury R. 1999. Landslide hazard assessment: summary review and new perspectives[J]. Bulletin of Engineering Geology and the Environment, 58(1): 21-44.

Anselin L, Syabri I, Kho Y. 2006. GeoDa: an introduction to spatial data analysis[J]. Geographical Analysis, 38(1): 5-22.

Attems M, Thaler T, Genovese E et al. 2020. Implementation of property-level flood risk adaptation(PLFRA) measures: choices and decisions[J]. WIREs Water, 7(1): 1404-1412.

Balica S, Wright N G. 2010. Reducing the complexity of the flood vulnerability index[J]. Global Environmental Change Part B Environmental Hazards, 9(4): 321-339.

Baum R L, Savage W Z, Godt J W. 2002. TRIGRS—a Fortran program for transient rainfall infiltration and grid-based regional slope-stability analysis[R]. U.S.: Geological Survey Open-File Report.

Bertolo P, Wieczorek G F. 2005. Calibration of numerical models for small debris flows in Yosemite Valley, California, USA[J]. Natural Hazards and Earth System Sciences, 5(6): 993-1001.

Beven K J, Kirkby M J. 1979. A physically based, variable contributing area model of basin hydrology[J]. Hydrological Sciences Bulletin, 24(1): 43-69.

Birkmann J. 2006. Measuring vulnerability to promote disaster-resilient societies: conceptual frameworks and definitions. Measuring vulnerability to natural hazards: towards disaster resilient societies[C]. Tokyo:United Nations University Press, 2006b: 9-54.

Blatz J A, Ferreira N J, Graham J. 2004. Effects of near-surface environmental conditions on instability of an unsaturated soil slope[J]. Canadian Geotechnical Journal, 41(6): 1111-1126.

Boccali C, Calligaris C, Zini L, et al. 2015. Comparison of scenarios after ten years: the influence of input parameters in val canale valley (friuli Venezia Giulia, Italy)[M]//Engineering Geology for Society and Territory-Volume 2. Cham: Springer International Publishing: 525-529.

Bordoni M, Meisina C, Valentino R, et al. 2015. Hydrological factors affecting rainfall-induced shallow landslides: from the field monitoring to a simplified slope stability analysis[J]. Engineering Geology, 193: 19-37.

Cannon S H, Gartner J E, Wilson R C, et al. 2008. Storm rainfall conditions for floods and debris flows from recently burned areas in southwestern Colorado and southern California[J]. Geomorphology, 96(3-4): 250-269.

Cannont T J, Rowell J. 2003. Social Vulnerability, Sustainable Livelihoods and Disasters[R]. Report to DFID.

Carrara A, Cardinali M, Detti R, et al. 1991. GIS techniques and statistical models in evaluating landslide hazard[J]. Earth Surface Processes and Landforms, 16(5): 427-445.

Carrara, A, Crosta, G, Frattini P. 2008. Comparing models of debris-flow susceptibility in the alpine environment[J]. Geomorphology, 94(3-4): 353-378.

Castelli F, Freni G, Lentini V, et al. 2017. Modelling of a debris flow event in the Enna area for hazard assessment[J]. Procedia Engineering. 175: 287-292.

Chau K T, Sze Y L, Fung M K, et al. 2004. Landslide hazard analysis for Hong Kong using landslide inventory and GIS[J]. Computers & Geosciences, 30(4): 429-443.

Chien-Yuan C, Tien-chien C, Fan-Chieh Y, et al. 2005. Analysis of time-varying rainfall infiltration induced landslide[J]. Environmental Geology, 48(4): 466-479.

Chen C Y, Wang Q. 2017. Debris flow-induced topographic changes: effects of recurrent debris flow initiation[J]. Environmental Monitoring and Assessment, 189(9): 449.

Chen J C, Chuang M R. 2014. Discharge of landslide-induced debris flows: case studies of Typhoon Morakot in southern Taiwan[J]. Natural Hazards and Earth System Sciences, 14(7): 1719-1730.

Chen N S, Yue Z Q, Cui P, et al. 2007. A rational method for estimating maximum discharge of a landslide-induced debris flow: a case study from southwestern China[J]. Geomorphology, 84(1-2): 44-58.

Chiang S H, Chang K T, Mondini A C, et al. 2012. Simulation of event-based landslides and debris flows at watershed level[J]. Geomorphology, 138(1): 306-318.

Collins B D, Znidarcic D. 2004. Stability analyses of rainfall induced landslides[J]. Journal of Geotechnical and Geoenvironmental Engineering, 130(4): 362-372.

Corominas J, van Westen C, Frattini P, et al. 2014. Recommendations for the quantitative analysis of landslide risk[J]. Bulletin of Engineering Geology and the Environment, 73(2): 209-263.

Courant R, Friedrichs K, Lewy H. 1967. On the partial difference equations of mathematical physics[J]. IBM Journal of Research and Development, 11(2): 215-234.

Cui P, Zhu Y Y, Chen J. 2008. Relationships between antecedent rainfall and debris flows in Jiangjia Ravine, China[C]. Chen C L, Rickenmann D. Proceedings of the Fourth International Conference on Debris Flow. Wellington: Springer Press: 3-12.

Dai F C, Lee C F, Ngai Y Y. 2002. Landslide risk assessment and management: an overview[J]. Engineering Geology, 64(1): 65-87.

Dash J, Steinle E, Singh R P, et al. 2004. Automatic building extraction from laser scanning data: an input tool for disaster management[J]. Advances in Space Research, 33(3): 317-322.

DeKay M L, McClelland G H. 1993. Predicting loss of life in cases of dam failure and flash flood[J]. Insurance: Mathematics and Economics, 13(2): 193-205.

Deleon V. 2006. Vulnerability, a conceptual and methodological review[C]//Birkmann J. Measuring Vulnerability to Natural Hazards: Towards Disaster Resilient. New York: United Nations University Press.

Devia G K, Ganasri B P, Dwarakish G S. 2015. A review on hydrological models[J]. Aquatic Procedia, 4: 1001-1007.

Dhakal A S, Sidle R C. 2003. Long-term modelling of landslides for different forest management practices[J]. Earth Surface Processes and Landforms, 28(8): 853-868.

Ding M T, Hu K H. 2014. Susceptibility mapping of landslides in Beichuan County using cluster and MLC methods[J]. Natural Hazards, 70(1): 755-766.

Dowling C A, Santi P M. 2014. Debris flows and their toll on human life: a global analysis of debris-flow fatalities from 1950 to 2011[J]. Natural Hazards, 71(1): 203-227.

Du J, He X Y, Wang Z Y, et al. 2015. Experimental study of the interaction between building clusters and flash floods[J]. Journal of Mountain Science, 12(5): 1334-1344.

Fell R, Hartford D, 1997. Landslide risk management: Landslide Risk Assessment[C]. Cruden and Fell (eds), Balkema, Rotterdam: 51-110.

Fell R, Ho K K S, Lacasse S, et al. 2005. A framework for landslide risk assessment and management[M]//Landslide Risk Management. Boca Raton: CRC Press: 13-36.

Finlay P J. 1996. The risk assessment of slopes[D]. Sydney: University of New South Wales.

Fuchs S, Heiss K, Hübl J. 2007. Towards an empirical vulnerability function for use in debris flow risk assessment[J]. Nat. Hazards Earth Syst. Sci., 7(5): 495-506.

García R, López J L, Noya M, et al. 2003. Hazard mapping for debris-flow events debris flows and warning road traffic at in the alluvial fans of northern Venezuela bridges susceptible to debris-flow[C]//3rd Int. Conf. on Debris-Flow Hazards Mitigation. Rotterdam: Millpress: 589-599.

Geotechnical Engineering Office. 1998. Landslides and Boulder Falls from Natural Terrain: Interim Risk Guidelines[R]. Geotechnical Engineering Office, The Government of the Hong Kong Special Administrative Region.

Ghanea M, Moallem P, Momeni M. 2014. Automatic building extraction in dense urban areas through GeoEye multispectral imagery[J]. International Journal of Remote Sensing, 35(13): 5094-5119.

Glade T. 2003. Vulnerability assessment in landslide risk analysis[R]. Die Erde, 134: 121-138.

Godt J W, Baum R L, Savage W Z, et al. 2008. Transient deterministic shallow landslide modeling: requirements for susceptibility and hazard assessments in a GIS framework[J]. Engineering Geology, 102(3-4): 214-226.

Gottardi G, Venutelli M. 1993. Richards: computers program for the numerical simulation of one-dimensional infiltration into unsaturated soil[J]. Computers & Geosciences, 19(9): 1239-1266.

Green W H, Ampt G A. 1911. Studies on soil phyics: the flow of air and water through soils[J]. Journal of Agricultural Science, 4(1): 1-24.

Gregoretti C, Degetto M, Boreggio M. 2016. GIS-based cell model for simulating debris flow runout on a fan[J]. Journal of Hydrology, 534: 326-340.

Gupta P, Anbalagan R. 1997. Slope stability of Tehri Dam Reservoir Area, India, using landslide hazard zonation(LHZ) mapping[J]. Quarterly Journal of Engineering Geology, 30(1): 27-36.

Guzzetti F, Carrara A, Cardinali M, et al. 1999. Landslide hazard evaluation: a review of current techniques and their application in a multi-scale study, Central Italy[J]. Geomorphology, 31(1-4): 181-216.

Hollingsworth R, Kovacs G S. 1981. Soil slumps and debris flows: prediction and protection[J]. Environmental & Engineering Geoscience, xviii, (1): 17-28.

Horton R E. 1935. Surface runoff phenomena[J]. Hydrological Laboratory. Paper, 101: 137-153.

Horton R E. 1941. An approach toward a physical interpretation of infiltration-capacity[J]. Soil Science Society of America Journal, 5: 399-417.

Hsu Y C, Yen H, Tseng W H, et al. 2014. Numerical simulation on a tremendous debris flow caused by Typhoon Morakot in the Jiaopu Stream, Taiwan[J]. Journal of Mountain Science, 11(1): 1-18.

Hu K H, Cui P, Zhang J Q. 2012. Characteristics to buildings by debris flows on 7 August, 2010 in Zhouqu, Western China[J]. Natural Hazards and Earth System Sciences, 12(7): 2209-2217.

Hu K H, Li P, You Y, et al. 2016. A hydrologically based model for delineating hazard zones in the valleys of debris flow basins[J]. Natural Hazards and Earth System Sciences, 35: 1-17.

Hu T, Huang R Q. 2017. A catastrophic debris flow in the Wenchuan Earthquake Area, July 2013: characteristics, formation, and risk reduction[J]. Journal of Mountain Science, 14(1): 15-30.

Huffman G J, Bolvin D T, Nelkin E J, et al. 2007. The TRMM multisatellite precipitation analysis(TMPA): Quasi-global, multiyear, combined-sensor precipitation estimates at fine scales[J]. Journal of Hydrometeorology, 8(1): 38-55.

Hungr O. 1997. Some methods of landslide hazard intensity mapping[C]//Cruden D, Fell R. Landslide Risk Assessment. Rotterdam: Balkema: 215-226.

Hungr O, Morgan G C, VanDine D F, et al. 1987. Debris flow defenses in British Columbia[J]. Geological Society of America Reviews in Engineering Geology, 7: 201-222.

Hürlimann M, Copons R, Altimir J. 2006. Detailed debris flow hazard assessment in Andorra: a multidisciplinary approach[J]. Geomorphology, 78(3-4): 359-372.

Hwang C L, Yoon K. 1981. Multiple Attribute Decision Making[M]. Berlin: Springer-Verlag.

Ibrahim A, Mukhlisin M, Jaafar O. 2018. Effect of rainfall infiltration into unsaturated soil using soil column AIP[C]. Conference Proceedings 1930.

IUGS, Working Group On Landslide, Committee on Risk Assessment, 1997. Quantitative Risk for Slope and Landslides-the State of the Art[C]//Cruden D M, Fell R. Land- slide Risk Assessment. Rotterdam: A. A. Balkema: 3-12.

Iverson R M, Major J J. 1986. Groundwater seepage vectors and the potential for hillslope failure and debris flow mobilization[J]. Water Resources Research, 22(11): 1543-1548.

Iverson R M, Reid M E, LaHusen R G. 1997. Debris-flow mobilization from landslides[J]. Annual Review of Earth and Planetary Sciences, 25(1): 85-138.

Iverson R M. 2000. Landslide triggering by rain infiltration[J]. Water Resources Research, 36(7): 1897-1910.

Jade S, Sarkar S. 1993. Statistical-models for slope instability classification[J]. Eng. Geol., 36(1-2): 91-98.

Jakob M, Hungr O. 2005. Debris-flow Hazards and Related Phenomena[M]. Berlin: Springer: 739.

Jakob M, McDougall S, Weatherly H, et al. 2013. Debris-flow simulations on Cheekye River, British Columbia[J]. Landslides, 10(6): 685-699.

Jakob M, Stein D, Ulmi M. 2012. Vulnerability of buildings to debris flow impact[J]. Natural Hazards, 60(2): 241-261.

Kang H S, Kim Y T. 2016. The physical vulnerability of different types of building structure to debris flow events[J]. Natural Hazards, 80(3): 1475-1493.

Kaynia A M, Papathoma-Köhle M, Neuhäuser B, et al. 2008. Probabilistic assessment of vulnerability to landslide: application to the village of Lichtenstein, Baden-Württemberg, Germany[J]. Engineering Geology, 101(1-2): 33-48.

Kim D, Im S, Lee S H, et al. 2010. Predicting the rainfall-triggered landslides in a forested mountain region using TRIGRS model[J]. Journal of Mountain Science, 7(1): 83-91.

Lehner B, Grill G. 2013. Global river hydrography and network routing: baseline data and new approaches to study the world's large river systems[J]. Hydrological Processes, 27(15): 2171-2186.

Levine N. 2004. CrimeStat III: a spatial statistics program for the analysis of crime incident locations (version 3.0). Houston (TX): Ned Levine & Associates/ Washington, DC: National Institute of Justice.

Li W, Hu K H, Hu X D, et al. 2019. Investments against flash floods and their effectiveness in China in 2000-2015[J]. International Journal of Disaster Risk Reduction, 38: 101-193.

Lin, C W, Shieh C L, Yuan B D, et al. 2004. Impact of Chi-Chi earthquake on the occurrence of landslides and debris flows: example from the Chenyulan River watershed, Nantou, Taiwan[J]. Engineering Geology, 71(1-2): 49-61.

Lin C W, Liu S H, Lee S Y, et al. 2006. Impacts of the Chi-Chi earthquake on subsequent rainfall-induced landslides in central Taiwan[J]. Engineering Geology, 86(2-3): 87-101.

Liu G X, Dai E F, Ge Q S, et al. 2013. A similarity-based quantitative model for assessing regional debris-flow hazard[J]. Natural Hazards, 69(1): 295-310.

Liu H, Luo J, Huang B, et al. 2019. DE-net: Deep encoding network for building extraction from high-resolution remote sensing imagery[J]. Remote Sensing, 11(20): 1-20.

Lo W C, Tsao T C, Hsu C H. 2012. Building vulnerability to debris flows in Taiwan: a preliminary study[J]. Natural Hazards, 64(3): 2107-2128.

Luino F. 2005. Sequence of instability processes triggered by heavy rainfall in the northern Italy[J]. Geomorphology, 66(1-4): 13-39.

Luna B Q, Blahut J, Kappes M, et al. 2013. Methods for debris flow hazard and risk assessment[M]//Mountain Risks: From Prediction to Management and Governance. Dordrecht. Springer Netherlands: 133-177.

Medina V, Hürlimann M, Bateman A. 2008. Application of FLATModel, a 2D finite volume code, to debris flows in the northeastern part of the Iberian Peninsula[J]. Landslides, 5(1): 127-142.

Milanesi L, Pilotti M, Belleri A, et al. 2018. Vulnerability to flash floods: a simplified structural model for masonry buildings[J]. Water Resources Research, 54(10): 7177-7197.

Mishra S K, Singh V P. 2003. Soil Conservation Service Curve Number (SCS-CN) Methodology[M]. Dordrecht: Springer Netherlands: 355-362.

Montgomery D R, Dietrich W E. 1994. A physically based model for the topographic control on shallow landsliding[J]. Water Resources Research, 30(4): 1153-1171.

Montrasio L, Valentino R, Losi G L. 2011. Towards a real-time susceptibility assessment of rainfall-induced shallow landslides on a regional scale[J]. Natural Hazards & Earth System Sciences, 11(7): 1927-1947.

Morgan G C, Rawlings G E, Sobkowicz J C. 1992. Evaluating total risk to communities from large debris flows[C]//Geotechnique and Natural Hazards. Canada, Vancouver: 225-236.

Morrissey M M, Wieczorek G, Morgan B A. 2001. A comparative analysis of hazard models for predicting debris flows in Madison County, Virginia[J]. U. S. Geological Survey.

Nakamura H, Tsuchiya S, Inoue K, et al. 2000. Sabo against Earthquakes[C]. Kokon Shoin, Tokyo, Japan, 2000: 190-220.

O'Brien J. 1986. Physical Processes, Rheology and Modeling of Mudflows[D]. Fort Collins: Colorado State University.

Ohlmacher G C, Davis J C. 2003. Using multiple logistic regression and GIS technology to predict landslide hazard in northeast Kansas, USA[J]. Engineering Geology, 69 (3-4): 331-343.

Pack R T, Tarboton D G, Goodwin C N, et al. 2005. Sinmap 2.0 for ArcGIS-a stability index approach to terrain stability hazard mapping, user's manual[R]. Civil and Environmental Engineering Faculty Publications.

Papathoma-Köhle M, Kappes M, Keiler M, et al. 2011. Physical vulnerability assessment for alpine hazards: state of the art and future needs[J]. Natural Hazards, 58 (2): 645-680.

Papathoma-Köhle M, Schlögl M, Fuchs S. 2019. Vulnerability indicators for natural hazards: an innovative selection and weighting approach[J]. Scientific Reports, 9: 15026.

Papathoma-Köhle M. 2016. Vulnerability curves vs. vulnerability indicators: application of an indicator-based methodology for debris-flow hazards[J]. Natural Hazards & Earth System Sciences, 16 (8): 1771-1790.

Papathoma-Köhle M, Gems B, Sturm M, et al. 2017. Matrices, curves and indicators: a review of approaches to assess physical vulnerability to debris flows[J]. Earth-Science Reviews, 171: 272-288.

Patino J E, Duque J C. 2013. A review of regional science applications of satellite remote sensing in urban settings[J]. Computers, Environment and Urban Systems, 37: 1-17.

Petarscheck A, Kienholz H. 2003. Hazard assessment and mapping of mountain risks in Switzerland[J]. Debris-Flow Hazards Mitigation: Mechanics, Prediction, and Assessment: 25-38.

Polemio M, Petrucci O. 2000. Rainfall as a Landslide Triggering Factor: An Overview of Recent International Research[M]. 8th international symposium on landslides, Cardiff Wales 26-30 June: 1219-1226.

Pourghasemi H R, Teimoori Yansari Z, Panagos P, et al. 2018. Analysis and evaluation of landslide susceptibility: a review on articles published during 2005-2016 (periods of 2005-2012 and 2013-2016) [J]. Arabian Journal of Geosciences, 11 (9): 193.

Pradhan B, Mansor S, Pirasteh S, et al. 2011. Landslide hazard and risk analyses at a landslide prone catchment area using statistical based geospatial model[J]. International Journal of Remote Sensing, 32 (14): 4075-4087.

Quan Luna B, Blahut J, van Westen C J, et al. 2011. The application of numerical debris flow modelling for the generation of physical vulnerability curves[J]. Natural Hazards and Earth System Sciences, 11 (7): 2047-2060.

Raetzo H, Lateltin O, Bollinger D, et al. 2002. Hazard assessment in Switzerland - Codes of Practice for mass movements[J]. Bulletin of Engineering Geology and the Environment, 61 (3): 263-268.

Rahardjo H, Leong E C, Rezaur R B. 2008. Effect of antecedent rainfall on pore–water pressure distribution characteristics in residual soil slopes under tropical rainfall[J]. Hydrological Processes, 22 (4): 506-523.

Reichenbach P, Rossi M, Malamud B D, et al. 2018. A review of statistically-based landslide susceptibility models[J]. Earth-Science Reviews, 180: 60-91.

Richards L A. 1931. Capillary conduction of liquids through porous mediums[J]. Physics, 1 (5): 318-333.

Rickenmann D. 1999. Empirical relationships for debris flows[J]. Natural Hazards, 19 (1): 47-77.

Rickenmann D, Laigle D, McArdell B W, et al. 2006. Comparison of 2D debris-flow simulation models with field events[J]. Computational Geosciences, 10 (2): 241-264.

Roberts M G, Yang G A. 2003. The international progress of sustainable development research: a comparison of vulnerability analysis and the sustainable livelihoods approach[J]. Progress in Geography, 22(1): 11-21.

Roder G, Ruljigaljig T, Lin C W, et al. 2016. Natural hazards knowledge and risk perception of Wujie indigenous community in Taiwan[J]. Natural Hazards, 81(1): 641-662.

Schneiderbauer S, Ehrlich D. 2004. Risk, Hazard and People's Vulnerability to Natural Hazards: A Review of Definitions, Concepts and Data[R]. Brussels: European Commission Joint Research Centre (ECJRC).

Shih H S, Shyur H J, Lee E S. 2007. An extension of TOPSIS for group decision making[J]. Mathematical and Computer Modelling, 45(7-8): 801-813.

Silva M, Pereira S. 2014. Assessment of physical vulnerability and potential losses of buildings due to shallow slides[J]. Natural Hazards, 72(2): 1029-1050.

Sodnik J, Mikoš M. 2010. Modeling of a debris flow from the Hrenovec torrential watershed above the village of Kropa[J]. Acta geographica Slovenica, 50(1): 59-84.

Sodnik J, Podobnikar T, Petje U, et al. 2013. Topographic data and numerical debris-flow modeling[M]. Landslide Science and Practice. Berlin: Spring Berlin Heidelberg: 573-578.

Singh T, Patnaik A, Chauhan R. 2016. Optimization of tribological properties of cement kiln dust-filled brake pad using grey relation analysis[J]. Materials & Design, 89: 1335-1342.

Sorbino G, Sica C, Cascini L. 2010. Susceptibility analysis of shallow landslides source areas using physically based models[J]. Natural Hazards, 53(2): 313-332.

Sturm M, Gems B, Keller F, et al. 2018. Experimental analyses of impact forces on buildings exposed to fluvial hazards[J]. Journal of Hydrology, 565: 1-13.

Susman P, O'Keefe P, Wisner B. 2019. Global disasters, a radical interpretation[M]//Interpretations of Calamity. Boston: Routledge: 263-283.

Tang C, Zhu J, Li W L, et al. 2009. Rainfall-triggered debris flows following the Wenchuan earthquake[J]. Bulletin of Engineering Geology and the Environment, 68(2): 187-194.

Tecca P R, Galgaro A, Genevois R, et al. 2003. Development of a remotely controlled debris flow monitoring system in the Dolomites (Acquabona, Italy)[J]. Hydrological Processes, 17(9): 1771-1784.

Tecca P, Genevois R, Deganutti A, et al. 2007. Numerical modelling of two debris flows in the Dolomites (Northeastern Italian Alps). International Conference on Debris-Flow Hazards Mitigation: Mechanics, Prediction, and Assessment[C]. Netherlands, Millpress: 179-188.

Toupin R A. 1965. Saint-venant's principle[J]. Archive for Rational Mechanics and Analysis, 18(2): 83-96.

Tsai T L, Yang J C. 2006. Modeling of rainfall-triggered shallow landslide[J]. Environmental Geology, 50(4): 525-534.

UNDRO. 1979. Natural Disasters and Vulnerability Analysis[R]. In: Report of Expert Group Meeting, July 9-12, 1979: 49. Geneva.

Unesco. 1992. World Heritage list[EB/OL]. https://whc.unesco.org/en/list/, 1992-12.

United Nations Department of Humanitarian Affairs. 1991. Mitigating Natural Disasters: Phenomena, Effects and Options-A Manual for Policy Makers and Planners[M]. New York: United Nations: 1-164.

Vallance J W, Cunico M L, Schilling S P. 2003. Debris-flow hazards caused by hydrologic events at Mount Rainier[R]. Washington. Open-file Report 03-368. USGS, Vancouver, Washington.

van Westen C J, van Asch T W J, Soeters R. 2006. Landslide hazard and risk zonation-why is it still so difficult?[J]. Bulletin of Engineering Geology and the Environment, 65(2): 167-184.

Van Dijke J J, Van Westen C J. 1990. Rockfall hazard: a geomorphologic application of neighbourhood analysis with ILWIS[J]. ITC Journal, (1): 40-44.

Vogel C, O'Brien K. 2004. Vulnerability and Global Environmental Change: Rhetoric and Reality AVISO - Information Bulletin on Global Environmental Change and Human Security[R]. 13 available at: http://www. gechs. org/publications/aviso/13/ index. ht.

Wang J, Yang S, Ou G Q, et al. 2018. Debris flow hazard assessment by combining numerical simulation and land utilization[J]. Bulletin of Engineering Geology and the Environment, 77(1): 13-27.

White G F. 1974. Natural Hazards, Local, National, Global[R]. Oxford University Press, New York.

Wichmann V, Becht M. 2004. Modeling of geomorphic processes in an alpine catchment[J]. Terapevticheskii Arkhiv, 53(3): 70-73.

Williams J R, Berndt H D. 1977. Sediment yield prediction based on watershed hydrology[J]. Transactions of the ASAE, 20(6): 1100-1104.

Wisner B. 2002. Who? What? Where? When? in an Emergency: Notes on Possible Indicators of Vulnerability and Resilience: By Phase of the Disaster Management Cycle and Social Actor. Environment and Human Security, Contributions to a workshop in Bonn[C]. Germany.

Woolhiser D A, Liggett J A. 1967. Unsteady, one-dimensional flow over a plane-the rising hydrograph[J]. Water Resources Research, 3(3): 753-771.

Wu W M, Sidle R C. 1995. A distributed slope stability model for steep forested basins[J]. Water Resources Research, 31(8): 2097-2110.

Wu X Y, Gu J H. 2009. A modified exponential model for reported death toll during earthquakes[J]. Earthquake Science, 22(2): 159-164.

Yong B, Liu D, Gourley J J, et al. 2015. Global view of real-time trmm multisatellite precipitation analysis: implications for its successor global precipitation measurement mission[J]. Bulletin of the American Meteorological Society, 96(2): 283-296.

Zhai G, Fukuzono T, Ikeda S. 2010. An empirical model of fatalities and injuries due to floods in Japan[J]. Jawra Journal of the American Water Resources Association, 42(4): 863-875.

Zhang J, Guo Z X, Wang D, et al. 2015. The quantitative estimation of the vulnerability of brick and concrete building impacted by debris flow[J]. Natural Hazards and Earth System Sciences Discussions, 3(8): 5015-5044.

Zhang S J, Zhao L Q, Delgado-Tellez R, et al. 2018. A physics-based probabilistic forecasting model for rainfall-induced shallow landslides at regional scale[J]. Natural Hazards and Earth System Sciences, 18(3): 969-982.

Zhu J, Ding J, Liang J T. 2011. Influences of the Wenchuan Earthquake on sediment supply of debris flows[J]. Journal of Mountain Science, 8(2): 270-277.

Zhuang J Q, Peng J B, Wang G H, et al. 2017. Prediction of rainfall-induced shallow landslides in the Loess Plateau, Yan'an, China, using the TRIGRS model[J]. Earth Surface Processes and Landforms, 42(6): 915-927.